X80 管线钢的土壤腐蚀行为研究

胥聪敏　罗金恒　著

西安石油大学优秀学术著作出版基金资助

U0390881

科　学　出　版　社

北　京

内 容 简 介

本书全面介绍作者研究团队近年来对 X80 管线钢在我国典型腐蚀性土壤环境中的腐蚀实验成果,展示了腐蚀研究方法、腐蚀数据积累和腐蚀行为规律与机理等方面的研究成果。同时,本书详细介绍 X80 管线钢及其焊缝在不同 pH 土壤环境中的应力腐蚀规律与机理方面的研究成果。全书以我国西气东输管线经过的典型腐蚀性土壤为背景,以室内模拟和加速腐蚀实验为手段,考虑了 X80 管线钢在服役中可能产生的各种腐蚀形式(点腐蚀、应力腐蚀和微生物腐蚀等),开展系统的研究工作,研究成果可为 X80 管线钢在我国土壤环境中的服役提供翔实可靠的基础腐蚀数据,为管线的长周期安全运行提供科学依据。

本书可作为从事钢铁材料研究的科研人员和高等院校材料相关专业师生的参考书,也可作为管线钢生产、使用和设计单位的工程参考书。

图书在版编目(CIP)数据

X80 管线钢的土壤腐蚀行为研究 / 胥聪敏,罗金恒著. —北京:科学出版社,2019.3

ISBN 978-7-03-060028-8

Ⅰ.①X… Ⅱ.①胥… ②罗… Ⅲ.①钢管-土壤腐蚀-研究 Ⅳ.①TG172.4

中国版本图书馆 CIP 数据核字(2018)第 294389 号

责任编辑:祝 洁 / 责任校对:郭瑞芝
责任印制:张 伟 / 封面设计:迷底书装

科 学 出 版 社 出版
北京东黄城根北街 16 号
邮政编码:100717
http://www.sciencep.com

北京凌奇印刷有限责任公司 印刷
科学出版社发行 各地新华书店经销

*

2019 年 3 月第 一 版 开本:720×1000 B5
2020 年 4 月第二次印刷 印张:19 3/4
字数:395 000

定价:120.00 元
(如有印装质量问题,我社负责调换)

序

    油气管道腐蚀来自两个方面：一是输送介质含 H_2S、CO_2 等腐蚀性物质引起的内腐蚀，二是外部土壤腐蚀。对于长输管道，由于输送介质是经过净化和脱水处理、符合输送标准的石油和天然气，对管道内表面腐蚀轻微，故外部土壤腐蚀是油气管道腐蚀的主要类型。

    油气管道土壤腐蚀及防护研究是关系油气输送长期经济效益的重大问题之一。由于土壤环境的特殊性及复杂性，积累油气管道材料在典型土壤环境中的腐蚀基础数据，研究在典型土壤环境中的腐蚀规律及机理是十分必要的。

    西气东输一线工程的建成大大缩小了我国在管线钢研究与应用方面与发达国家的差距。西气东输二线工程是迄今全世界规模最大的 X80 钢级高压输气管道工程，这项工程对促进和带动我国钢铁工业和制管行业"由大变强"具有深远影响，对于优化我国能源结构、维护国家能源安全及促进社会经济发展具有重大意义。西气东输二线工程是目前国内线路最长的油气输送管道，几乎途经我国全部地形、地貌和气象单元，沿线地质结构及岩土种类复杂、气候多变，并且穿越河流、湖泊、高山及地震、地质灾害多发区，这些因素对管线钢的长周期安全运行将带来巨大影响。因此，迫切需要对油气输送管道实施腐蚀控制，且重点控制外腐蚀，尤其应该开展 X80 管线钢在我国西气东输二线工程沿线各种典型土壤环境下的服役安全性研究和数据积累工作。该书的研究内容正是以我国西气东输管线经过的典型腐蚀性土壤为背景，考虑 X80 管线钢在服役中可能产生的各种腐蚀形式，深入系统地开展腐蚀研究工作，对国家管网建设、自然环境腐蚀科学发展和长输管线的长周期服役都有实际应用价值和工程指导意义。

    十多年来，该书作者及其课题组一直致力于石油管线的腐蚀与防护、安全评价、风险评估、失效控制等方面的基础研究工作，取得了丰硕的研究成果，为企业解决了较多的实际腐蚀问题，为国家相关决策部门、中国石油天然气集团、油田及专业管道公司提供了决策依据！

中国工程院院士 李鹤林

2018 年 12 月

前　　言

进入 21 世纪，我国成为全球第二大经济体和第二大能源消费国，原油和天然气对外依存度分别达到 60%和 35%。中国石油天然气股份有限公司为保障国家能源安全，规划从东北、西北、西南、海上建设四大油气能源战略通道，全面加快我国能源战略通道和油气骨干管网建设。

近年来，随着我国石油及能源工业的快速发展，埋地管线里程越来越长，油气管道建设稳步推进。我国 70%的石油和 99%的天然气运输全部依赖埋地管道进行输送，管道运输关系到国家经济命脉，同时也关系到公共安全。近年来，随着埋地管线的输送压力逐渐增高，高硫、高酸、高盐原油数量的增多，对管线钢提出了更高的要求，耐高压、大管径、高钢级管线钢是石油和天然气输送管道发展的必然趋势。目前，陆上长输天然气管道已开始大量使用 X80 钢级管线，国内外对更高钢级 X100、X120 管线钢的研究也取得了新进展。

西气东输二线工程是我国天然气输送重要战略通道，在天然气管网规划与布局中有重要的意义。气源主要为土库曼斯坦、哈萨克斯坦等中亚国家的天然气，以国内气源作为备用和补充，主要供气市场是长江三角洲、珠江三角洲地区，同时向沿线的中西部地区、华东、华南地区的大中型城市供气。Φ1219 mm 的大口径管道，管材为 X80 管线钢，为目前国内最长的大口径、高压力天然气长输管道。西气东输二线工程管道沿线经过沼泽、盐渍化土壤、石方山地、黄土梁峁沟壑、水网等多种复杂地形和土壤环境，多次采用隧道定向钻穿越河流、铁路及等级公路。X80 钢管道在如此复杂多样的地形下大规模使用尚属首次。

由于长输管线绝大部分埋设在土壤内，腐蚀失效问题便成为油气管线钢研制开发及应用过程中不可回避的一个重要问题。我国地域辽阔，丰富的土壤类型增加了高强钢土壤腐蚀问题的复杂性，也为相关问题的研究带来了一定困难。在复杂环境下，高强钢面临的土壤腐蚀问题将会越来越突出，随着高强度 X80 管线钢大量投入使用，针对高强钢应用过程中存在的一些基础性腐蚀问题的研究必须提上日程。因此，有必要系统开展 X80 管线钢在我国典型土壤环境条件下的服役安全性研究和数据积累工作，为高强钢油气管网的建设与发展积累更多的数据资料。

鉴于此，西安石油大学材料科学与工程学院联合中国石油集团石油管工程技术研究院（以下简称管研院）成立了专业的研究队伍，结合我国实际土壤环境状况，近年来一直持续开展 X80 管线钢的土壤腐蚀行为研究和相关的数据积累工作。

目前，研究队伍已经形成比较完整的研究体系，取得了一定的研究成果。本书就所开展的工作和已取得的成果进行总结，以期对我国长输管网的建设和管线长周期安全运行提供数据和理论支撑，为腐蚀学科的发展尽绵薄之力。

本书由胥聪敏和罗金恒合著，第 1 章至第 11 章由胥聪敏撰写，第 12 章至第 15 章由罗金恒撰写。特别感谢李丽锋高工、王珂高工和任国琪工程师对本书相关研究工作的大力支持。

鉴于作者水平和经验有限，书中难免存在一些不足之处，敬请读者批评指正。

目　　录

第1章 绪　论

1.1　油气管线钢的服役现状与发展趋势

管道运输作为五大运输方式之一，已有 100 多年的历史。目前，发达国家的原油管输量占其总输量的 80%，成品油长距离运输也基本实现了管道化；天然气管输量达 95%。近年来，全球油气资源产量稳定增长，海上油气田、页岩气及油砂等非常规油气资源产量迅速增长。北美地区加大油砂与页岩气的开采力度，俄罗斯及中东地区国家加大能源出口力度，中国、印度等新兴经济体能源需求保持飞速增长，进一步推动了油气管道建设的发展，众多大型跨国管道得以规划和建设[1-3]。

由全球油气管道总里程统计数据可知，2015 年全球油气管道总里程达到 205.8 万 km。其中，原油管道总里程为 44.2 万 km，成品油管道总里程为 24.0 万 km，天然气管道总里程为 137.6 万 km，天然气管道最长，占管道总里程的 67%，原油和成品油管道里程分别占 21%和 12%[4]。截至 20 世纪末，美国和苏联是世界最大的油气消费国，已建油气管线长度分别占世界第一位和第二位，占世界石油管道总长度的 60%[5]。

2011 年，中国超越日本，成为世界第二大经济体。国家统计局 2015 年数据显示，2014 年中国进口能源占总能源的 60%以上。油气管道是国民经济发展的能源大动脉，随着我国油气对外依存度的逐年提高，打通油气战略通道、保障能源供给成为当务之急。党中央和国务院高度重视我国四大油气战略通道建设，针对战略通道建设作出一系列部署。中国石油天然气股份有限公司(简称中国石油)倾力推进东北、西北、西南和海上四大油气战略通道建设[6]。截至 2016 年底，覆盖全国的油气管网初步形成，东北、西北、西南和海上四大油气通道战略布局基本完成。

随着近年来我国石油及能源工业的快速发展，埋地管线里程越来越长，油气管道建设稳步推进，油气管网不断完善，西气东输二线工程、中俄原油管道等 36 个项目先后建成投产，打通西北、东北和西南三大陆上油气能源进口通道，与海上油气进口通道一起，形成我国四大油气进口通道的战略格局，基本建成连通海外、覆盖全国、横跨东西、纵贯南北的油气骨干管网布局。截至 2015 年上半年，我国除台湾以外的所有地区已建成油气管道总里程约 11.7 万 km，是 1978 年的 14.5 倍，其中天然气管道 6.9 万 km，原油管道 2.7 万 km，成品油管道 2.1 万 km(图 1-1)[7]。

目前，管道承担我国 70%原油和 99%天然气的运输，覆盖 31 个省、区、市，近 10 亿人口从中受益，带动沿线地区的社会经济发展。至此，管道作为第五种运输方式，在我国首次超过航空运输，排名五大运输业的第四位，成为国民经济发展的能源动脉。

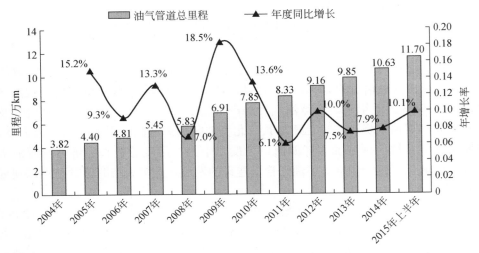

图 1-1　2004~2015 年上半年中国油气管道总里程情况

　　早期的管线钢一直采用 C、Mn、Si 型的普通碳素钢，在冶金上侧重于性能，对化学成分没有严格规定。20 世纪 60 年代开始，随着输油、输气管道输送压力和管径的增大，开始采用低合金高强钢(high strength low alloys，HSLA)，主要以热轧及正火状态供货。这类钢的化学成分为：C 质量分数≤0.2%，合金元素质量分数≤3%。随着管线钢的进一步发展，到 60 年代末、70 年代初，美国石油学会(American Petroleum Institute，API)在 API 5LX 和 API 5LS 标准中提出了微合金控轧钢 X56、X60 和 X65 三种钢级。这种钢突破了传统钢的观念，C 质量分数为 0.1%~0.14%，在钢中加入≤0.2%的 Nb、V、Ti 等合金元素，并通过控轧工艺使钢的力学性能得到显著改善。1973 年和 1985 年，API 标准又相继增加了 X70 和 X80 管线钢，而后又开发了 X100 和 X120 管线钢，C 质量分数降到 0.01%~0.04%，C 当量相应地降到 0.35 以下，真正出现了现代意义上的多元微合金化控轧控冷钢。

　　在过去的几十年里，长输油气管线发展迅猛，输送压力不断增高，从 20 世纪 60 年代的 6.3MPa 上升到了目前的 15~20MPa，输送压力的提高要求采用更高强度的管线钢。世界范围内的天然气长输管道建设也已从过去采用的 X52、X60 和 X65 管线钢发展到 X70 和 X80 高强度管线钢，随着高压、大流量天然气管线钢的发展和对降低管线建设成本的要求，一种超高强度管线钢(X100 和 X120)应运而生，目前国外正在进行 X100 和 X120 管线钢的工业性实验。国内高钢级管线钢研究起步较晚, 但近几年发展迅速, 我国在西气东输二线工程中首次采用高强度 X80 管线钢, 缩小了与国外的差距, 它是目前国内在长输油气管道中正式应用的最高钢级。随着西气东输二线、三线工程的开展, 我国成为拥有 X80 管线钢管道里程最长的国家, 高钢级管线钢开发与应用技术步入国际先进行列。目前, 我国管线钢钢级形成 X60、X65、X70、X80 系列化, X90 管线钢小批量试制, X100、X120 管线钢已成功研制, 这些都标志着我国在 X52 至 X120 级系列管线钢生产能力和施工技术水平方面已具备攻克世界难题的能力[6]。

根据 2013~2020 年全球油气管道建设里程趋势图可见, 全球油气管道建设里程逐年增长(图 1-2)。2013 年全球管道总里程共计 199.8 万 km, 2015 年达到了 205.8 万 km, 预计 2020 年将达到 225.4 万 km, 2016~2020 年的复合增长率为 1.7%。这种发展趋势主要来自于下游工商业和居民需求的增长, 上游传统油气资源供应的增长, 以及新兴资源(页岩气、油砂等非常规油气资源)产量的迅速增长[1]。

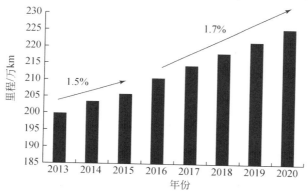

图 1-2 2013~2020 年全球油气管道建设里程趋势图

中国和印度的能源需求旺盛, 目前正在建设或拟建多条油气输送管道, 预计 2016~2020 年该地区的管道建设发展最快, 年均复合增长率达到 3.8%。按照我国《中长期油气管网规划》, 在"十三五"期间将增加油气管道里程近六成。到 2020 年, 全国油气管网规模将达到 16.9 万 km, 其中原油、成品油、天然气管道里程分别为 3.2 万 km、3.3 万 km、10.4 万 km, 储运能力明显增强。到 2025 年, 全国油气管网规模将达到 24 万 km, 网络覆盖进一步扩大, 结构更加优化, 储运能力大幅提升。全国省、区、市成品油、天然气主干管网全部连通, 100 万人口以上的城市成品油管道基本接入, 50 万人口以上的城市天然气管道基本接入[8]。

1.2 油气管线钢土壤腐蚀实验研究的背景与重要意义

目前, 我国 70%的石油和 99%的天然气运输依赖埋地管道进行输送, 管道运输关系经济命脉，同时也关系到公共安全[9]。由于绝大部分长输管线埋设在土壤下，与土壤接触而引起的腐蚀问题占腐蚀总量的比例最大。土壤腐蚀是指管线钢与土壤中的电解质、微生物相互作用发生腐蚀失效的现象。土壤腐蚀是管线钢在服役过程中面临的重要安全问题之一，可导致管道穿孔泄露和开裂性严重事故，造成巨大的经济损失。因此，研究长输管线的腐蚀问题，主要是研究其与土壤接触的腐蚀问题[10]。近年来，埋地管线的输送压力逐渐增高和高硫、高酸、高盐原油数量的增多，对管线钢提出了更高要求。目前，高压、大管径、高钢级管线钢是石油和天然气输送管道发展的必然趋势，因此腐蚀失效问题便成为油气管线钢研制开发及应用过程中不可回避的一个重要问题。

中国科学院海洋研究所侯保荣院士在"我国腐蚀状况及控制战略研究"重大咨询项目启动会上表示："根据估算，2014 年我国腐蚀损失超过 2 万亿，为自然灾害的 4 倍。平均每个中国人每年都要承担人民币 1000 元以上的腐蚀损失"[11]。腐蚀损失巨大，其中石油天然气工业是受腐蚀危害最严重的行业之一，尤以油气管线腐蚀事故最为触目惊心。在天然气与石油加工行业，输气干线和集气管线的泄漏事故中，有 74%是腐蚀造成的，其中管线腐蚀的 15%～30%与微生物腐蚀(microbiologically induced corrosion，MIC)相关[12]。加拿大对 2000km 以上管线腐蚀调查表明，MIC 约占地下管线总腐蚀发生量的 60%以上。而微生物腐蚀尤其是硫酸盐还原菌(sulfate reducing bacteria，SRB)所导致的管线腐蚀问题最为突出，是目前集输管线的主要腐蚀形态之一[13]。美国能源部对 1987～2006 年运行的天然气管道事故进行统计分析，发现腐蚀是美国输气管道的一个主要事故原因，其中外部腐蚀所占的比例最高，为 40%；内部腐蚀和应力腐蚀分别占 27%和 17%。在所有的腐蚀事故中，点蚀是引起管道内外腐蚀的主要因素。应力腐蚀因其无预兆性、破坏性严重等原因，问题尤为严重，经验表明，土壤介质引起的应力腐蚀是埋地管道发生突发性破裂事故的主要危险之一，在许多国家都曾发生过[14]。因此，必须高度重视埋地管道的点蚀和应力腐蚀问题。

一般埋地管线在完好涂层的保护下，很难发生腐蚀，但是由于施工、地质变化、外部应力等因素的影响，涂层容易受到损伤，防护涂层破损处是高强度管线钢土壤腐蚀防护的薄弱点。除极特殊情况外，在管线投入使用的初期，土壤腐蚀问题并不突出，但随着管线服役进入中晚期，土壤腐蚀问题将成为困扰油气管线正常运行的主要隐患，因此分析油气管道腐蚀的原因，研究管道腐蚀的机理就显得尤为重要。

综上所述，对于油气管线钢的点蚀、应力腐蚀、微生物腐蚀、应力腐蚀与微生物腐蚀之间协同作用的研究，不仅可以为油气管线钢的腐蚀控制提供理论依据，而且具有重要的工程指导意义。

1.3 X80 管线钢服役的腐蚀环境及其特点

X80 管线钢的研究开发工作始于 20 世纪 80 年代。1985 年，德国的 Mannesmann 成功研制了 X80 管线钢，并铺设了 3.2km 的实验管道。同年，X80 钢级被列入了 API 标准中。1992~1993 年，这种定名为 GRS550 的 X80 钢材在德国鲁尔区铺设了管径为 1220mm，壁厚为 18.3mm 和 19.4mm，长度为 250km 的鲁尔天然气输送管道，输送压力为 10MPa，这一管道至今运行情况正常。从 90 年代开始，X80 管线钢得到了批量化使用，日本、加拿大、欧洲的生产厂家均有批量供货记录。经过 30 多年的发展，国外在 X80 管线钢的冶炼与轧制、钢管制造、焊接工艺、管道防腐、管道设计及运营维护等方面已积累了丰富的经验，工业化应用技术已逐渐成熟[15-17]。

X80 管线钢的研制和开发在我国起步较晚，相关课题于 2000 年立项。2005 年，在西气东输一线工程冀宁联络线上顺利铺设了一条 8km 长的 X80 管线钢实验段，管径为 Φ1016mm，投产通气后运行良好。西气东输二线工程于 2008 年 2 月开工建设，工程西起新疆霍尔果斯口岸，南抵广州、香港，途经新疆、甘肃、宁夏、陕西、河南、湖北、江西、湖南、广东、广西等 15 个省(自治区、直辖市)及特别行政区，管道总长度超过 9102km(1 条主干线和 8 条支干线)，2012 年 12 月竣工投产，是当前世界上最长的天然气管道工程。管道主干线均采用管径为 Φ1219mm 的 X80 管线钢，是当今世界管道的"顶级组合"，而且实现了 X80 钢管国产化，标志着我国高钢级、大口径管道的设计与施工技术已经走在了世界前列。西气东输三线工程于 2012 年 10 月开工建设，工程途经新疆、甘肃、宁夏、陕西、河南、湖北、湖南、江西、福建、广东等 10 个省(自治区)，管道总长度约为 7378km(1 条主干线和 2 条支干线)，其主干线全部采用大壁厚 X80 钢管，管径 Φ1219mm，设计最高压力 12MPa。

管线内部环境导致的腐蚀是管线破坏的主要问题之一，近年来由于油气品质下降，油气中的酸性硫化物含量、含盐量和水分增加，管线钢发生氢致开裂(hydrogen induced cracking，HIC)、应力腐蚀开裂(stress corrosion cracking，SCC)和电化学腐蚀的危险增大。另外，由于采用超大管径的高压输送技术，管线钢的腐蚀疲劳和流体冲刷腐蚀问题加剧[18]。近年来，由于高级耐蚀管线钢的不断使用和油气脱水脱盐技术的改进，这些问题有所改善。

管道的外部环境方面，情况更为复杂，目前人们对土壤环境造成的管线钢腐蚀问题还没有足够的重视。由于管道跨距大，沿途经过不同的地形、地质带和气候区，不同管段对应的土壤含盐量、组分、含水量、含氧量、酸碱性、微生物种群和温度等因素差别很大，对应的腐蚀问题也随之不同，因此管道外部的腐蚀不容忽视。尤其自20世纪80年代以来，国外相继发生的一系列近中性土壤应力腐蚀开裂事故，使得国内外更加重视管线外部的腐蚀与防护的研究[19]。

X80管线钢油气管线绝大部分埋于地下，跨距很大，可达数千公里，沿途经历不同气候区、地形区和地质带，要与腐蚀性不同的数十种土壤接触，由西向东会依次经过西北盐渍土壤、海滨盐碱土壤和东南酸性土壤等典型腐蚀性土壤。特别是在新疆区段，不同土壤腐蚀性的差别达十几倍。如果管线钢防腐层发生破损，而阴极保护又达不到要求，管线钢在土壤作用下就会发生均匀腐蚀、局部腐蚀、应力腐蚀或微生物腐蚀中的一种或多种，致使多数地段的管段使用寿命达不到设计要求(30年)。腐蚀是导致长输管线失效的主要原因之一，必须加强X80管线钢在这些典型土壤中的腐蚀行为与机理的研究，研究成果可为X80管线钢在我国土壤环境中的服役使用提供翔实可靠的基础腐蚀数据，为管线的长周期安全运行提供科学依据，具有重大意义。

1.4 土壤腐蚀的主要影响因素

土壤是由土粒、水分、气体、有机物、带电胶粒和黏液胶体等多种组分构成的极为复杂的不均匀多项体系。土壤胶体带有电荷，并吸附一定数量的阴离子，当土壤中存在少量水分时，土壤即成为一个腐蚀性的多相电解质，土壤中金属的腐蚀过程主要是电化学过程。金属材料在土壤中的腐蚀受多种因素影响，这些因素主要包括土壤的类型、电阻率、不均匀性、含盐量、可溶性离子含量、pH、含水量、电场、有机质、微生物等，这些因素的综合作用导致土壤中金属设施的腐蚀。土壤环境中的材料腐蚀问题已成为地下工程应用所急需解决的一个实际问题。埋地钢质管道由于长期与各种不同类型的土壤相接触而遭受着不同程度的腐蚀。目前，土壤腐蚀已成为威胁管道安全运行的重要潜在因素，也是导致管道腐蚀穿孔的基本原因。

1.4.1 中国土壤腐蚀网站建设

自20世纪50年代后期，我国材料土壤腐蚀实验站网建设经历了初期建设阶段(1959~1964年)、恢复与发展阶段(1982~2000年)及国家平台建设阶段(2001年以后)三个阶段。

1958年，全国腐蚀实验网工作启动，由石油部与中国科学院应用化学研究所牵头，成立了土壤腐蚀实验网建网小组，1959~1961年在全国建立19个实验站，29个埋藏点。第一批实验站建设重点放在西北、西南地区及重点工业城市，包括四川、甘肃、武汉、上海、北京、长春等，投试材料包括裸露无缝钢管、石油沥青涂层无缝钢管、铅包电缆、铠装电缆及聚氯乙烯电缆。1964年以后，土壤腐蚀实验网大部分实验工作中断。

1982 年，全国性的土壤腐蚀实验重新恢复，为了弥补工作中断期间缺失的实验数据，在对具备挖掘条件的埋设点进行抢救性开挖的同时，对破坏的实验站点进行恢复性建设。1984～1990 年，新建昆明、百色、鹰潭、广州、深圳酸性土壤实验站，并建立了大庆、大港中心实验站。通过老站开挖、恢复性建设及材料补充投试，空缺数据逐步得到补充。在中心实验站，通过开展动态原位测试，取得了大量的材料腐蚀及环境数据，为土壤腐蚀规律研究提供了基础数据。

在土壤腐蚀站网建设中，石油、城市建设、电信等部门的支持起到了至关重要的作用。"七五"至"八五"期间，石油工业部根据石油行业需要，组建了石油系统土壤腐蚀站网，建立实验站点 50 余个，弥补了国家站网建设的不足。

自"七五"开始，在国家自然科学基金重大项目支持下，围绕材料土壤环境腐蚀数据积累及腐蚀与防护，开展了一系列研究工作，包括中心实验站原位测试技术、模拟加速实验方法、数据库和数据处理技术、区域土壤腐蚀分级与评价。通过重大基金项目支持，材料土壤腐蚀实验研究逐步走向深入，实验设施更加完备，实验研究方法更加科学规范，实验数据分析与管理更加有效，为国家野外台站及共享平台的建设奠定了基础。

"十五"以后，根据国家经济建设的总体布局和西部大开发的要求，土壤腐蚀网制订了新时期建网方案，在我国西部地区典型土壤环境及东北老工业基地建立了一批典型实验站，进行新材料的投试。2001～2003 年，在科技部公益项目和基础项目的资助下，开展了我国西部地区材料土壤腐蚀调查，并先后建立了格尔木、库尔勒、玉门、鹰潭、拉萨、满洲里材料土壤腐蚀实验站及广元光缆材料白蚁实验站，为后来国家站重点野外台站建设奠定了基础。

2004 年，国家材料腐蚀实验网的工作纳入科技部基础台站建设规划。经过初步筛选，土壤网站有 8 个实验站纳入国家重点站计划。2006 年，在统一土壤腐蚀实验规程的基础上，土壤网完成了成都、鹰潭、大庆、大港、库尔勒、拉萨、格尔木、沈阳 8 个土壤实验站的规范化建设。同年 12 月，上述 8 个实验站全部通过国家材料土壤腐蚀站示范站验收，正式成为第一批挂牌的国家站重点野外台站。

1.4.2　材料腐蚀实验点的土壤环境性质

我国各地的土壤性质变化范围极大，土壤含水量从 3%至饱和(35%～40%)，其中大庆、张掖及舟山等地区地下水位很高，由于试件埋层都在 1m 以下，因此试件基本都埋在地下水中；敦煌站地下水位在埋件深度上下升降，土壤含水量在25%～35%变动；而鄯善等站土壤含水量只有 3.7%。绝大多数站点的土壤含水量在 15%～30%，埋件深度处均未见地下水。

土壤 pH 范围包括了酸性、中性及碱性(4.6～10.3)，pH 最低的是鹰潭与百色站的红壤，分别为 4.6 和 4.7，最高的是大庆的苏打盐土，pH 达到 10.3，而大多数土壤的 pH 在 6.5～8.5。土壤电阻率大多为 0.28～1000Ω·m，电阻率最低的大港海滨盐土只有 0.28Ω·m，最高的是鹰潭红壤及一些干旱荒漠土，电阻率都在 1000Ω·m 以上，但大多数站点都在 100Ω·m 以下，只有深圳、广州、华南等站的红壤及玉门东站等荒漠土壤电阻率在 100Ω·m 以上。

对金属材料腐蚀影响较大的 Cl⁻、SO_4^{2-} 含量及可溶盐总量的差别也很大，Cl⁻含量为 0.001%～1.56%，其中海滨盐土及各类荒漠盐土，如大港与新疆、敦煌、玉门等站，Cl⁻含量都在 0.1% 以上，大港最高达到 1.56%，而酸性红、黄壤大多在 0.001%～0.002%，其他土壤也都在 0.01% 以下。土壤中 SO_4^{2-} 含量为 0.01%～1.38%，其中各类荒漠土壤为最高，敦煌站的 SO_4^{2-} 高达 1.38%，红黄壤地区 SO_4^{2-} 在 0.01%以下，其他大多在 0.01%～0.05%。全盐含量为 0.011%～2.803%，其中海滨盐土及各类荒漠盐土为最高，红、黄壤最低，其他土类则居中[20]。

1.4.3　土壤腐蚀电池与电极过程

在非水饱和区，气体在土壤颗粒间形成连续气相，非水饱和区金属表面环境条件与水饱和区有明显的不同，同时由于土壤的扰动，使得在埋地结构表面附近形成独特的外部环境。均匀腐蚀和局部腐蚀(包括环境开裂)都需要水在金属表面来充当电解质溶液，土壤为电化学腐蚀过程提供了反应的场所，也为微生物的生命活动提供了必要条件，土壤结构影响了氧等反应组分向金属表面的扩散，同时也影响了金属表面附近液相的化学成分。

土壤腐蚀的形式有很多，Srikanth 等[21]将埋地管线钢的腐蚀形式主要归结为：①由于材料不均匀性导致的局部腐蚀；②氯化物和硫化物导致的应力腐蚀开裂；③由邻近管线不同区域氧浓度不同而造成的浓差电池；④在缺氧环境下由硫酸盐还原菌(SRB)和酸生产菌(acid producing bacteria，APB)导致的微生物腐蚀；⑤腐蚀产物在管线内部的结瘤；⑥土壤中杂散电流导致的腐蚀等。

土壤腐蚀和其他介质中的电化学腐蚀过程一样，都是金属和介质间电化学反应所形成的腐蚀原电池作用所致，这是腐蚀发生的根本原因[22]。与其他介质环境相比，土壤的腐蚀过程是最复杂的，受气象因素、土壤类型、土壤结构等多种因素的影响。在材料腐蚀过程中，诸多因素既互相促进又互相制约。

根据组成电池的电极大小，可把土壤腐蚀电池分成两类：一类为微观腐蚀电池，它是指阴、阳极过程发生在同一地点，电极尺寸小，常造成均匀腐蚀，由于微阳极和微阴极相距非常近，这时土壤腐蚀性一般不依赖于土壤电阻率，而是依赖于阴、阳极极化性质，较小尺寸构件的腐蚀可以认为是微观电池的作用，微观电池腐蚀对地下管线的危害性较小；另一类是宏观腐蚀电池，它是指金属材料不同部位存在着电位差，阴、阳极不在同一地点，电极尺寸比较大的一类腐蚀，一般不导致均匀腐蚀，其多是由氧浓差引起的[23, 24]。一般情况下，供氧不足、低 pH、高湿度区域为阳极区，而供氧充足、低含盐量、高 pH 和中等含水量区域为阴极区。由于阳极区和阴极区相距较远，土壤介质的电阻在腐蚀电池回路总电阻中占有相当大的比例，因此宏观电池腐蚀速率不仅与阳极和阴极电极过程有关，还与土壤电阻率密切相关，增大电阻率，能降低宏观电池腐蚀速率。

金属在土壤中的电极电位取决于两个因素：一是金属的种类及其表面性质，二是土壤介质的物理、化学性质。由于土壤是一种不均匀、相对固定的介质，因此土壤理化性质在不同部位往往是不相同的，这样在土壤中埋设的金属构件上，不同部位的电极电位也是不相等的。只要有两个不同电极电位的系统，在土壤介质中就会形成腐蚀电池，电位较正的是阴极，电位较负的是阳极，构成了土壤腐蚀的电化学过程。一般，阳极过程为铁的溶解，经一系列变化最终形成褐铁矿，阴极为扩散控制的氧去极化过程。腐蚀受阴极扩散控制，扩散控制程度随温度的升高和含水量的增加而增大。这里需要强调的是，参加阴极去极化过程的氧是土壤溶液中的溶解氧，而不是土壤空隙中扩散过来的游离氧。土壤空隙中的游离氧与土壤溶液中的溶解氧在金属腐蚀电化学过程中的作用完全不同，前者不参加氧化-还原反应，没有电极过程；后者在土壤腐蚀阴极电极过程中既有扩散过程又参加氧化-还原反应。氧向地下金属构件表面扩散，是一个非常缓慢的过程，与一般电解液腐蚀不同，氧扩散过程不仅受到紧靠着阴极表面的电解质限制，而且还受到阴极周围土层的阻碍。氧的扩散速度不仅取决于金属材料的埋设深度、土壤结构、湿度、松紧程度(扰动土还是非扰动土)，还和土壤中胶体离子含量等因素有关。

金属在中、碱性土壤中腐蚀时，阴极过程是氧的还原，在阴极区域生成 OH^-：

$$2H_2O + O_2 + 4e \longrightarrow 4OH^- \tag{1-1}$$

阳极过程是金属溶解：

$$Fe - 2e \longrightarrow Fe^{2+} \tag{1-2}$$

在稳定的中、碱性土壤中，由于 Fe^{2+} 和 OH^- 间的次生反应而生成 $Fe(OH)_2$：

$$Fe^{2+} + 2OH^- \longrightarrow Fe(OH)_2 \tag{1-3}$$

在有氧存在时，$Fe(OH)_2$ 能氧化成为溶解度很小的 $Fe(OH)_3$：

$$4Fe(OH)_2 + O_2 + 2H_2O \longrightarrow 4Fe(OH)_3 \tag{1-4}$$

$Fe(OH)_3$ 产物是很不稳定的，它能转变成更稳定的产物：

$$Fe(OH)_3 \longrightarrow FeO(OH) + H_2O \tag{1-5}$$

$$2Fe(OH)_3 \longrightarrow Fe_2O_3 \cdot 3H_2O \longrightarrow Fe_2O_3 + 3H_2O \tag{1-6}$$

当土壤中存在 HCO_3^-、CO_3^{2-} 和 S^{2-} 时，它们与阳极区附近的金属阳离子反应，生成不溶性的腐蚀产物 $FeCO_3$ 和 FeS。

一般情况下金属在酸性土壤中的腐蚀，阴极反应也是控制过程。当 pH>4 时，阴极过程受氧的扩散步骤控制，在我国酸性土壤中，绝大多数 pH>4，也就是阴极过程主要以氧扩散控制为主。随着土壤酸度的提高，氢去极化过程也参与到阴极反应中：

$$2H^+ + 2e \longrightarrow H_2 \tag{1-7}$$

其阳极过程为金属溶解，在酸性较强的土壤中，铁的腐蚀产物以离子状态存在于土壤中，在厌氧条件下，如果硫酸盐还原菌存在，硫酸盐的还原也可作为土壤腐蚀的阴极反应：

$$SO_4^{2-} + 4H_2O + 8e \longrightarrow S^{2-} + 8OH^- \tag{1-8}$$

此外，当金属(M)由高价变成低价离子，也可以成为一种土壤腐蚀的阴极过程：

$$M^{3+} + e \longrightarrow M^{2+} \tag{1-9}$$

金属材料在潮湿土壤中的阳极过程和溶液中相类似，其阳极过程没有明显的阻碍，其阴极过程主要是氧去极化，在强酸性土壤中氢去极化过程也能参与进行，在某些情况下，还有微生物参与的阴极还原过程。在干燥透气性良好的土壤中，阴极过程的进行方式接近于大气中的腐蚀行为，阳极过程因钝化现象及离子水化困难而有很大的极化。

1.4.4　土壤腐蚀的影响因素

土壤腐蚀的影响因素很多，如土壤质地、透气性、松紧度、导电性、含水量、温度、电阻率、溶解离子的种类和数量、含盐量、pH、氧化还原电位、有机质及微生物等[25]。

1. 温度对土壤腐蚀的影响

土壤温度对土壤腐蚀性的影响是通过其他一些影响因素的作用而间接起作用。土壤温度的升高会加速阴极的扩散过程和电化学反应的离子化过程，另外它还会影响微生物的生机活动。土壤的电阻率可以作为土壤腐蚀性的重要指标之一，土壤电阻率越小，金属腐蚀性越强，其中温度对土壤电阻率的影响很显著。温度每变化 1℃，土壤电阻率约变化 2%，温度降低，电阻率升高。一般而言，温度升高会加快金属的腐蚀速率[26, 27]。但是对于氧去极化腐蚀参加的腐蚀过程，腐蚀速率与温度的关系要复杂一些，这是由于随着温度的升高，氧分子的扩散速度增大，但溶解度却下降[22]。Kobayash[28]指出，随着温度的升高，管道所需的阴极保护电位更负，Morgan[29]认为温度的影响值为 2mV/℃。Kim 等[30]研究了 25℃到 95℃范围内，温度对埋地管线阴极保护电位的影响。随着温度的升高，腐蚀速率增大，阴极保护电位负移。在常温下的阴极保护电位已经不足以保护金属，因此在高温时，所需阴极保护电位更负。在 80℃时金属腐蚀最严重，腐蚀速率最大，所需的阴极保护电位也最负，这是受溶解氧的影响。

温度不仅影响土壤腐蚀的速率，同时也影响其腐蚀形态和腐蚀产物。随着温度的升高，腐蚀形态由局部腐蚀向全面腐蚀过渡，当然这与土壤湿度密切相关。随着温度的升高，腐蚀程度增加。另外，温度对点蚀的影响很大，在临界点蚀温度以下，点蚀基本上不会发生，至少在过钝化腐蚀开始前不会发生；而在临界点蚀温度以上，即使在过钝化电位以下，点蚀也能发生[31]。但是在临界点蚀温度以上，温度继续升高时，点蚀电位与温度的关系减弱。Park 等[32]研究了铬镍合金在含 Cl^- 的硫代硫酸盐溶液中的腐蚀，结果表明点蚀胚形成的时间($t_{pit, form}$)与溶液温度有关，温度越高，$t_{pit, form}$ 越短；但在更高温度下，温度对孔胚形成速率的影响降低，这是由于在更高温度下，点蚀胚形成所必需的活化位，即氧化膜中的晶格缺陷增加的缘故。此外，不同温度对土壤腐蚀阶段的影响不相同。武俊伟等[26]研究发现，16℃下腐蚀速率随时间增加变化不大；在 32℃时和 45℃时，80d 后的腐蚀速率远大于 32d 的腐蚀速率。在室温下，20#钢腐蚀速率随时间变化不大，点蚀深度有所增加；而在 32℃时，点蚀深度和腐蚀速率在 80d 后比 32d 后有大幅度增加，这是受到温度和微生物协同作用的影响。使用交流阻抗技术得出，随着埋片时间的延长，阻抗值增加，说明随着腐蚀的进行，试样表面产生的氧化膜阻碍了腐蚀的进一步发生。另外，16℃时，在 80d 内的平均腐蚀速率略小于 32d，而随着温度的升高，温度效应占主导地位，腐蚀速率进一步增加。

不同温度下，在不同腐蚀阶段，金属的腐蚀产物不同。武俊伟等[33]研究 X70钢在库尔勒土壤中的腐蚀行为，发现不同温度、不同腐蚀时间的腐蚀产物不同，见表 1-1。

表 1-1 X70 钢在不同温度、不同腐蚀时间下库尔勒土壤中的腐蚀产物

温度/℃	32d 后腐蚀产物	64d 后腐蚀产物
16	Fe_3O_4，Fe_2O_3	FeO，Fe_2O_3
32	Fe_2O，FeO(OH)	FeO，Fe_2O_3，FeO(OH)，γ-Fe_2O_3
45	FeO，FeO(OH)，Fe_9S_{11}	FeS_2，Fe_2O_3，Fe_3O_4

随着温度的升高和腐蚀时间的延长，腐蚀产物中有部分铁的硫化物出现，说明硫酸盐还原菌参与了反应。

2. 湿度对土壤腐蚀的影响

湿度是决定金属土壤腐蚀行为的重要因素之一，关于其对土壤腐蚀影响的研究很多。湿度主要从两个方面影响土壤腐蚀，一方面，水分使土壤成为电解质，这是造成电化学腐蚀的先决条件；另一方面，湿度的变化显著影响土壤的理化性质，进而影响金属的土壤腐蚀行为[34]。不同土壤腐蚀体系得出的土壤湿度与土壤腐蚀速率

的关系曲线也不尽相同,但总体趋势是一致的,中间存在一个最大值[35, 36]。当土壤湿度较低时,金属的腐蚀速率随着湿度的增加而增大,达到某一湿度时,金属的腐蚀速率达到最大值,再增加湿度,其腐蚀速率反而下降。最大腐蚀速率对应的湿度与土壤的盐含量、pH 及土壤结构等有关。

土壤湿度还影响金属的腐蚀形态,在湿度较高土壤中金属发生均匀腐蚀,而中、低湿度土壤中金属发生局部腐蚀[37]。这是因为在较高湿度条件下,金属表面能够形成较厚的液相膜使表面各处氧的浓度基本相同,所以金属/土壤界面的电化学差异性小,试样发生均匀腐蚀;而在中、低湿度条件下,金属表面难以形成连续的、厚度均匀的液相膜,因此易形成氧浓差电池而导致试样表面发生局部腐蚀。

湿度对金属土壤腐蚀反应的控制特征也有很大的影响[38]。在高湿度条件下,阴极反应物氧的传输阻力较大,同时阳极反应的产物及其次生成物对阳极反应的阻碍作用也较强,因此腐蚀反应由阴、阳极混合控制;在中等湿度土壤中,阳极反应集中在局部腐蚀区内,保持着较高的反应活性,而氧的供给因腐蚀速率较大而成为腐蚀反应的控制步骤,使腐蚀反应受阴极过程控制;在低湿度条件下,土壤的透气性良好,氧含量高且传输阻力小,腐蚀反应的阻力主要是由阳极反应的水化离子因水分不足难以形成所产生的,腐蚀反应受阳极过程控制。

土壤湿度对碳钢的电极电位、土壤导电性和极化电阻有一定影响。土壤中水、气两相是对抗关系,湿度的变化引起土壤通气状况的变化,这对阴极极化将产生影响。土壤湿度还显著影响金属的氧化还原电位、土壤溶液离子的数量和活度以及微生物的活动状况等。另外,土壤中水分状况的变化会引起土壤含氧量和含盐量的变化,这将促进氧浓差电池、盐浓差电池的形成。土壤湿度的变化也会影响土壤中微生物的腐蚀作用[39-41]。何斌等[42]研究了在不同湿度、同一种土壤中,硫酸盐还原菌对碳钢腐蚀的影响规律。结果表明,土壤湿度对细菌生长的影响是显著的,硫酸盐还原菌随着土壤湿度的增大呈递增趋势。

3. 腐蚀产物对腐蚀的影响

碳钢表面铁的氧化物或者氢氧化物等腐蚀产物的形成对埋地管线腐蚀起着重要的作用。腐蚀产物的存在形式与环境有密切关系,并随着腐蚀时间的延长而变化。电化学腐蚀过程中,首先发生的是阴极吸氧和阳极铁溶解反应,生成 OH^- 和 Fe^{2+},两者结合生成不溶性产物 $Fe(OH)_2$ 并逐渐转化为 $Fe(OH)_3$,此产物在潮湿环境中易被还原成 Fe_3O_4;在干燥土壤中 $Fe(OH)_3$ 极不稳定,易转变为较稳定的产物 Fe_2O_3 或 $FeO(OH)$。腐蚀产物锈层有很好的电化学活性,如果电极电位正与腐蚀电位时,形成的是 Fe^{3+},如 $FeO(OH)$,而在较负的电位下,有 Fe^{2+} 形成,如 Fe_3O_4。

金名惠等[43]研究了在我国四种土壤(大庆苏打盐土、大港海滨盐渍土、新疆沙漠戈壁土、华南酸性土)中碳钢的腐蚀机理。在埋设 1~2 周后,四种土壤中碳钢的腐蚀产物都有 FeO(OH) 和 FeO(OH)·nH_2O。1 个月后，华南酸性土中发现了 $Fe(OH)_2$ 和 Fe_3O_4 等腐蚀产物，在腐蚀初期，形成的是 γ-FeO(OH) 等腐蚀产物，但其在酸性条件下极不稳定，与 H^+ 作用形成磁性腐蚀产物 Fe_3O_4。其他三种土壤中的腐蚀产物为 $FeO_x(OH)_{3-2x}$，并有转变过程。5 个月后，大港土和大庆土中碳钢的腐蚀产物中含有大量非晶态的 $FeO_x(OH)_{3-2x}$ 以及少量晶态物质 α-FeO(OH) 和 $Fe_2O_3·nH_2O$，而新疆土中则有 FeO(OH)·nH_2O、FeO(OH) 和 Fe_2O_3，这三种腐蚀产物主要是由新疆土中发生的氧去极化引起的。

腐蚀产物的存在形式反过来会影响金属腐蚀的速率及腐蚀机理[44,45]。Onuchukwu 等[46]研究发现，在埋地管线的土壤腐蚀中，金属表面铁锈下，缺氧的地方作为阳极，腐蚀产物是作为电解质的，这样金属本身就构成了一个回路。因此，对锈层形成以及转变等的研究非常重要，对于确定腐蚀发生的机理，锈层转变的条件以及氧化物的保护性等具有重要意义。

Perdomo 等[47]研究了表面覆有 γ-FeO(OH)、覆有 Fe_3O_4 以及裸露的三种碳钢的腐蚀电位、极化发生速率等变化的区别。首先是腐蚀产物的转变过程，表面覆有 γ-FeO(OH) 的碳钢在腐蚀一段时间后就逐渐转变为 Fe_3O_4，最终几乎全部转化为 Fe_3O_4；而表面覆有 Fe_3O_4 的碳钢继续腐蚀，腐蚀产物并没有变化。裸金属腐蚀的腐蚀产物转化与上述结论也是吻合的，最先生成的是褐色 γ-FeO(OH) 腐蚀产物，随着腐蚀的继续发生，黑色腐蚀产物 Fe_3O_4 逐渐取代了 γ-FeO(OH)。γ-FeO(OH) 的还原性与电极电位、Fe^{2+} 浓度以及环境的 pH 等有关。在酸性条件下，γ-FeO(OH) 更容易还原成 Fe_3O_4，这一转变反过来会使体系的 pH 增加。其次，腐蚀产物对腐蚀进一步发生的难易程度以及腐蚀速率等存在影响[47]。裸碳钢的自腐蚀电位比表面覆有 γ-FeO(OH) 碳钢的自腐蚀电位更负，自腐蚀电位下降速度也比裸金属慢，约为它的一半。表面覆有 Fe_3O_4 的碳钢自腐蚀电位的下降速度介于两者之间，比表面覆有 γ-FeO(OH) 腐蚀产物的碳钢快，而比裸碳钢慢。最后，通过研究其三种金属极化发生的快慢来研究其腐蚀发生的快慢，表面覆有 γ-FeO(OH) 的碳钢极化发生的速度明显慢于裸金属，一方面由于表面氧化物降低了物质传输和扩散的速度，也使表面覆有腐蚀产物的碳钢的电位受化学反应影响小于裸碳钢；另一方面是 γ-FeO(OH) 转化为 Fe_3O_4。覆有腐蚀产物的碳钢极化发生的速率慢与表面氧化物的孔隙率有关。

4. 含盐量和 pH 对钢铁材料腐蚀的影响

土壤是一种固、液、气组成的一个非均质、多相、多孔的复杂体系。在固体颗粒构成的骨架内有着各种盐矿物，如 Na、Mg、K 的氧化物及硫酸盐等[48]。土壤中的主要离子成分有 K^+、Ca^{2+}、Na^+、Mg^{2+}、Cl^-、NO_3^-、SO_4^{2-}、CO_3^{2-} 等，其中 SO_4^{2-}、CO_3^{2-}、Cl^- 的存在不同程度地增加了金属的腐蚀性[49]。阴离子是碳钢产生局部腐蚀的主要环境因素，其中 Cl^- 是影响土壤腐蚀性的主要因素[50,51]。单独改变

Cl⁻浓度，碳钢的腐蚀趋势基本相同，只是 Cl⁻的浓度越大，碳钢的失重率越高，腐蚀速率越大[52]。SO_4^{2-}对金属的腐蚀作用分三种情况：一是 SO_4^{2-}作为催化剂参与了铁的氧化，二是微生物(如SRB)等引起的腐蚀。这两种作用都有助于碳钢的氧化，使碳钢的腐蚀速率增大[52]。刘晓敏等[53]提出了第三种观点，认为 SO_4^{2-}和 Cl⁻同时存在时，SO_4^{2-}将取代 Cl⁻的位置，引起钝化膜的破裂，电位升高，从而对金属的腐蚀起到缓蚀作用。

钢材的土壤腐蚀类型主要分为均匀腐蚀和局部腐蚀两类，局部腐蚀对地下钢材的损坏影响很大[54]。局部腐蚀产生的主要原因是土壤的不均匀性、土壤微生物以及杂散电流等的作用。地下钢材产生局部腐蚀，一般是由土壤理化性质不同而产生宏观腐蚀电池作用的结果。郭稚弧等[55]研究得知，在含水量相同的实验土壤中，Cl⁻含量较高时，一般钢片的点蚀深度和局部腐蚀面积占比都较大，而且在实验土壤中随着含水量的增大，局部腐蚀面积也随之增大。这表明 Cl⁻是影响点蚀的主要因素，在一定含盐量的土壤中，含水量的增大不仅会加快腐蚀速率，而且也会增大局部腐蚀面积。

此外，土壤中的盐含量也会影响体系中氧的溶解和扩散。盐含量很高时，土壤中电解质的浓度很大，影响氧在此土壤中的溶解和扩散，从而影响土壤腐蚀[56]。

pH 是反映土壤酸碱性的指标，对金属和金属氧化物的溶解腐蚀具有显著影响。pH 偏离 7 越大，腐蚀性越强，其中酸性土壤的腐蚀性较强[57]。pH 对微生物的活性也有一定影响[58]。我国大部分土壤属 pH 中性土壤，pH 在 6~8，随着 pH 的降低腐蚀速率将增大。

5. 阴极保护对碳钢腐蚀的影响

作为最有效的腐蚀防护方法，阴极保护技术已经得到世界范围的认可[59]。土壤环境下，阴极保护被广泛地用作钢铁构筑物的腐蚀防护技术，因此埋在土壤中的地下管线通常联合采用防护涂层和阴极保护来防止腐蚀。要达到基本的保护，-850mV(饱和甘汞电极)的保护电位是必需的。但是，大量的管线腐蚀研究表明，大多数管道外表面都存在微生物腐蚀。

关于微生物影响的地下(土壤)腐蚀，已进行了广泛的研究。微生物，如铁细菌(iron bacteria，IB)、硫酸盐还原菌(SRB)、铁氧化细菌(iron-oxidizing bacteria，IOB)、硫氧化细菌(sulfur-oxidizing bacteria，SOB)在土壤腐蚀过程中起着关键的作用。Kajiyama 等[60]研究了含 IOB 的砂质土壤和含 SRB 的黏泥状土壤中埋地管线阴极保护的可靠性。Kim 等[61]讨论了涂覆绝缘保护层的埋地管线的阴极保护标准，研究了温度对阴极保护电位的影响。侯保荣等[62]使用交流阻抗技术研究了最佳防蚀电位。Guezennec 等应用阴极极化电位下的交流阻抗技术研究了在海洋沉积物下阴极保护电位和 SRB 腐蚀的关系[63-65]。Soprani 等[66]使用电化学阻抗谱(electrochemical impedance spectroscopy，EIS)研究了埋地管线的阴极保护行为。

按照现有的研究，极化似乎能够控制碳钢构筑物上好氧细菌的生长，却不能抑制厌氧生物膜下 SRB 的生长[67]。在阴极极化作用下，碳钢仍可能遭受细菌的腐蚀。有报告曾提及剥离的煤焦油磁漆及沥青防腐层下的腐蚀，在条形蚀坑中发现了硫化物和硫，经过分析，腐蚀为厌氧硫酸盐还原菌造成[68, 69]。Li 等[70]在阴极保护电位比-850mV 负得多的阴极保护下，在韩国天然气管线剥离的热收缩聚乙烯套下，发现管线表面覆盖一层厚厚的黑色硫化物，缝隙内介质 pH 为 6～8，最大点蚀深度达 7mm，这是由 SRB 造成了严重的微生物腐蚀。国外学者在阴极保护与土壤中微生物腐蚀的相互影响方面也进行了一些研究。Angst 等[71]的实验表明，在含有微生物的黏土中，当阴极保护电位为-1100mV 时，SRB 仍能存活。Grobe 等[72]发现，在富含 SRB 的土壤中对 St37 钢实施阴极保护时，需要的阴极保护电流比灭菌土壤中显著增大。

土壤温度、湿度、腐蚀产物等因素既交替促进，又相互制约，共同影响土壤的腐蚀行为。

1.5　土壤腐蚀实验研究方法

根据工业发达国家的经验，基础设施建设中材料的选用要以材料(制品)在该地区典型环境中的腐蚀与老化数据为重要依据。我国西部大开发及国家重大工程建设如西气东输、青藏铁路等急需材料(制品)的腐蚀数据。根据国家需求，在对我国西部地区典型环境下材料腐蚀状况调研的基础上，开展金属材料土壤腐蚀实验方法的研究，特别是简便、快速、有效、规范的新实验方法的研究，可以为我国西部开发建设，特别是重大工程建设与安全运行提供材料土壤腐蚀(性)数据及土壤腐蚀快速评价方法。

土壤腐蚀的实验方法主要包括室外现场实验和室内模拟实验两类，其中室内模拟实验又包括模拟现场和加速腐蚀实验。实验方法围绕影响土壤腐蚀的主要因素展开，各主要因素的作用效果及其交互作用是土壤腐蚀研究的重点，也是对各类土壤腐蚀性评价、分类和预测的基础。选用多因子进行土壤腐蚀性研究的方法已被人们广泛接受。美国和德国的一些学者分别综合多项腐蚀因素进行评分、判别，并在标准和规范中分别采用多因子综合评价法来评判土壤腐蚀性的轻重等级。我国土壤腐蚀网站还制定了有关材料土壤腐蚀实验方法，考虑的因素多达 20 种以上[73]。

1.5.1　室外现场实验

室外埋设实验是指在选取的典型土壤环境中，埋设按规定制备的标准试件，然后按一定埋设周期进行挖掘，经过清洗、除锈、干燥、称重等处理，确定试件的腐蚀失重率和腐蚀速率。同时还需定期测取土壤的物理、化学参数，记录气候数据，以及相应的电化学测量结果，以便建立材料、环境因素和腐蚀速率之间的相互关系，为开展土壤腐蚀性快速评价方法的研究提供基础数据。该方法所测数据符合实际，较为准确，现在仍在广泛使用。埋片失重法是较传统的研究方法，它可以提供各种土壤对钢铁及其他金属材料腐蚀性的可靠数据，但实验周期长，需要大量的试片，费时费力，重现性差且很难了解试件埋入土壤后各阶段的腐蚀变化。

1. 由土壤的理化性质研究土壤腐蚀方法

土壤的理化性质包括含水量、含盐量、电阻率、pH 和总酸度等，这些因素或单独起作用，或几种结合起来共同影响金属材料在土壤中的腐蚀行为。目前常用的评价指标较多，根据指标的多少可分为单项指标评价法和多项指标综合评价法。单项指标包括土壤电阻率、含水量、含盐量、交换性酸总量、pH 和氧化还原电位等，多项指标综合法主要有德国的 Baeckman 法和美国的 ANSI A21.5 法等[74, 75]。

1) 单项指标评价法

(1) 土壤电阻率法。土壤电阻率是一个综合性因素，是土壤导电能力的反映，也是目前土壤腐蚀研究最多的一个因素。一般土壤电阻率越小，土壤腐蚀性越强，因此有人根据土壤电阻率的高低来评价土壤腐蚀性的强弱，但是不同国家采用的标准不同(表 1-2)。我国不少油田和生产部门一直采用土壤电阻率作为评价土壤腐蚀性的指标，这种评价方法十分方便，在某些场合也较为可靠，但是由于土壤含水量和含盐量在一定程度上决定着土壤电阻率的高低，它们并不呈线性关系，而且不同的土壤其含水量和含盐量差别较大，因此单纯采用电阻率作为评价指标常常出现误判[76, 77]。

表 1-2　不同国家评价土壤电阻率与腐蚀性的关系

腐蚀性	土壤电阻率/(Ω·m)					
	中国	美国	苏联	日本	法国	英国
极低	>50	>100	>100	>60	>30	>100
低	—	—	—	45~60	—	50~100
中度	20~50	20~100	20~100	20~45	15~30	23~50
较高	—	10~20	10~20	—	—	—
高	<20	5~10	5~10	<20	5~15	9~23
极高	—	<5	<5	—	<5	<9

(2) 土壤含水量法。土壤含水量是决定金属土壤腐蚀行为的重要因素之一，而且对腐蚀行为的影响十分复杂。一方面，水分使土壤成为电解质，为腐蚀电池的形成提供条件；另一方面，含水量的变化显著影响土壤的理化性质，进而影响金属的土壤腐蚀行为。测定土壤含水量有多种方法，常用的方法为烘干法、红外线法和乙醇燃烧法。除土壤电阻率外，土壤含水量是土壤腐蚀研究的一个主要热门课题。研究发现，土壤含水量与其腐蚀性有密切的关系(表 1-3)。

表 1-3　土壤腐蚀性与含水量及含盐量之间的关系

腐蚀性	含水量/%	含盐量/%
极低	<3	<0.01
低	3~7 或 >40	0.01~0.05
中度	7~10 或 30~40	0.05~0.1
高	10~12 或 25~30	0.1~0.75
极高	12~25	>0.75

注：含水量及含盐量均为质量分数。

　　由于土壤腐蚀性随含水量的变化呈现出较为复杂的关系，随着土壤类型的不同，上述这种对应关系也有所变化，而且含水量的变化还会影响到其他一些因素的改变，因此这种评价方法有时并不可靠。

　　(3) 含盐量。土壤含盐量与土壤腐蚀性有一定的对应关系，也有人根据含盐量来评价土壤腐蚀性(表 1-3)。然而，土壤中的盐分不仅种类多，而且变化范围大。从电化学角度看，土壤盐分除了对土壤腐蚀介质的导电过程起作用外，有时还参与电化学反应，从而对土壤腐蚀产生影响。含盐量越高，电阻率越小，腐蚀速率越大，含盐量还能影响到土壤中氧的溶解度以及金属的电极电位，不同盐分对土壤腐蚀的贡献也不一样[76, 78]。因此，简单地按含盐量来评价土壤腐蚀性的方法并不准确。

　　此外，根据土壤中交换性酸总量、pH、氧化还原电位、钢材对地电位等理化性质也可判断土壤的腐蚀性[74, 75, 78, 79]。然而单项指标虽然在有些情况下较为成功，但过于简单，经常会出现误判现象。实际上，没有一个土壤因素可单独决定土壤的腐蚀性，必须考虑多种因素的交互作用。

　　2) 多项指标综合评价法

　　由于单项指标评价的结果并不令人满意，目前国内外研究者越来越倾向于用多项指标综合评价土壤的腐蚀性。

　　(1) Baeckman 法[74, 75, 78, 79]。该法综合了与土壤腐蚀有关的多项物理化学指标，包括土质、土壤电阻率、含水量、pH、酸碱度、硫化物、中性盐(Cl^-、SO_4^{2-}、盐酸提取物等)、埋设试样处地下水的情况及氧化还原电位等。评价方法是先把土壤有关因素分析做出评价，并给出评价指数，然后将这些评价指数累计起来，再给出腐蚀性评价等级。这种方法具有一定的实用价值，得到国内外许多腐蚀工作者的认可。

(2) 美国 ANSI A21.5 土壤腐蚀评价法[74, 75]。该方法也是先对土壤理化指标打分，然后进行腐蚀性等级评价。考虑的指标有：电阻率(基于管道深处的单电极或水饱和土壤盒测试结果)、pH、氧化还原电位和湿度等。但是这种方法没有区分微观腐蚀和宏观腐蚀，而且只针对铸铁管在土壤中使用时是否需用聚乙烯保护膜，在其他情况下未必可行。

2. 金属试件的腐蚀分析

腐蚀产物的分析与研究，可以判断腐蚀过程与类型、基体中哪些元素及金属相优先腐蚀、影响腐蚀的环境因素及腐蚀产物的保护性等。金属试件的腐蚀分析包括腐蚀试件及自然环境的描述、试件宏观检查、腐蚀产物收集与分析、试件表面清理与腐蚀程度测定。

测定实际失重率是一种最简单，也是最可靠的确定土壤中金属腐蚀速率的方法，是土壤腐蚀实验中的基本方法。在试件清理表面腐蚀产物后，通过实际失重率的测量可以知道试件的腐蚀速率。但其应用范围主要针对均匀腐蚀类型，对于点蚀、晶间腐蚀等，还需要测定点蚀深度、蚀孔间距等参数，以对腐蚀状况做出全面分析。

3. 土壤腐蚀实验中的原位测量技术

土壤腐蚀的原位实时测量可以在不中断实验的情况下获得试件的腐蚀信息、土壤参数变化情况，环境因素及腐蚀数据的连续记录有利于对土壤腐蚀行为机理的研究。随着测试技术的进步，国内外均开展了土壤腐蚀原位测试探头的研制[80-83]。

Jack 等[69]研制了一种检测土壤参数的 Nova 电极，在电极头部布有多个传感器，可以原位测量土壤电阻率、氧化还原电位、温度和管地电位。他们还在前期工作基础上，根据建立的土壤腐蚀模型，结合所测参数可以对土壤腐蚀性进行评价，并可以预测腐蚀状况。

1.5.2　室内实验

在实验室内有目的地将专门制备的小型金属试样在人工配制的(有时取自天然环境)、受控制的介质条件下进行腐蚀实验，称为实验室实验。实验室实验一般又可分为模拟实验和加速实验两类。实验室模拟实验是一种不加速的长期实验，即在实验室的小型模拟装置中，尽可能精确地模拟自然界或工业生产中所遇到的介质及环境条件，或在专门规定的介质条件下进行实验。其优点是：①不会引起工艺过程和生产操作方面的紊乱，也不会沾污产品；②实验条件容易控制、观察和保持；③实验结果可靠，数据稳定性和重现性较高。但是，要在实验室完全再现现场的环境条件是困难的。此外，模拟实验的周期长，费用也较大。为了克服模拟实验长周期的局限性，需要开展土壤腐蚀室内加速实验方法及相关性研究，以便快速、准确地评价土壤腐蚀性。

1. 土壤腐蚀的电化学测量

尽管土壤现场埋设实验可以提供土壤腐蚀性数据，但这种实验不仅耗时，而且为了测得腐蚀失重速率必须将试样从土壤中取出，无法进行连续测量。电化学方法是研究土壤腐蚀的一种快速简洁的方法，并得到广泛应用。可用于土壤腐蚀实验的电化学手段主要有电化学极化、交流阻抗谱、动电位扫描和电化学噪声等。

采用电化学极化方法可以获得大量有关腐蚀速率的数据，而且可以进行长期实验。常用的电化学极化方法有极化阻力技术和极化拐点法。

土壤是一个高阻抗的多相介质体系，阻抗谱技术对土壤腐蚀体系的扰动很小，且测量不受土壤介质电压降的影响，能够得到较丰富的土壤腐蚀信息，是研究土壤腐蚀的有效工具。通过电化学阻抗谱解析数据可以有效地判断腐蚀反应的控制特征。

2. 土壤腐蚀加速实验方法的研究

随着新材料的研制开发和各地区土壤环境变化，室外埋片实验有周期长、埋设范围窄的局限性，需要开展土壤腐蚀室内加速实验方法及相关性研究，以便快速、准确地评价出土壤腐蚀性，为工程建设的选材、施工和维护提供科学保障。

目前，土壤腐蚀加速实验方法主要有强化介质法、电偶加速法、电解失重法、间断极化法和干湿交替法。

强化介质法是通过改变土壤介质的理化性质(如加入 Cl^-、SO_4^{2-}、Fe^{2+}、CO_2、空气等)来改变土壤腐蚀性，加速金属材料在土壤中的腐蚀。这种方法的优点是无外加电场影响，土壤溶液中的离子浓度基本可控，离子浓度的增大降低了土壤电阻率，从而增强了土壤腐蚀性。但此方法的局限性在于离子浓度的提高改变了土壤理化性质，增大腐蚀速率的同时其腐蚀机理和腐蚀产物等也会产生变化。

电偶加速法是利用碳-铁或铜-铁电偶对在土壤中的短接，组成电偶腐蚀电池，加大钢铁试片在土壤介质中的腐蚀速率。此方法的加速比可达数十倍至上百倍[84]。室内电偶腐蚀实验方法是在不改变土壤理化性质条件下加速腐蚀的有效方法，其优点是加速实验简便、易操作，加速比大，但由于引入了电偶电流的作用，对土壤腐蚀行为有较大影响。

电解失重法即控制外加电流或电压，阴、阳极面积比，阴、阳极距离等条件使金属材料在土壤中电解，此方法可以获得金属材料在不同土壤中腐蚀速率的极值。在应用上，有学者提出了一种较为简单的套管实验方法，即把一段铁管埋在装有水分饱和土壤的金属锡中，在铁管和金属锡之间用蓄电池加 6V 电压，铁管为此电解池的阳极。根据 24h 后铁管失重来表示土壤的腐蚀性。这种方法适用于多数土壤，但不能用于酸性土壤，此时阴极反应不仅决定于土壤中的氧扩散，也决定于析氢过程，而在这样高的电压作用下，酸性土壤中的析氢反应已是完全可能的了。

间断极化法是通过间歇式的外加电流极化，缩短腐蚀诱导期，使金属迅速进入活化区后停止极化，从而使腐蚀速率增大的一种方法。日本的 Kasahara 等[85]用反向方波，对试样进行间断性极化，研究了 40 种土壤中，试件的极化阻力、极化电容、腐蚀电位等，并将实验结果与腐蚀失重、点蚀深度等基础腐蚀数据进行相关性研究。结果表明，金属/土壤界面间电化学回路的时间常数与点蚀因子之间有很好的相关性(其中，点蚀因子=最大点蚀深度/平均腐蚀深度)。

以上几种方法是可以在短时间内得到较大加速比的土壤腐蚀实验方法，但除强化介质法外，其余都是通过外加电流来加速腐蚀的，腐蚀条件和形貌与实际情况差异较大，具有一定的强制性，实验主要考虑了宏观腐蚀电池的作用，忽略了腐蚀微电池的作用，因此预测时只能作半定量研究。

值得一提的是，金名惠等[86]和孔君华等[87]采用环境加速法，通过研制的土壤加速腐蚀实验箱，利用实际土壤，不引入其他离子，通过控制实验土壤的含水量、温度变化，适当通入空气，进行冷热交替和干湿交替来加速碳钢在土壤中的腐蚀速率。该方法没有改变土壤性质，也不是在外力强制作用下进行，模拟了自然环境条件下季节的温度变化和昼夜更迭，同时还包括了土壤干裂后或强对流天气引起的空气扩散速度加快的作用。结果表明，实验加速比主要在 8~12，与现场埋片的相关系数为 0.73。这一方法的确定使土壤腐蚀加速实验方法的研究上了一个新台阶，是一个不需通过外加电流达到加速腐蚀目的的方法。

随着科技进步和国家建设的需要，开展快速、简便、可靠、规范化的室内土壤腐蚀加速实验方法研究是今后土壤腐蚀实验研究的重点方向之一，实验研究将朝着同时提高加速比和相关系数的方向而努力。

1.6　X80 管线钢土壤腐蚀研究工作进展

近十多年来我国天然气需求量大幅度增长，输送能力有了长足发展，天然气输送用管线钢级从 X60 迅速提高到了 X80。西气东输二线工程是我国天然气重要战略通道，在天然气管网规划与布局中有重要的意义；气源主要为土库曼斯坦、哈萨克斯坦等中亚国家天然气，以国内气源作为备用和补充，主要目标市场是长江三角洲、珠江三角洲地区，同时向沿线的中西部地区、华东、华南地区的大中型城市供气。西气东输二线工程干线使用的管材为 $\Phi1219mm$ 的大口径 X80 管线钢，为目前国内最长的大口径、高压力天然气长输管道。管道沿线经过沼泽、盐渍化土壤、石方山地、黄土梁峁沟壑、水网等多种多样复杂地形和土壤环境，多次采用隧道、定向钻穿越河流及铁路、等级公路。X80 钢管道在如此复杂多样的地形下大规模使用尚属首次[88, 89]。

油气输送管道的土壤腐蚀是威胁管道安全运行的重要潜在因素，也是导致管道腐蚀穿孔的主要原因。据统计，因腐蚀导致地下管道破裂的事故，平均每 0.2 年就会发生一次[90, 91]。我国西气东输二线工程引进中亚地区的天然气，管线年输气量达 300 亿 m^3，干线所用的 X80 钢管长度达 4945km，用钢量达 278 万 t。然而，管道沿线气候条件恶劣，地质情况复杂，土壤类型种类繁多，土壤腐蚀性差异大。当管道穿越不同地区、不同类型土壤时，管体表面可能遭受点蚀、应力腐蚀、氧浓差腐蚀、微生物腐蚀和杂散电流腐蚀等多种破坏形式，从而会对管道的安全运行造成潜在危害。因此，尤其值得关注 X80 管线钢在我国西气东输二线工程沿线各种典型土壤环境中的耐腐蚀性能。

由于 X80 管线钢刚投入使用不久，在其服役耐蚀性能方面的研究基本处于起步阶段，尚未进行系统的研究和数据积累工作。目前，国内外主要研究 X80 管线钢在 H_2S 环境中、高 pH、近中性 NS4 溶液中的应力腐蚀开裂，但鲜见对 X80 管线钢在我国西气东输二线工程沿线各种实际土壤环境中的腐蚀行为进行过深入系统的研究。基于上述情况，本书以西气东输二线工程沿线典型土壤环境为背景，分别在二线工程西段、中段和东段采集了碱性棕漠土、弱碱性褐土、酸性红壤和海滨盐碱土(四类土壤分别代表我国西部、中部及东南部的典型土壤)，并采用室内埋片法、极化曲线测试、电化学阻抗谱测试、表面形貌观察与分析等方法研究 X80 管线钢在实际土壤环境中的腐蚀行为。相关研究成果将有助于了解 X80 管线钢在工程沿线典型土壤环境中的腐蚀行为及腐蚀机理，不同地区土壤中的材料腐蚀数据与土壤环境因素数据资源，对这些地区重大建设工程的设计、选材、寿命预测等提供大量的数据支持和科学依据，避免重大失误，这项研究工作对相关地区的经济发展和工程建设也是非常重要和必要的。

参 考 文 献

[1] 严琳, 赵云峰, 孙鹏. 全球油气管道分布现状及发展趋势[J]. 油气储运, 2017, 36(5): 481-486.

[2] 王红菊, 祝悫智, 张延萍. 全球油气管道建设概况[J]. 油气储运, 2015, 34(1): 15-18.

[3] 范华军, 王中红. 亚洲油气管道建设的特点及发展趋势[J]. 石油工程建设, 2010, 36(5): 6-9.

[4] WIKIPEDIA. List of countries by total length of pipelines[EB/OL]. (2016-12-20)[2017-09-28]. https: //en. wikipedia. org/wiki/ List_of_countries_by_total_length_of_pipelines.

[5] 何仁洋, 吉建立. 美国油气管道安全管理经验及启示[J]. 质量探索, 2014, (6): 45-46.

[6] 蒋万全. 中国第四次管道建设高潮十大亮点[DB/OL]. (2016-01-22)[2017-09-28]. http: //news. cnpc. com. cn/system/2016/01/ 22/001576805. shtml.

[7] 国家统计局. 2009—2014 年我国油气管道工程建设情况[DB/OL]. (2015-12-02)[2017-09-28]. http: //www. chyxx. com/industry/ 201512/364161. html.

[8] 中国经济网. 2025 年我国油气管网规模将达到 24 万公里[DB/OL]. (2017-07-12)[2017-09-28]. http: //www. cankaoxiaoxi. com/ finance/20170712/2183927. shtml.

[9] 中国石油新闻中心. 《石油天然气管道保护法》解读[DB/OL]. (2010-07-07)[2017-10-01]. http: //news. cnpc. com. cn/system/2010/07/07/001295888. shtml.

[10] 张华伟. 油气长输管线的腐蚀剩余寿命预测[D]. 北京: 中国石油大学, 2009.

[11] 人民网-科技频道. 院士: 2014 年我国腐蚀损失超 2 万亿为自然灾害 4 倍[DB/OL]. (2015-06-12)[2017-10-01]. http: //scitech. people. com. cn/n/2015/0612/c1007-27143454. html.

[12] ARGONNE NATIONAL LABORATORY. Environmentally acceptable methods control pipeline corrosion at lower cost[J]. Materials Performance, 1997, 36(2): 71.

[13] 皮博迪 A W, 比安切蒂 R L. 管线腐蚀控制[M].第 2 版.吴建华, 许立坤, 译. 北京: 化学工业出版社, 2004.

[14] FANG B Y, ATRENS A, WANG J Q, et al. Review of stress corrosion cracking of pipeline steels in "low" and "high" pH solutions[J]. Journal of Materials Science, 2003, 38(1): 127-132.

[15] 冯耀荣, 庄传晶. X80 级管线钢管工程应用的几个问题[J]. 焊管, 2006, 29(1): 6-10.

[16] GLOVER A. X80 design, construction and operation[C]. Beijing: Proceedings of Symposium on X80 Grade Steel and Linepipes, 2004.

[17] 徐景涛. X80 管线钢在长输管道中的应用及展望[J]. 中国冶金, 2016, 26(8): 1-7.

[18] 李晓刚, 杜翠薇, 董超芳, 等. X70 钢的腐蚀行为与实验研究[M]. 北京: 科学出版社, 2006.

[19] NATIONAL ENERNY BOARD. Public inquiry concerning stress corrosion cracking on canadian oil and gas pipelines[C]. Calgary, Canada: NEB Report MH22295, 1996.

[20] 曹楚南. 中国材料的自然环境腐蚀[M]. 北京: 化学工业出版社, 2005.

[21] SRIKANTH S, SANKARANARAYANAN T S N, GOPALAKRISSHNA K et al. Corrosion in a buried pressurized water pipeline[J]. Engineering Failure Analysis, 2005, 12(4): 634-651.

[22] 赵麦群, 雷阿丽. 金属的腐蚀与防护[M]. 北京: 国防工业出版社, 2002.

[23] DE L D, MACIAS O F. Effect of spatial correlation on the failure probability of pipelines under corrosion[J]. International Journal of Pressure Vessels and Piping, 2005, 82(2): 123-128.

[24] RIEMER D, ORAZERN M. A mathematical model for the catholic protection of tank bottoms[J]. Corrosion Science, 2005, 47(3): 849-868.

[25] 孙成, 李洪锡, 张淑泉, 等. 不锈钢在土壤中腐蚀规律的研究[J]. 腐蚀科学与防护技术, 1999, 11(2): 94-99.

[26] 武俊伟, 杜翠薇, 李晓刚, 等. 低碳钢在库尔勒土壤中腐蚀行为的室内研究[J]. 腐蚀科学与防护技术, 2004, 16(5): 280-283.

[27] GURRAPPA I, REDDY D V. Characterisation of titanium alloy, IMI-834 for corrosion resistance under different environmental conditions[J]. Journal of Alloys and Compounds, 2005, 390(2): 270-274.

[28] KOBAYASH T. Effect of environmental factors on the potential of steel[C]. Houston: Proceedings of the 5th International Congress on Metallic Corrosion, 1974.

[29] MORGAN J. Cathodic Protection[M]. 2nd Edition. Houston: NACE Publication, 1993.

[30] KIM J G, KIM Y W. Cathodic protection criteria of thermally insulated pipeline buried in soil[J]. Corrosion Science, 2001, 43(11): 2011-2021.

[31] SEKINE I, NAKAHATA Y, TANABE H. The corrosion inhibition of mild steel by ascorbic and folic acids[J]. Corrosion Science, 1989, 29(7): 987-1001.

[32] PARK J J, PYUN S I. Stochastic approach to the pit growth kinetics of Inconel alloy 600 in Cl⁻ ion-containing thiosulphate solution at temperatures 25-150℃ by analysis of the potentiostatic current transients[J]. Corrosion Science, 2004, 46(2): 285-296.

[33] 武俊伟, 李晓刚, 杜翠薇, 等. X70 钢在库尔勒土壤中短期腐蚀行为研究[J]. 中国腐蚀与防护学报, 2005, 25(1): 15-19.

[34] 刘文霞, 陈永利, 孙成. 盐渍土壤湿度变化对碳钢腐蚀的影响[J]. 全面腐蚀控制, 2005, 19(1): 26-30.

[35] MURRAY J N, MORAN P J. Influence of moisture on corrosion of pipeline steel in soil using in situ impedance spectroscopy[J]. Corrosion, 1989, 45(1): 34-43.

[36] GUPTA S K, GUPTA B K. The critical soil moisture content in the underground corrosion of mild steel[J]. Corrosion Science, 1979, 19(3): 171-178.

[37] 李谋成, 林海潮, 曹楚南. 湿度对钢铁材料在中性土壤中腐蚀行为的影响[J]. 腐蚀科学与防护, 2000, 12(4): 218-220.

[38] 李谋成, 林海潮, 曹楚南. 碳钢在中性土壤中的腐蚀行为研究[J]. 材料科学与工程, 2000, 18(4): 57-61.

[39] 孙成, 李洪锡, 张淑泉, 等. 大港海滨盐土的土壤腐蚀性研究[J]. 环境科学与技术, 1999, 2(1): 1-4.

[40] XU D, LI Y, SONG F, et al. Laboratory investigation of microbiologically influenced corrosion of C1018 carbon steel by nitrate reducing bacterium Bacillus licheniformis[J]. Corrosion Science, 2013, 77: 385-390.

[41] JACK T R, WILMOOT M J. Indicator minerals formed during external corrosion of line pipe[J]. Material Performance, 1995, 11(1): 19-22.

[42] 何斌, 孙成, 韩恩厚, 等. 不同湿度土壤中硫酸盐还原菌对碳钢腐蚀的影响[J]. 腐蚀科学与防护技术, 2003, 15(1): 1-4.

[43] 金名惠, 孟厦兰, 黄辉桃, 等. 碳钢在我国四种土壤中腐蚀机理的研究[J]. 华中科技大学学报, 2002, 30(7): 104-107.

[44] TRAUTMAN B L. Cathodic Disbonding of Fusion Bonded Epoxy Coatings[D]. Cleveland: Case Western Reserve University, 1994.

[45] HOFFMANN K, STRATMANN M. Delamination of organic coatings from rusty steel substrates[J]. Corrosion Science, 1993, 34(10): 1625-1645.

[46] ONUCHUKWU A I, OKOLUE B N, NJOKU P C. Effect of metal-doped copper ferrite activity on the catalytic decomposition of hydrogen peroxide[J]. Materials Chemistry and Physics, 1994, 36(11): 1185-1124.

[47] PERDOMO J J, CHABICA M E, SONG I. Chemical and electrochemical condition on steel under disbanded coatings: the effect of previously corroded surfaces and wet and dry cycles[J]. Corrosion Science, 2001, 43(10): 515-532.

[48] 孙成, 李洪锡, 张淑泉, 等. 碳钢的土壤盐浓差宏电池腐蚀研究[J]. 腐蚀与防护, 1999, 20(10): 438-440.

[49] 银耀德, 高英, 张淑泉, 等. 土壤中阴离子对 20#钢腐蚀的研究[J]. 腐蚀科学与防护技术, 1990, 2(2): 22-28.

[50] 王开军. 土壤盐分与金属电极电位的变化[J]. 腐蚀科学与防护技术, 1994, 6(4): 358-340.

[51] 刘大扬, 魏开金. 金属在南海海域腐蚀电位研究[J]. 腐蚀科学与防护技术, 1999, 11(6): 330-335.

[52] 李素芳, 陈宗璋, 曹红明, 等. 碳钢在黄土中的腐蚀研究[J]. 四川化工与腐蚀控制, 2002, 5(6): 12-15.

[53] 刘晓敏, 史志明, 许刚, 等. 硫酸盐和温度对钢筋腐蚀行为的影响[J]. 中国腐蚀与防护学报, 1999, 19(1): 55-58.

[54] 杜翠薇, 李晓刚, 武俊伟. 三种土壤对 X70 钢腐蚀行为的比较[J]. 北京科技大学学报, 2004, 26(5): 529-532.

[55] 郭稚弧, 金名惠, 周建华. 碳钢在土壤中的腐蚀及影响因素[J]. 油气田地面工程, 1995, 14(4): 27-29.

[56] 金名惠, 黄辉桃. 金属材料在土壤中的腐蚀速度与土壤电阻率[J]. 华中科技大学学报, 2001, 29(5): 103-107.

[57] WERNER G, ROLAND B. Effect of soil parameters on the corrosion of archaeological metal finds[J]. Geoderma, 2000, 96(1): 63-80.

[58] CZEREWKO M A, CRIPPS J C, REID J M, et al. Sulfur species in geological materials—Sources and quantification[J]. Cement and Concrete Composites, 2003, 25(7): 657-671.

[59] NACE Standard RP0169: Control of external corrosion on underground or submerged metallic piping systems[S]. Houston, TX: NACE, 1969.

[60] KAJIYAMA F, OKAMURA K. Evaluating cathodic protection reliability on steel pipe in microbially active soils[J]. Corrosion, 1999, 55(1): 74-80.

[61] KIM J G, JOO J H, KOO S J. Development of high-driving potential and high-efficiency Mg-based sacrificial anodes for cathodic protection[J]. Journal of Materials Science Letters, 2000, 19(6): 477-479.

[62] 侯保荣, 西方笃, 水流澈, 等. 阴极保护时碳钢的交流阻抗特性和最佳防蚀电位[J]. 海洋与湖沼, 1993, 24(3): 272-278.

[63] GUEZENNEC J, THERENEMARTINE. Microbial Corrosion[M]. Great British: Metals Society, 1983.

[64] GUEZENNE J. Cathodic protection and microbially induced corrosion[J]. International Biodeterioration & Biodegradation, 1994, 34(3-4): 275-288.

[65] GUEZENNEC J, DOWLING N J E, BULLEN J, et al. Relationship between bacterial colonization and cathodic current density associated with mild steel surfaces[J]. Biofouling, 1994, 8(2): 133-146.

[66] SOPRANI M, BENNARDO A, GABERRT G. EIS measurements on buried pipelines cathodically protected[C].

Diego，USA: NACE Corrosion, 1998.

[67] DEROMEROM F, DUQUE Z, DERINCONO T, et al. Microbiological corrosion: hydrogen permeation and sulfate-reducing bacteria[J]. Corrosion, 2002, 58(5): 429-435.

[68] PIKAS J L. Case histories of external microbiologically influenced corrosion underneath disbonded coatings[C]. Denver, USA: NACE Corrosion, 1996.

[69] JACK T R, WILMOOT M J. External corrosion of line pipe-A summary of research activities performed since 1983[J]. Materials Performance, 1996, 35: 18-24.

[70] LI S Y, JEON K S, KANG T Y, et al. Microbiologically influenced corrosion of carbon steel exposed to anaerobic soil[J]. Corrosion, 2001, 57(9): 815-828.

[71] ANGST U, BÜCHLER M, MARTIN B, et al. Cathodic protection of soil buried steel pipelines—A critical discussion of protection criteria and threshold values[J]. Materials & Corrosion, 2016, 67(11): 1135-1142.

[72] GROBE S, PRINZ W, SCHONEICH H G, et al. Influence of sulfate-reducing bacteria on cathodic protection[J]. Materials and Corrosion- Werkstoffe und Korrosion, 1996, 47(8): 102.

[73] 董超芳, 李晓刚, 武俊伟, 等. 土壤腐蚀的实验研究与数据处理[J]. 腐蚀科学与防护技术, 2003, 15(3): 154-160.

[74] 胡士信. 阴极保护手册[M]. 北京: 化学工业出版社, 1987.

[75] 宋光铃, 曹楚南, 林海潮, 等. 土壤腐蚀性评价方法综述[J]. 腐蚀科学与防护技术, 1993, 5(4): 268.

[76] 刘继旺. 钢铁试件腐蚀研究[R] //全国土壤腐蚀实验网站资料选编. 哈尔滨: 黑龙江省新闻出版局, 1987.

[77] 吴沟, 张道明, 孙慧珍. 土壤腐蚀性研究[M] //全国土壤腐蚀实验网站资料选编. 上海: 上海交通大学出版社, 1992.

[78] 王强. 地下金属管道的腐蚀与阴极保护[M]. 西宁: 青海人民出版社, 1984.

[79] 中国腐蚀与防护学会金属腐蚀手册编辑委员会. 金属腐蚀手册[M]. 上海: 上海科学技术出版社, 1987.

[80] 李谋成, 林海潮, 郑立群. 土壤腐蚀性检测器的研制[J]. 中国腐蚀与防护学报, 2000, 20(3): 161-166.

[81] 朱一帆, 孙慧珍, 万小山, 等. 土壤腐蚀测试的一种新型电极[J]. 南京工业大学学报(自然科学版), 1995, 17(12): 161-164.

[82] 吴沟. 土壤性质对钢铁电极电位的影响[J]. 土壤学报, 1991, 28(2): 117-123.

[83] 银耀德, 张淑泉, 高英. 不锈钢、铜和铝合金酸性土壤腐蚀行为研究[J]. 腐蚀科学与防护技术, 1995, 7(3): 269-271.

[84] 孟厦兰, 金名惠, 孙嘉瑞. A3 钢在土壤中自然腐蚀和电偶腐蚀规律的探讨[J]. 油气田地面工程, 1996, 15(3): 37-39.

[85] KASAHARA K, KAJIYAMA F. Application of AC impedance measurements to underground corrosion monitoring[C]. Ottawa, Canada: International Congress on Metallic Corrosion, 1984.

[86] 金名惠, 孟厦兰, 冯国强. 碳钢在不同土壤中的腐蚀过程[J]. 材料保护 B, 1999, 10: 358.

[87] 孔君华, 郑磊, 黄国建, 等. X80 管线钢和钢管在中国的研制与应用[C]. 武汉: 2006 年石油天然气管道工程技术及微合金化钢国际研讨会, 2006.

[88] 薛峰, 王东军. 西气东输二线管道腐蚀特点与防护措施[J]. 科技资讯, 2012, (34): 109, 111.

[89] SOSA E, ALVAREZ R J. Time-correlations in the dynamics of hazardous material pipelines incidents[J]. Journal of Hazardous Materials, 2009, 165(1-3): 1204-1209.

[90] BRETON T, SANCHEZ G J C, ALAMILLA J L, et al. Identification of failure type in corroded pipelines: a bayesian probabilistic approach[J]. Journal of Hazardous Materials, 2010, 179(1): 628-634.

[91] LIANG P, LI X G, DU C W, et al. Stress corrosion cracking of X80 steel in simulated alkaline soil solution[J]. Materials and Design, 2009, 30(5): 1712-1717.

第 2 章　X80 管线钢在新疆土壤中的腐蚀行为研究

2.1　长输管线的土壤腐蚀

据国家质量监督检验检疫总局特种设备安全监察局报道，70%～90%管道安全寿命缩短问题是由腐蚀造成的。据统计，2008～2010 年，全国公开报道的各种地下管道事故平均每天就有 5.6 起，近 5 年来管道事故数呈井喷式上升，地下管道事故引发的严重次生灾害屡见不鲜。例如，湖北武汉"3·15"天然气管道泄漏事故致使 2000 人被紧急疏散；山东胶州"5·2"原油管道爆裂事故导致数百吨原油泄漏；陕西铜川"5·31"天然气管道闪爆事故迫使上万人被紧急疏散；山东青岛"11·22"特大石油管道爆炸事故导致 62 人死亡、120 多人受伤，直接经济损失 7.5 亿元。其中"11·22"事故是典型的多网并汇区的管道土壤腐蚀导致的次生灾害。这些事故表明，腐蚀严重威胁着号称地下生命线工程管网的服役安全，我国管道完整性管理和事故应急预警技术等方面仍然存在重大缺陷，亟待解决[1]。

管道是长距离油气输送的主要方式之一，易受腐蚀、第三方破坏、制造缺陷、建造缺陷、自然灾害等风险因素影响，使管道承压能力不足，甚至发生泄漏、燃烧爆炸事故[2]。因此，检测发现的管道缺陷需及时采取修复措施，美国运输部(Department of Transportation，DOT)专门在其安全条例中规定，在管线运行压力超过其指定最小屈服强度(specified minimun yield strength，SMYS)的 40%时，必须对管道缺陷及各类损伤采用合适的方法进行修复[3, 4]。已经穿孔泄漏的管段只能停止服役及时更换管道，对于管体经常出现的隐性缺陷，如壁厚损失、变形、组织、焊缝缺陷等，换管修复代价太大。目前对于低钢级的管道已经有较为成熟的补修手段，包括补焊、补板、套筒、内衬和机械夹具等修复技术，其中 B 型套筒焊接修复以其安全经济被广泛采用[5]。国际上使用的标准主要是国际管道研究协会(Pipeline Research Council International，PRCI)《管道修复手册》、美国石油学会标准(API Standard，API Std)1104《管道和相关设施的焊接》[6]、API 1160《液体管道完整性管理》等相关标准[7]，美国机械工程师协会(American Society of Mechanical Engineers，ASME)PCC(Post Construction)－2《压力设备和管道维修》[8]。国内对于管道缺陷修复的标准主要是相关企业制定的，还没有形成统一的标准，现行的主要有：《油气管道管体修复技术规范》(Q/SY 1592—2013)[9]、《油气管道管体缺陷修复手册》(Q/SY GD 1033—2014)[10]、《油气输送管道完整性管理规范》

(GB 32167—2015)[11]等。

　　土壤环境中的材料腐蚀问题不仅是腐蚀科学研究领域中一个重要的基础性课题，而且是地下工程应用所急需解决的一个实际问题。油气输送管道的土壤腐蚀是威胁管道安全运行的重要潜在因素，也是导致管道腐蚀穿孔的基本原因。我国在西气东输二线工程中首次应用了 X80 管线钢，随着 X80 管线钢越来越多的使用，这些号称"地下动脉"的管道一旦被腐蚀破坏，便会造成重大损失。

　　西气东输二线管道工程作为我国天然气四大进口战略通道中的西北通道，在全国天然气管网布局中最具战略性意义。该项目的建设，不但将中亚国家天然气与我国经济最发达的珠江三角洲和长江三角洲地区相连，还将实现我国塔里木、准噶尔、吐哈和鄂尔多斯盆地天然气资源的联网。西气东输二线工程的建设，将进一步满足我国快速增长的天然气市场需求，提高清洁能源利用水平。该工程干线管道总体走向为由西向东、由北向南，西起新疆霍尔果斯口岸，东至浙江、上海，南至广东、广西，途经新疆、甘肃、宁夏、陕西、河南、湖北、江西、广东、广西、浙江、上海、湖南、江苏、山东、香港 15 个省、市、自治区、特别行政区，线路总长约为 9000km，设计任务输量 $300 \times 10^8 Nm^3/a$。

　　在土壤腐蚀室内实验方法的研究上，目前国际上仍没有统一的标准。西气东输二线工程的大部分管线都埋于土壤中，要与腐蚀性不同的数十种土壤接触。因此，需要根据不同土壤特点，制定相应的腐蚀实验方案。研究表明，西北盐渍土壤、东南酸性土壤和海滨盐碱土壤，都对材料有很强的腐蚀性[12]。

　　我国新疆、青海、甘肃、内蒙古等地区的土壤类别属西北盐渍土。土壤剖面的中、下部形成明显的盐积层，在盐积层中易溶盐含量高达 50%~60%。西部盐渍土的 pH 大都在 8.0~9.5，土壤溶液呈碱性。土壤中的含盐量较高，SO_4^{2-} 的含量最高达到土壤质量的 1.43%，Cl^- 的含量最高达 0.82%，Mg^{2+} 的含量高达 0.62%。此种土壤对材料产生极严重的腐蚀破坏，属强腐蚀或极强腐蚀性土壤[13]。库尔勒土壤是我国西部典型的荒漠盐渍土壤之一，土壤溶液呈碱性，且含盐量较高，对材料的腐蚀性极大，是管线钢最可能发生点蚀的土壤环境之一[14, 15]。我国西气东输一线和二线工程途径新疆霍尔果斯、乌鲁木齐、连木沁、库尔勒等地区，这些地区的土壤均属于我国西部典型的荒漠盐渍土壤，对材料的腐蚀性极大。

　　材料在土壤中的腐蚀主要是电化学腐蚀，因此可以采用在实际土壤或模拟溶液中进行室内实验。由于土壤影响腐蚀程度最大的离子是 Cl^- 和 SO_4^{2-}，因此只考虑 Cl^- 和 SO_4^{2-} 以及 pH，配制不同地区土壤模拟溶液。

　　由于高钢级管道严苛的技术条件，管道的修复质量要求更高，高钢级管道采用焊接技术补修是非常慎重的，目前对于焊接修复的适用性和可靠性正处于研究阶段。因此，本章选取 X80 管线钢及配套的 Q345B 型套筒，对母材及其焊接热影响区进行理化实验和浸泡实验，其中浸泡溶液选用西气东输天然气管道工程中腐蚀性离子含量很高的霍尔果斯、乌鲁木齐、连木沁和库尔勒地区的土样，采用失重法和电化学技术结合表面分析方法，对 X80 管线钢的电化学腐蚀行为进行模拟研究，以探索 X80 管线钢在这四个地区土壤模拟溶液中发生点蚀的敏感性及腐蚀规律，为今后高钢级管道服役及其修复提供数据支持。

2.2　实验材料与方法

2.2.1　实验材料与试样制备

实验材料为 X70 管线钢(规格为 $\Phi1016mm \times 26.2mm$，编号为 1#)、X80 管线钢(规格为 $\Phi1219mm \times 27.5mm$，编号为 2#)及其 B 型套筒 Q345B 钢(规格为 $\Phi1016mm \times 30mm$ 和 $\Phi1219mm \times 30mm$)，如图 2-1 所示，其化学成分见表 2-1。套筒的焊接采用 E5515-G 焊条电弧焊堆焊并焊接回火焊道，焊接预热温度在 80℃ 以上，焊接速度为 8～15cm/min，热输入为 0.8～2.3kJ/mm，焊接后空冷 48h 后取样。实验选取 X80 钢管母材及焊接、热影响区(heat affected zone，HAZ)两种试样，试样直接取自管道，其中焊接 HAZ 试样取样在焊缝正下方管道 2～3mm 处；分别对两种试样进行理化性能分析和浸泡腐蚀实验。

图 2-1　现场套筒补修宏观形貌

表 2-1　X70、X80 钢及 Q345B 套筒的化学成分

材料	质量分数/%											
---	C	Mn	Si	P	S	Cr	Mo	Nb	Ni	V	Ti	Cu
1#X70	0.036	1.55	0.20	0.011	0.001	0.066	0.17	0.039	0.12	0.027	0.015	0.042
1#Q345B	0.17	1.51	0.29	0.017	0.0089	0.032	0.0045	<0.001	0.012	0.0029	0.0082	0.011
2#X80	0.047	1.81	0.19	0.01	0.0021	0.35	0.11	0.066	0.14	0.003	0.015	0.17
2#Q345B	0.17	1.46	0.28	0.015	0.0060	0.031	0.0043	<0.001	0.011	0.003	0.0080	0.011

注：X70 及其配套的 Q345B 套筒编号为 1#；X80 及其配套的 Q345B 套筒编号为 2#。

通过线切割将试样加工成 40mm×20mm×3mm 的片状和 10mm×10mm×3mm 的正方形。片状试样用于腐蚀形貌观察，正方形试样用于电化学测量，将正方形试样的一面焊接上铜导线，用环氧树脂将其密封绝缘，另一面作为实验工作面。将封好的电极工作面用 SiC 水磨砂纸进行打磨至 1000 目，然后用蒸馏水冲洗，丙酮除油，无水乙醇脱脂后备用。

2.2.2　实验介质

实验通过在室内模拟浸泡实验方法，研究 X80 管线钢以及与其配套的 Q345B 型套筒在腐蚀性离子含量很高的霍尔果斯、乌鲁木齐、连木沁和库尔勒地区土壤模拟溶液中的腐蚀规律。霍尔果斯土壤选用地下约 1m 处的土壤为腐蚀介质，通过加入去离子水配置成水饱和土壤。实验温度为室温，实验期间定期向实验容器内加入适量的去离子水以保持土壤的水饱和性。乌鲁木齐、连木沁和库尔勒地区土壤模拟溶液主要理化性质见表 2-2，实验溶液用分析纯 NaCl、Na_2SO_4、$NaHCO_3$ 及去离子水配制。

表 2-2　土壤模拟溶液成分

土样来源	pH	质量分数/%		
		Cl^-	SO_4^{2-}	HCO_3^-
乌鲁木齐	6.77	0.019	0.073	0.070
连木沁	6.17	3.574	1.080	0.038
库尔勒	9.10	0.232	0.085	0.106

2.2.3　实验方法

1) 理化性能测试

理化性能测试主要采用显微分析、HSV-30 维氏实验机、WAW-Y1000C 万能实验机，PSW750 实验机、YE-600 实验机等实验手段，探究套筒焊接对母管的组织、硬度、拉伸、冲击和弯曲性能的影响。

2) 失重分析

将 X70、X80 管线钢和 Q345B 套筒试片腐蚀 7d 后取出，表面先用机械方法除锈，然后放入除锈液(500mL 盐酸+500mL 去离子水+3.5g 六次甲基四胺)进行彻底除锈后，用蒸馏水冲洗，无水乙醇清洗并吹干后放置干燥器中充分干燥，用精度为 10^{-4}g 的电子分析天平称量，计算试样质量损失及腐蚀速率。

试片经腐蚀和去除腐蚀产物后的腐蚀速率 X(mm/a)按式(2-1)进行计算：

$$X = \frac{8760 \times (W - W_0) \times 10}{A \cdot \rho \cdot t} = \frac{87600 \times (W - W_0)}{A \cdot \rho \cdot t} \tag{2-1}$$

式中，W_0 为腐蚀实验前试片的原始质量(g)；W 为腐蚀实验后，去除腐蚀产物后的试片质量(g)；ρ 为挂片材料的密度(g/cm³)；A 为试片的暴露面积(cm²)；t 为腐蚀实验的时间(h)；

在计算得到材料的平均腐蚀速率以后，对于腐蚀程度的认识则依赖于美国腐蚀工程师协会制订的标准 NACE RP-0775—2005 规定，见表 2-3。

表 2-3　NACE RP-0775—2005 标准对平均腐蚀速率的规定

分类	平均腐蚀速率/(mm/a)
轻度腐蚀	< 0.025
中度腐蚀	0.025～0.125
严重腐蚀	0.125～0.254
极严重腐蚀	> 0.254

3) 表面分析

实验使用 JSM-6390A 扫描电镜(scanning electron microscope，SEM)进行腐蚀产物膜和腐蚀形貌的观察与分析，并使用与之配套的能谱仪(energy dispersive spectrometer，EDS)进行元素分析。将浸泡了不同时间的试片取出后，进行微观腐蚀形貌观察，并对相关局部区域腐蚀产物进行 EDS 分析。

4) 电化学测量

电化学测量采用美国 EG&G 公司生产的 M2273 电化学综合测试系统，实验采用三电极体系，钢管试样为工作电极，饱和甘汞电极为参比电极，铂片为辅助电极，对浸泡了不同时间的钢管试样进行极化曲线测量，扫描速度为 0.5mV/s，依据 Tafel 曲线外推法比较自腐蚀电流密度 i_{corr}，观察其变化规律；交流阻抗谱测试所用频率范围为 10mHz～100kHz，施加的正弦波幅值为 10mV，采用 ZSimpWin 软件进行交流阻抗谱分析。

2.3　理化性能测试

2.3.1　拉伸性能测试

采用 WAW-Y1000C 万能实验机，依据美国材料与试验协会(American Society for Testing and Materials，ASTM)《钢制品力学试验的标准试验方法和定义》(ASTM A370—14)(主管)和《金属材料　拉伸试验第 1 部分：室温试验方法》(GB/T 228.1—2010)(套筒)，测试了 X80 母材和焊缝、Q345B 套筒母材和直焊缝、角焊缝正下方 X80 主管母材、套筒直焊缝下方 X80 主管母材，以及角焊缝的拉伸性能，测试结果见表 2-4～表 2-6。

表 2-4　X80 主管拉伸性能测试结果

试样			实验结果			
取样位置	取向	宽度×标距 /(mm×mm)	屈服强度 $\sigma_{0.5}$/MPa	抗拉强度 σ_b/MPa	延伸率 δ/%	断裂位置
主管母材横向	横向	38.1×50	598	705	46	—
主管母材纵向	纵向	38.1×50	599	663	45	—
角焊缝下母管纵向	纵向	38.1×50	—	670	—	—
套筒直焊缝下母管横向	横向	38.1×50	553	695	51	—
主管直焊缝	横向	38.1	—	696	—	断于热影响区
技术条件要求		—	555～705	625～825	≥21	

注：$\sigma_{0.5}$ 表示所规定的总延伸率为 0.5%时的应力。

表 2-5　Q345B 套筒拉伸性能测试结果

试样			实验结果					
取样位置	取向	宽度×标距 /(mm×mm)	屈服强度 R_{eL}/MPa	屈服强度 $\sigma_{0.2}$/MPa	屈服强度 $\sigma_{0.5}$/MPa	抗拉强度 σ_b/MPa	延伸率 δ/%	断裂位置
套筒横向	横向	38.1×50	—	325	331	525	54.0	—
套筒焊缝	横向	38.1	—	—	—	558	—	断于管体
标准要求		—	≥335			470～630	≥20	

注：$\sigma_{0.2}$ 表示规定非比例延伸率为 0.2%时对应的应力。

表 2-6　角焊缝拉伸性能测试结果

试样			实验结果			
取样位置	取向	宽度 /mm	屈服强度 $\sigma_{0.5}$/MPa	抗拉强度 σ_b/MPa	延伸率 δ/%	断裂位置
套筒与主管角焊缝	纵向	38.1	—	142	—	断于热影响区
套筒直焊缝与主管角焊缝	纵向	38.1	—	132	—	断于焊缝

从测试结果可得以下结论。

(1) X80 主体管道母材和焊缝拉伸性能均满足《油气管道工程站场用钢管技术规格书》(CDP-S-OGP-PL-009—2014-3)标准规定要求。

(2) Q345B 套筒母材屈服强度不满足《低合金高强度结构钢》(GB/T 1591—2008)标准规定要求，Q345B 套筒母材抗拉强度、延伸率和焊缝抗拉强度满足该标准规定要求。

(3) 测试了 Q345B 套筒与主管角焊缝、Q345B 套筒直焊缝与主管角焊缝的抗拉强度，测试试样属异型件。测试结果分别为 142MPa 和 132MPa。

(4) X80 主管母材横向与套筒直焊缝下母管横向屈服强度和抗拉强度相比均有所下降；X80 主管母材纵向与角焊缝正下方母材抗拉强度均有所升高。整体而言，纵焊缝和角焊缝焊接均对主体管道焊接区域母材拉伸性能有一定影响，但影响程度较小，受影响后的主体管道母材拉伸性能满足标准要求。

2.3.2　冲击性能测试

采用 PSW750 实验机，依据标准《金属材料缺口试棒冲击试验标准试验方法》(ASTM E23—2012c)(主管)和《金属材料夏比摆锤冲击试验方法》(GB/T 229—2007)(套筒)，测试了 X80 主体管道母材和焊缝、Q345B 套筒母材和直焊缝、角焊缝正下方 X80 主管母材的冲击性能，测试结果如表 2-7 和表 2-8 所示。X80 主体管道分别测试了-5℃、-30℃和-45℃的冲击性能，其中-5℃为埋地管道要求实验温度，-30℃和-45℃主要是考虑西气东输二线西段各站场的最低环境温度。Q345B 套筒冲击性能实验温度选取标准要求的 20℃。从测试结果可得以下结论。

(1) X80 主管在-5℃、-30℃和-45℃温度下的冲击性能均满足《油气输送管道工程站场用钢管技术条件》(Q/SY GJX 104—2010)标准规定要求。

(2) Q345B 套筒在 20℃温度下的冲击功远大于《低合金高强度结构钢》(GB/T 1591—2008)标准规定的纵向冲击功不小于 34J 的要求。

(3) 主管母材、套筒与主管角焊缝处主管纵向冲击性能在-5℃埋地管道实验温度条件下，套筒与主管角焊缝处主管母材纵向冲击性能要比主管母材的纵向冲击性能略有提高。

表 2-7　X80 主管夏比冲击实验结果

试样			实验温度/℃	AKV8/J				剪切断面率/%			
取样位置	取向	规格/(mm×mm×mm)		单值			平均值	单值			平均值
				1	2	3		1	2	3	
主管母材 90°横	横向	10×10×55	-5	261	256	239	252	100	100	100	100
	横向	10×10×55	-30	249	261	228	246	97	98	95	97
	横向	10×10×55	-45	226	248	258	244	96	98	99	98
主管母材 90°横(复取)	横向	10×10×55	-5	249	248	245	247	100	100	100	100
	横向	10×10×55	-30	250	248	237	245	100	90	98	96
	横向	10×10×55	-45	244	116	222	194	100	100	100	100
主管母材 90°纵	纵向	10×10×55	-5	324	325	325	325	100	100	100	100
	纵向	10×10×55	-30	326	304	309	313	100	100	100	100
	纵向	10×10×55	-45	306	313	298	306	100	100	99	100

续表

试样			实验温度/℃	AKV8/J				剪切断面率/%			
				单值			平均值	单值			平均值
取样位置	取向	规格/(mm×mm×mm)		1	2	3		1	2	3	
主管焊缝	横向	10×10×55	−5	187	220	203	203	88	99	98	95
	横向	10×10×55	−30	199	143	60	134	96	82	40	73
	横向	10×10×55	−45	201	175	118	165	98	95	80	91
主管热影响区	横向	10×10×55	−5	226	231	214	224	88	90	80	86
	横向	10×10×55	−30	193	191	183	189	80	78	70	76
	横向	10×10×55	−45	85	197	212	165	70	80	88	79
套筒与主管角焊缝处主管纵向	纵向	10×10×55	−5	339	339	342	340	100	100	100	100
	纵向	10×10×55	−30	309	303	307	306	100	100	100	100
	纵向	10×10×55	−45	332	306	320	319	100	100	100	100

注：AKV8 表示冲击功。

表 2-8　Q345B 套筒夏比冲击实验结果

试样			实验温度/℃	AKV8/J				剪切断面率/%			
				单值			平均值	单值			平均值
取样位置	取向	规格/(mm×mm×mm)		1	2	3		1	2	3	
套筒横	横向	10×10×55	20	182	175	172	176	90	88	85	88
套筒焊缝	横向	10×10×55	20	160	171	144	158	98	99	96	98
套筒热影响区	横向	10×10×55	20	170	198	196	188	90	100	100	97

2.3.3　弯曲性能测试

采用 YE-600 实验机，依据标准《焊接接头弯曲试验方法》(GB/T 2653—2008)，测试了 X80 主体管道焊缝、角焊缝正下方主管母材的弯曲性能，测试结果如表 2-9 和表 2-10 所示。由测试结果可得以下结论。

(1) Φ1219、X80 主体管道焊缝正弯和背弯 180º，试样均未出现裂纹，满足《油气输送管道工程站场用钢管技术条件》(Q/SY GJX 104—2010)标准规定的弯曲性能要求。

(2) 角焊缝正下方主管母材正弯和背弯 180º，试样均未出现裂纹。

表 2-9　X80 主管导向弯曲实验结果

取样位置			弯轴直径/mm	实验结果
取样位置	取向	长×宽×厚 /(mm×mm×mm)		
X80 主管焊正面	横向	410×38.1×27.5	150	弯曲 180°，试样未出现裂纹
X80 主管焊背面	横向	410×38.1×27.5	150	弯曲 180°，试样未出现裂纹

表 2-10　角焊缝正下方主管母材弯曲实验结果

取样位置			弯轴直径/mm	实验结果
试样				
取样位置	取向	长×宽×厚 /(mm×mm×mm)		
X80 正面	纵向	300×38.1×18	145	弯曲 180°，试样未出现裂纹
X80 背面	纵向	300×38.1×18	145	弯曲 180°，试样未出现裂纹

2.3.4　硬度测试

采用 HSV-30 实验机，依据标准《金属材料 维氏硬度试验第 1 部分：试验方法》(GB/T 4340.1—2009)，测试了 X80 主体管道焊接接头、角焊缝、Q345B 套筒焊接接头的硬度性能，测试示意图如图 2-2～图 2-4，测试结果如表 2-11～表 2-13 所示。由测试结果可得以下结论。

(1) X80 主体管道母材、热影响区和焊缝的硬度性能均满足《油气输送管道工程站场用钢管技术条件》(Q/SY GJX 104—2010)标准规定要求。

(2) 角焊缝焊接接头母材硬度性能平均值为 223 HV_{10}，角焊缝正下方母材平均值为 236 HV_{10}，角焊缝平均值为 242 HV_{10}。整体分析而言，角焊缝焊接接头远离角焊缝母材硬度性能和角焊缝正下方母材的硬度性能相比有所升高，角焊缝焊接热影响使得主体管道外表面材质硬度有所升高，可能使外表面脆性开裂风险增加。

(3) 套筒纵焊缝焊接接头各部位硬度未见明显异常。

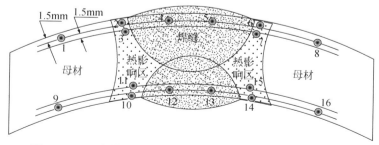

图 2-2　X80 主体管道焊接接头维氏硬度实验压痕位置示意图

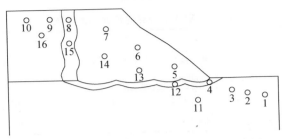

图 2-3　角焊缝维氏硬度实验压痕位置示意图

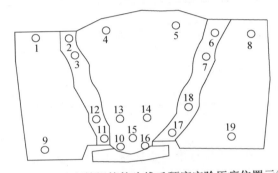

图 2-4　Q345B 套筒焊接接头维氏硬度实验压痕位置示意图

表 2-11　X80 主体管道焊接接头维氏硬度实验结果(HV₁₀)

项目	维氏硬度															
	1	2	3	4	5	6	7	8	9	10	11	12	13	14	15	16
维氏硬度	215	208	204	220	221	204	205	223	207	209	200	216	237	203	204	215
	母材平均值：215；热影响区平均值：205；焊缝平均值：224															
技术条件要求	X80 维氏硬度≤300；X70 维氏硬度≤280															

表 2-12　角焊缝维氏硬度实验结果(HV₁₀)

试样编号	1	2	3	4	5	6	7	8	9	10	11	12	13	14	15	16
维氏硬度	225	226	224	248	238	259	256	241	184	174	217	223	220	236	257	163
	母材平均值：223；角焊缝正下方母材平均值：236；角焊缝平均值：242															

表 2-13　Q345B 套筒焊接接头维氏硬度实验结果(HV₁₀)

试样编号	维氏硬度	试样编号	维氏硬度
1	164	7	227
2	200	8	178
3	202	9	174
4	274	10	174
5	252	11	225
6	236	12	235

续表

试样编号	维氏硬度	试样编号	维氏硬度
13	248	17	264
14	260	18	253
15	235	19	171
16	180		

2.3.5　落锤撕裂实验

采用 JL-30000 落锤实验设备，依据《管线钢管落锤撕裂试验方法》(SY/T 6476—2013)，对 X80 管道母材进行了落锤撕裂实验，实验温度 20℃，实验结果如表 2-14 所示。由表可知，X80 管道母材剪切面积百分数均满足《油气输送管道工程站场用钢管技术条件》(Q/SY GJX 104—2010)标准规定要求。

表 2-14　落锤撕裂实验结果

试样			温度/℃	剪切面积占比/%		
位置	长×宽×厚 /(mm×mm×mm)			单值		平均值
				1	2	
X80 主管 90°横向	305×76×25.4		20	92	90	91
技术条件要求	—		0	—		≥40

2.3.6　金相组织分析

采用 GX71 金相显微镜和 OLYCIA m3 图像分析系统，依据《金属显微组织检验方法》(GB/T 13298—2015)、《钢的显微组织评定方法》(GB/T 13299—1991)、《金属平均晶粒度测定方法》(GB/T 6394—2017)和《钢中夹杂物含量测定的标准检验方法》(ASTM E45—13)等标准，分析了主体管道母材和焊接接头、套筒母材和纵焊缝焊接接头、角焊缝焊接接头的显微组织和晶粒度，如图 2-5～图 2-8 所示，由图可得出以下结论。

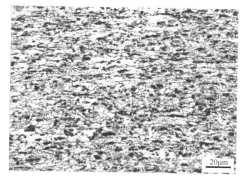

图 2-5　X80 管线钢母材显微组织

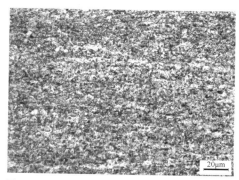

图 2-6　近角焊缝 X80 管线钢母材显微组织

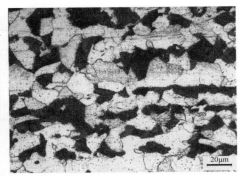

图 2-7　套筒纵焊缝下 X80 管线钢母材显微组织　　　　图 2-8　Q345B 套筒母材显微组织

(1) X80 主体管道非焊接区域母材、近角焊缝母材、套筒纵焊缝下母材组织均为多边形铁素体(polyonal ferrite，PF)+珠光体(pearlite，P)+粒状贝氏体(bainit，简称 B$_粒$)，晶粒度均为 10 级以上，满足《油气输送管道工程站场用钢管技术条件》(Q/SY GJX 104—2010)中对晶粒度的要求(表 2-15)。对比来看，主体管道非焊接区域母材、近角焊缝母材、套筒纵焊缝下母材组织未见明显变化，晶粒度较细。

(2) Q345B 套筒母材组织主要为 PF+P，晶粒度为 9.95 级，如表 2-15 所示。

表 2-15　X80 主管母材显微组织与晶粒度检测结果

试样	取样部位及方向	显微组织	平均晶粒度/级
X80 管线钢母材	母材横向	PF+P+B$_粒$(图 2-5)	11.96
近角焊缝 X80 管线钢母材	母材横向	PF+P+B$_粒$(图 2-6)	12.56
套筒纵焊缝下 X80 管线钢母材	母材横向	PF+P+B$_粒$(图 2-7)	12.19
Q345B 套筒母材	套筒横向	PF+P(图 2-8)	9.95

(3) 非金属夹杂物和带状组织分析结果如表 2-16 所示，由表可知，X80 管线钢主体管道非金属夹杂物尺寸和带状组织均满足《油气输送管道工程站场用钢管技术条件》(Q/SY GJX 104—2010)标准规定要求。

表 2-16　非金属夹杂物与带状组织检测结果

试样	取样部位及方向	非金属夹杂物(图 2-7、图 2-8)								带状组织/级
		A		B		C		D		
		薄	厚	薄	厚	薄	厚	薄	厚	
X80 管线钢母材	母材纵向	0.5	—	—	—	—	—	0.5	—	0
Q345B 套筒	套筒纵向	1.0	—	—	—	—	—	0.5	—	3.0
技术条件要求*	—	2.5	2.5	2.5	2.5	2.5	2.5	2.5	2.5	4.5

注：①显微组织图放大倍数：100 倍；②非金属夹杂物检测方法：A 法；③*表示技术条件要求是对母材的要求，对套筒无要求。

(4) 主管、套筒纵焊缝、角焊缝焊接接头纤维组织检验结果如表 2-17 所示。由表可知，Φ1219 主管焊接接头焊缝组织为 IAF+PF+B_粒+P(IAF 表示晶内针状铁素体，intracrystalline acicular ferrite)，熔合区组织为 B_粒+PF，细晶区组织为 PF+P，角焊缝靠近母材端的焊缝组织为 IAF+PF+B_粒+P，熔合区为 B_粒，细晶区为 PF+B_粒，未出现对冷裂纹十分敏感的马氏体组织，各个区域组织较为正常，无异常现象；Φ1219 套筒纵向焊接接头、角焊缝靠近套筒端的焊缝组织和细晶区组织未见异常组织，熔合区存在板条马氏体组织。

表 2-17　焊接接头显微组织检验结果

试样	焊缝	熔合区	细晶区
Φ1219 套筒	IAF+PF+B_粒+P(图 2-9)	LM+B_粒(图 2-10)	PF+B_粒(图 2-11)
Φ1219 母材	IAF+PF+B_粒+P(图 2-12)	B_粒+PF(图 2-13)	PF+P(图 2-14)
Φ1219 角焊缝母材	IAF+PF+B_粒+P(图 2-15)	B_粒(图 2-16)	PF+B_粒(图 2-17)
Φ1219 角焊缝套筒	IAF+PF+B_粒+P(图 2-18)	B_粒(图 2-19)	PF+P+B_粒(图 2-20)

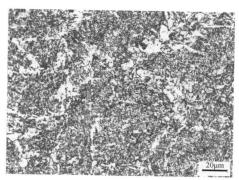

图 2-9　Φ1219 套筒焊缝显微组织

图 2-10　Φ1219 套筒熔合区显微组织

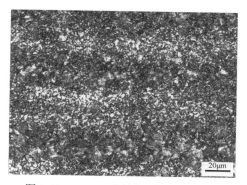

图 2-11　Φ1219 套筒细晶区显微组织

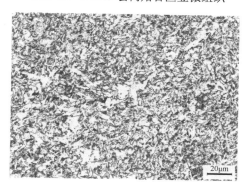

图 2-12　Φ1219 母材焊缝显微组织

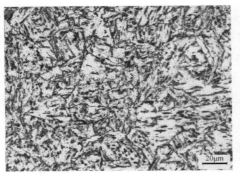

图 2-13　Φ1219 母材熔合区显微组织

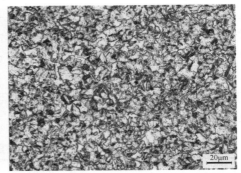

图 2-14　Φ1219 母材细晶区显微组织

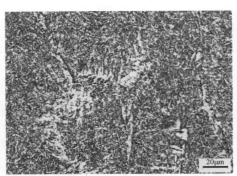

图 2-15　Φ1219 角焊缝母材焊缝
显微组织

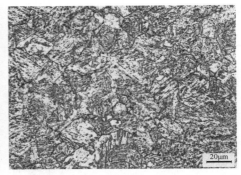

图 2-16　Φ1219 角焊缝母材熔合区
显微组织

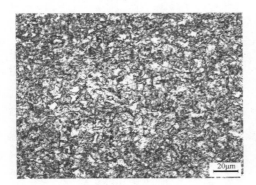

图 2-17　Φ1219 角焊缝母材
细晶区显微组织

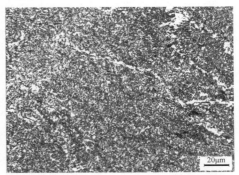

图 2-18　Φ1219 角焊缝套筒焊缝显微组织

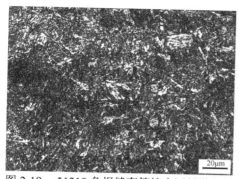 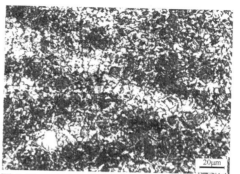

图 2-19　Φ1219 角焊缝套筒熔合区显微组织　　图 2-20　Φ1219 角焊缝套筒细晶区显微组织

(5) 角焊缝下主管母材晶粒度评定结果表明，角焊缝下主管母材熔合区晶粒度比未受热影响的母材晶粒度明显粗大(表 2-18)。

表 2-18　角焊缝下主管母材晶粒度

类型	位置	晶粒度/级
Φ1219	角焊缝母材熔合区	8.63(图 2-16)
	角焊缝母材细晶区	11.57(图 2-17)
	角焊缝母材	11.05

2.3.7　焊接对主体管道影响程度和范围分析

套筒在修复主体管道环焊缝过程中，纵焊缝焊接只是热辐射对主体管道母材影响，角焊缝由于直接和主体管道母材焊接熔合连接，在焊接过程中，焊接热传导时间长，温度高，对其正下方主体管道母材理化性能影响较大，因此在实验设计时，重点偏重研究角焊缝的影响。

1) 纵焊缝

拉伸性能和金相组织结果表明，X80 主管母材横向与和 Q345B 套筒直焊缝下母管横向屈服强度和抗拉强度相比均有所下降；主体管道非焊接区域母材与套筒纵焊缝下母材组织未见明显变化，晶粒度超过 10 级以上。

2) 角焊缝

为确定角焊缝对主体管道的影响范围，对角焊缝和主体管道焊接连接部位进行了宏观形貌观察，如图 2-21 所示。由图可知，两个试样均包含了套筒、主体管道和连接角焊缝，对主体管道在壁厚方向和轴向方向均有一定的影响，壁厚方向熔深为 4.18～4.89mm，轴向方向宽度为 27.80～27.81mm，见表 2-19。

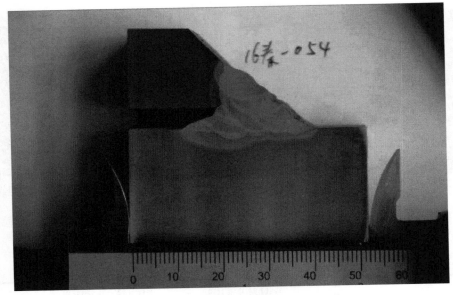

图 2-21　Φ1219 角焊缝焊接接头宏观形貌

表 2-19　焊缝参数检验结果

试样	熔深/mm	焊缝宽度/mm	
		外	内
Φ1219 角焊缝焊接接头	4.18～4.89	27.80～27.81	—

角焊缝接头部位理化性能实验结果对比结果如下。

(1) X80 主管母材纵向与角焊缝正下方纵向母材抗拉强度相比均略有升高,影响程度微小,受影响后的主体管道母材拉伸性能满足标准要求。

(2) 主管母材、套筒与主管角焊缝处主管纵向冲击性能在-5℃埋地管道实验温度条件下,套筒与主管角焊缝处主管母材纵向冲击性能比主管母材纵向冲击性能略有提高。

(3) 角焊缝正下方主管母材正弯和背弯 180º,试样均未出现裂纹。

(4) 角焊缝焊接后,角焊缝母材为 PF+P+B $_粒$,母材熔合区组织为 B $_粒$,细晶区组织为 PF+P,对主体管道显微组织影响较大,晶粒度由原先 11.05～12.49 级降低到 8.63～10.16 级,晶粒度有粗化现象,导致角焊缝正下方主体管道母材硬度升高,硬度升高可能致使外表面脆性开裂风险增加。

根据以上分析理化性能测试,可以得出以下结论。

(1) 实验用 X80 母材和 Q345B 套筒理化性能分别满足《油气输送管道工程站场用钢管技术条件》(Q/SY GJX 104—2010)、《低合金高强度结构钢》(GB/T

1591—2008)标准规定要求。

(2) 纵焊缝对主管组织未见明显影响,拉伸性能有所下降,但均满足标准规定要求,不影响安全服役。

(3) 角焊缝对主体管道在壁厚方向和轴向方向均由一定的影响,壁厚方向熔深为 4.18～4.89mm,轴向方向宽度为 27.80～27.81mm,角焊缝焊接后,拉伸和冲击性能变化不大,但对主体管道显微组织影响较大,晶粒度由原先 11.05～12.49 级降低到 8.63～10.16 级,晶粒度有粗化现象,导致角焊缝正下方主体管道母材硬度升高,硬度升高可能致使外表面脆性开裂风险增加。

2.4　实验结果与讨论

2.4.1　X80 管线钢在霍尔果斯水饱和土壤中的腐蚀行为研究

1. 腐蚀形貌观察及分析

X80 管线钢试样在霍尔果斯水饱和土壤中经 50d 腐蚀后,其腐蚀产物 SEM 形貌和 EDS 分析结果见图 2-22。由图 2-22 可以看出,X80 管线钢表面被腐蚀产物覆盖处可分为两层,内层锈层分布较为均匀且致密,与基体结合很牢,这层腐蚀产物对腐蚀性介质渗入到基体起到了一定的阻碍作用,对钢基体具有一定的保护性,因此腐蚀速率较小;外层锈层为大小不等的疏松的块状锈层,其上存在许多孔洞,说明外层锈层对基体没有保护作用。从图 2-22(e)的 EDS 分析可知,该样品外表面含有较多的 O、Fe、Ca、Si、Al、Mg、K 和 S 元素,说明试件外表面含有较多的土壤中盐类成分、较高的 O 和 S,并且该样品外表面中的 S 含量远大于管线钢中的 S 含量,说明土壤腐蚀环境中含有较高的硫化物,由此可知,X80 管线钢外表面是腐蚀产物(Fe 的氧化物和 Fe 的硫化物)与土壤中盐类(可能主要为 $CaCO_3$ 和 SiO_2 等)的混合物。

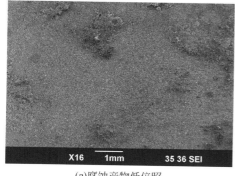

(a)腐蚀产物低倍照

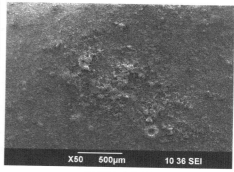

(b)腐蚀产物层

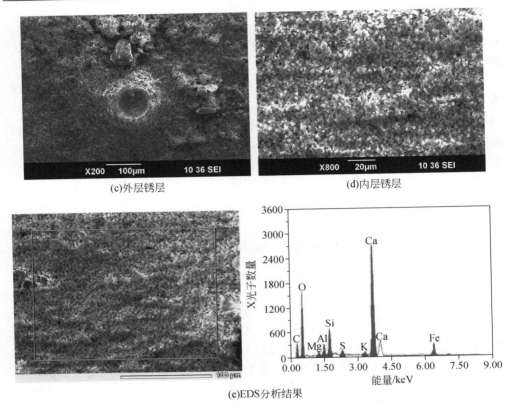

(c)外层锈层　　　　　　　　　　　　(d)内层锈层

(e)EDS分析结果

图 2-22　X80 管线钢在霍尔果斯水饱和土壤中腐蚀 50d 后的 SEM 形貌与 EDS 分析

2. 电化学分析

图 2-23 为 X80 管线钢在霍尔果斯水饱和土壤中腐蚀不同时间下的极化曲线。由图 2-23 可以看出，在腐蚀 10d 后，X80 管线钢的阳极极化曲线先发生活化溶解，接着进入到一个很小的活化-钝化转变区，这可能是由于 X80 管线钢表面生成了腐蚀产物膜，阳极过程受到膜的阻碍，使得金属的溶解速度降低所引起的。随着电位的升高，X80 管线钢表面再次发生活化溶解，这可能是由于钢表面在土壤腐蚀过程中生成的腐蚀产物膜并不致密，膜本身存在一些微观通道方便离子穿过，使得基体仍然可以被腐蚀。在分别腐蚀 30d 与 50d 后，X80 管线钢阳极反应与阴极反应均受到明显的抑制，且 X80 管线钢一直处于活化溶解状态，而没有钝态出现，当电位进一步升高，阳极极化曲线均出现了腐蚀电流密度加快的平台，说明在此电位下点蚀能很快地在 X80 管线钢表面发生、发展，这可能与腐蚀产物膜在高电位下被击穿，腐蚀性离子比较容易穿过腐蚀产物膜，加速了基体的局部腐蚀有关。

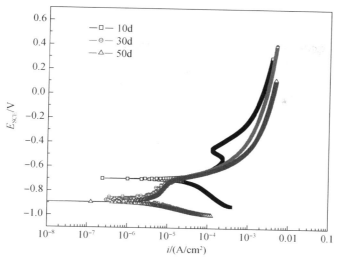

图 2-23　X80 管线钢在霍尔果斯水饱和土壤中腐蚀不同时间下的极化曲线

表 2-20 为 X80 管线钢在霍尔果斯水饱和土壤中不同腐蚀时间下的极化曲线拟合结果。由表可以看出，随着腐蚀时间由 10d 增加到 30d，X80 钢的自腐蚀电位 E_{corr} 由-697.205mV 下降到-862.387mV，下降幅度高达 165mV，说明 X80 钢的腐蚀倾向明显增加；而 X80 管线钢的 i_{corr} 由 57.32μA/cm² 下降到 2.109μA/cm²，由 Farady 第二定律可知，腐蚀电流密度与腐蚀速率之间存在一一对应关系，i_{corr} 越大，腐蚀速率越大，这说明 X80 管线钢的腐蚀速率却在明显减小。当腐蚀时间由 30d 增至 50d 时，E_{corr} 仅下降了约 29mV，下降幅度很小，说明 X80 管线钢的腐蚀倾向增加缓慢；X80 管线钢的自腐蚀电流密度 i_{corr} 由 2.109μA/cm² 增加到 4.762μA/cm²，这说明 X80 管线钢的腐蚀速率在缓慢增加。

表 2-20　X80 管线钢在霍尔果斯水饱和土壤中不同腐蚀时间下的极化曲线拟合结果

浸泡时间/d	i_{corr}/(μA/cm²)	E_{corr}/mV
10	57.320	-697.205
30	2.109	-862.387
50	4.762	-891.359

为进一步监测腐蚀过程中不同腐蚀时间后各试样表面腐蚀产物的变化情况，进行了交流阻抗测试，其 Nyquist 图谱见图 2-24，从图 2-24(a)中可以看出，交流阻抗谱表现为高频的双容抗弧和低频的 Warburg 阻抗。从交流阻抗曲线分析得出，随着时间的推移，高频弧半径先急剧增大后缓慢减小，表明锈层的保护性先增后减。采用图 2-24(b)的等效电路对阻抗数据进行数值拟合，其中引入的 Warburg 阻抗表示了金属/介质表面的扩散过程，其阻抗表达式见式(2-2)。其中，Z 表示交流

阻抗，R_s 表示介质电阻，R_f 表示电极表面腐蚀产物和土粒组成的结合层的电阻，C_f 表示腐蚀产物结合层电容，R_t 表示电荷转移电阻，C_{dl} 表示双电层电容，Z_w 表示 Warburg 阻抗。$Z=Z'+jZ''$，Z' 表示交流阻抗谱实部，Z'' 表示交流阻抗谱虚部。由于土壤腐蚀的 EIS 弥散效应很强，C_f 和 C_{dl} 均用常相位角(constant phase element, CPE)代替。其中，$CPE=Y_0^{-1}s^{-n}$，式中，Y_0 为导纳常数，s 为拉普拉斯频率，$s=j\omega$，$j=(-1)^{1/2}$，ω 为角频率，$\omega=2\pi f$，f 为正弦波的频率[16, 17]。

$$Z = R_s + \cfrac{1}{j\omega C_f + \cfrac{1}{R_f} + \cfrac{1}{j\omega C_{dl} + \cfrac{1}{R_t + Z_w}}} \tag{2-2}$$

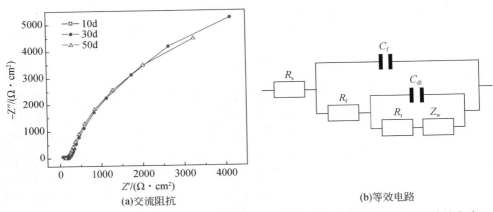

(a)交流阻抗   (b)等效电路

图 2-24　X80 管线钢在霍尔果斯水饱和土壤中浸泡不同时间后的交流阻抗及其等效电路

表 2-21 为 X80 管线钢在霍尔果斯水饱和土壤中不同浸泡时间下的 EIS 拟合结果。极化电阻 R_p 的大小可以反映 X80 管线钢腐蚀速率的大小，$R_p=R_f+R_t$，R_p 越大，腐蚀速率越小。由表 2-18 可知，随着浸泡时间的增加，X80 管线钢腐蚀速率的变化趋势为快速增大—急剧减小—缓慢增大，这与试样表面生成的腐蚀产物膜的完整性和致密性有关，这一结论与极化曲线的分析结果是一致的。

表 2-21　X80 管线钢在霍尔果斯水饱和土壤中不同浸泡时间下的 EIS 拟合结果

浸泡时间/d	R_s /($\Omega \cdot cm^2$)	Y_{0-f} /($\Omega^{-1} \cdot cm^{-2} \cdot s^{-n}$)	n_f	R_f /($\Omega \cdot cm^2$)	Y_{0-dl} /($\Omega^{-1} \cdot cm^{-2} \cdot s^{-n}$)	n_{dl}	R_t /($\Omega \cdot cm^2$)	Z_w/Ω^{-1}
10	168.3	1.21×10^{-3}	0.70	303.3	3.49×10^{-2}	0.50	0.11	9.20×10^{-8}
30	39.5	4.92×10^{-7}	0.73	199.4	2.25×10^{-3}	0.80	2.29×10^4	3.30×10^{17}
50	128.6	1.22×10^{-3}	0.79	158.7	1.88×10^{-3}	0.89	1.61×10^4	6.02×10^{10}

以上分析表明，随着腐蚀时间的增加，X80 管线钢的腐蚀程度一直在加剧，

而腐蚀速率的变化趋势为快速增大—急剧减小—缓慢增大。这可能是由于在腐蚀 0~10d，X80 管线钢试样为新鲜表面，整个表面首先发生活化溶解，因此腐蚀速率快速增加，随着腐蚀的进行，试样表面电位较低的部位，如夹杂物周围、凹点内，会优先形成腐蚀产物，但是由于这些腐蚀产物薄且不均匀，没有完全覆盖金属表面，对基体起不到保护作用，腐蚀速率会进一步增大，此时金属表面以全面腐蚀为主；在腐蚀 10~30d，腐蚀产物厚度增加，逐渐堆积在试样表面，并结成连续的具有保护性的产物膜，阻碍了全面腐蚀的进一步进行，大部分表面上的腐蚀进程因腐蚀产物膜的阻碍作用而快速减缓，致使腐蚀速率急剧减小；随着腐蚀时间的增加(30~50d)，试样表面的腐蚀产物层进一步增厚，最外层锈层由于疏松多孔而允许腐蚀性离子进入基体表面，导致在 X80 管线钢表面形成许多个小阳极-大阴极的局部腐蚀原电池，进而加速金属表面的局部腐蚀，因此腐蚀速率再次增大，但是此时的腐蚀速率远低于初期的，这是由于此时金属表面以局部腐蚀为主。

根据以上分析，可以得出如下结论。

(1) 在霍尔果斯水饱和土壤中，随着腐蚀时间的增加，X80 管线钢全面腐蚀速率明显下降，在腐蚀了 10d 之后，钢基体表面主要以全面腐蚀为主，腐蚀 30d 和 50d 之后，钢基体表面以局部腐蚀为主。

(2) 随着浸泡时间的增加，X80 管线钢腐蚀程度加剧，而腐蚀速率的变化趋势为快速增大—急剧减小—缓慢增大，这与试样表面生成的腐蚀产物膜的完整性和致密性有关。

(3) X80 管线钢在霍尔果斯水饱和土壤中腐蚀 50d 后，腐蚀产物主要有 Fe 的氧化物和 Fe 的硫化物。依据锈层对钢基体的保护性大致可分为三个过程：腐蚀初期，锈层不连续、不致密，对钢基体起不到保护作用，整个金属表面以活化溶解为主，腐蚀速率快速增大；腐蚀中期，锈层有足够的厚度和致密性，具有一定保护性，腐蚀速率急剧减小；腐蚀后期，疏松多孔的外层锈层导致在 X80 管线钢表面形成许多个小阳极-大阴极的局部腐蚀原电池，可使腐蚀性离子进入基体表面加速腐蚀，腐蚀速率再次增大。

2.4.2　X80 管线钢在乌鲁木齐土壤模拟溶液中的腐蚀行为研究

1. 失重分析

表 2-22 为 1#X80 和 2#X70 管线钢及其配套的 Q345B 套筒试片在乌鲁木齐土壤模拟溶液中浸泡 7d 后的平均腐蚀速率。由表 2-21 可知，7 种试样在乌鲁木齐土壤模拟溶液中浸泡 7d 后的平均腐蚀速率从高到低的排序为：1#X80 HAZ(0.118mm/a)＞2#Q345B 套筒母材(0.110mm/a)＞1#Q345B 套筒母材(0.106mm/a)＞1#Q345B 套筒角

焊缝(0.101mm/a)＞2#X70 母材(0.099mm/a)＞2#X70 HAZ(0.098mm/a)＞1#X80 母材 (0.092mm/a)，根据 NACE RP-0775—2005 标准可知，7 种试样均属于中度腐蚀，且年均腐蚀速率相差不大。

表 2-22　试样在乌鲁木齐土壤模拟溶液中腐蚀 7d 后的失重分析

试样	试样尺寸/mm			失重前质量/g	失重后质量/g	失重质量/g	腐蚀速率/(mm/a)	平均腐蚀速率/(mm/a)	腐蚀程度
	长	宽	厚						
1#Q345B 套筒母材	40.05	10.01	3.09	9.0474	9.0310	0.0164	0.0980		
	40.09	10.03	3.09	9.0641	9.0448	0.0193	0.1151	0.106	中度腐蚀
	40.08	10.03	3.09	9.0556	9.0380	0.0176	0.1050		
1#X80 母材	40.06	10.07	3.10	9.0583	9.0415	0.0168	0.0998		
	40.07	10.05	3.11	9.0890	9.0732	0.0158	0.0939	0.092	中度腐蚀
	40.07	10.05	3.10	9.0837	9.0698	0.0139	0.0827		
2#Q345B 套筒母材	40.07	10.06	3.12	9.0748	9.0570	0.0178	0.1057		
	40.09	10.00	3.11	9.0757	9.0593	0.0164	0.0980	0.110	中度腐蚀
	40.11	10.05	3.11	9.0881	9.0667	0.0214	0.1271		
2#X70 母材	40.09	10.06	3.10	9.1001	9.0823	0.0178	0.1058		
	40.09	10.03	3.11	9.0843	9.0683	0.0160	0.0952	0.099	中度腐蚀
	40.04	10.05	3.11	9.0930	9.0766	0.0164	0.0976		
1#X80HAZ	39.86	10.09	3.05	8.8446	8.8237	0.0209	0.1252		
	39.83	10.10	3.08	8.8831	8.8631	0.0200	0.1195	0.118	中度腐蚀
	39.85	10.09	3.10	8.8405	8.8222	0.0183	0.1091		
1#Q345B 套筒角焊缝	39.58	10.06	3.00	8.5732	8.5575	0.0157	0.0953		
	39.88	10.06	3.01	8.6471	8.6289	0.0182	0.1096	0.101	中度腐蚀
	39.67	10.07	3.02	8.5743	8.5582	0.0161	0.0973		
2#X70HAZ	39.99	10.05	3.05	8.8887	8.8713	0.0174	0.1042		
	39.99	10.09	3.05	8.9085	8.8923	0.0162	0.0967	0.098	中度腐蚀
	39.95	10.03	3.08	8.8896	8.8743	0.0153	0.0916		

2. 腐蚀形貌观察与分析

图 2-25 是试样在乌鲁木齐土壤模拟溶液中腐蚀 7d 后的宏观形貌图。由图可知，7 种试样的表面均已被腐蚀产物完全覆盖，外层为比较疏松的棕红色至棕褐

色腐蚀产物，有些部分已经脱落，内层为黑褐色腐蚀产物。

　　图 2-26 是 1#X80 管线钢母材在乌鲁木齐土壤模拟溶液中腐蚀 7d 后的 SEM 图。由图可以看出，1#X80 管线钢母材的表面已被腐蚀产物完全覆盖[图 2-26(a) 和(b)]，且该腐蚀产物可分为两层[图 2-26(c)和(d)]，内层腐蚀产物均匀致密，但其上出现大量的龟裂纹[图 2-26(e)]，外层为疏松多孔的团簇状腐蚀产物[图 2-26(f)]，因此腐蚀性的离子可以通过裂纹和空隙处进入管线钢表面，加速管线的局部腐蚀。

(a)1#X80母材

(b)1#Q345B套筒母材

(c)2#X70母材

(d)2#Q345B套筒母材

(e)1#Q345B套筒角焊缝

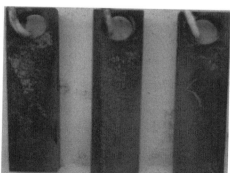

(f)1#X80HAZ

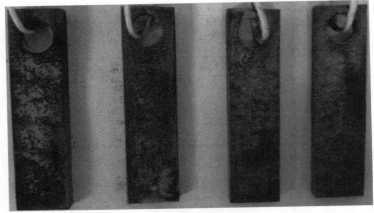

(g)2#X70HAZ

图 2-25 试样在乌鲁木齐土壤模拟溶液中腐蚀 7d 后的宏观形貌图

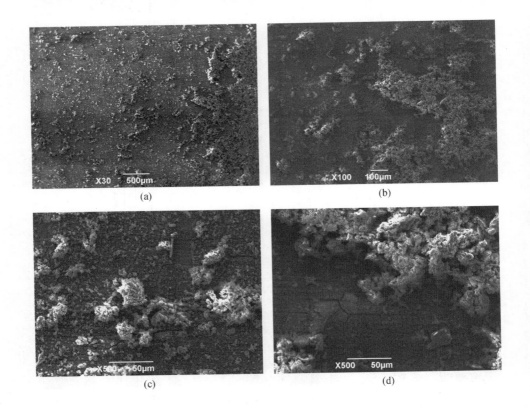

图 2-26　1#X80 管线钢母材在乌鲁木齐土壤模拟溶液中腐蚀 7d 后的 SEM 图

图 2-27 和图 2-28 分别为 1#X80 管线钢母材在乌鲁木齐土壤模拟溶液中腐蚀 7d 后的 EDS 图和 XRD 图(XRD 表示 X 射线衍射，X-ray diffraction)。由图 2-27 可以看出，1#X80 管线钢母材表面的外层腐蚀产物主要为 Fe 的氧化物；内层腐蚀产物主要为 Fe 的氧化物，以及极少量 Fe 的氯化物。

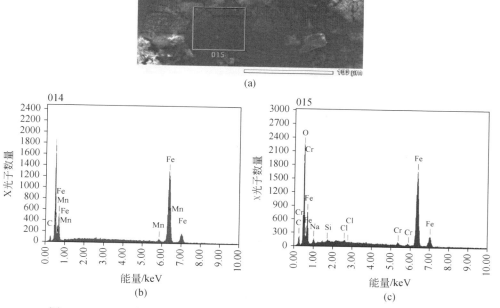

图 2-27　1#X80 管线钢母材在乌鲁木齐土壤模拟溶液中腐蚀 7d 后的 EDS 图

由图 2-28 可以看出，1#X80 管线钢母材表面的腐蚀产物主要为 Fe_2O_3 和 $FeO(OH)$。Fe_2O_3 和 $FeO(OH)$ 主要是由土壤中发生的氧去极化产生的。上述分析结果表明，在乌鲁木齐土模拟溶液中，土壤中的 O_2 对 X80 管线钢母材的腐蚀起主导作用。

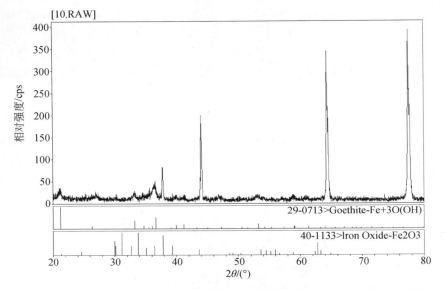

图 2-28　1#X80 管线钢母材在乌鲁木齐土壤模拟溶液中腐蚀 7d 后的 XRD 图

图 2-29 是 1#X80 管线钢母材在乌鲁木齐土壤模拟溶液中腐蚀 7d 去除腐蚀产物后的 SEM 图。由图可以看出，由于腐蚀浸泡时间短，试片表面的加工痕迹仍可以看见，试片仅发生了轻微的全面腐蚀和少量的点腐蚀，且其点蚀坑形貌为规则的同心圆形。

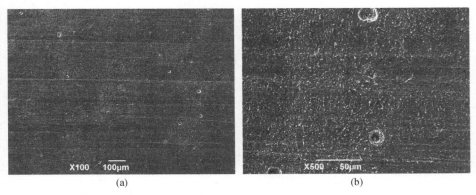

图 2-29　1#X80 管线钢母材在乌鲁木齐土壤模拟溶液中腐蚀 7d 去除腐蚀产物后的 SEM 图

图 2-30 是 1#X80 管线钢 HAZ 在乌鲁木齐土壤模拟溶液中腐蚀 7d 后的 SEM 图。由图可以看出，1#X80 管线钢 HAZ 表面已基本被腐蚀产物覆盖[图 2-30(a)]，且该腐蚀产物可分为两层，内层为一层比较薄的腐蚀产物，外层为疏松的团簇状和颗粒状的腐蚀产物[图 2-30(b)]。整个腐蚀产物并不致密，因此腐蚀性的离子可以通过空隙进入管线钢表面，进而加速管线钢的腐蚀。

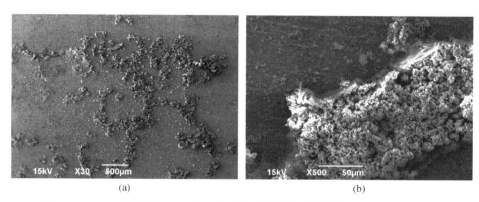

(a)　　　　　　　　　　　　　　　　(b)

图 2-30　1#X80 管线钢 HAZ 在乌鲁木齐土壤模拟溶液中腐蚀 7d 后的 SEM 图

图 2-31 和图 2-32 分别是 1#X80 管线钢 HAZ 在乌鲁木齐土壤模拟溶液中腐蚀 7d 后的 EDS 图和 XRD 图。由图 2-31 可以看出，1#X80 管线钢 HAZ 表面的腐蚀产物主要为 Fe 的氧化物。由图 2-32 可以看出，1#X80 管线钢 HAZ 表面的腐蚀产物主要为 Fe_2O_3、和 $FeO(OH)$。Fe_2O_3 和 $FeO(OH)$ 主要是由于土壤中发生的氧去极化产生的。上述分析结果表明，在乌鲁木齐土模拟溶液中，土壤中的 O_2 对 X80 管线钢 HAZ 腐蚀起主导作用。

图 2-33 是 1#X80 管线钢 HAZ 在乌鲁木齐土壤模拟溶液中腐蚀 7d 去除腐蚀产物后的 SEM 图。由图可以看出，由于腐蚀浸泡时间短，试片表面的加工痕迹仍可以看见，试片表面发生了轻微的全面腐蚀和点腐蚀，且其点蚀坑的形貌为开放式的不规则形状。

(a)

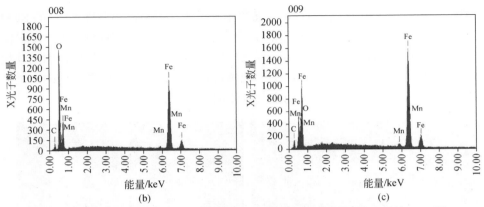

图 2-31　1#X80 管线钢 HAZ 在乌鲁木齐土壤模拟溶液中腐蚀 7d 后的 EDS 图

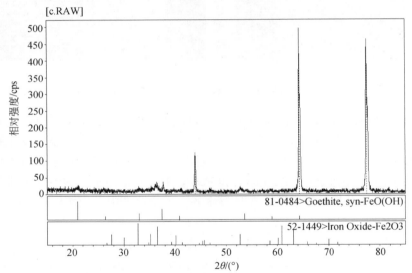

图 2-32　1#X80 管线钢 HAZ 在乌鲁木齐土壤模拟溶液中腐蚀 7d 后的 XRD 图

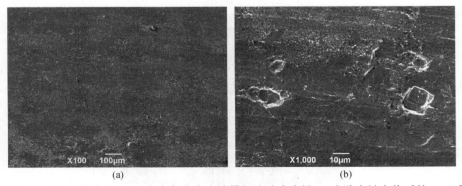

图 2-33　1#X80 管线钢 HAZ 在乌鲁木齐土壤模拟溶液中腐蚀 7d 去除腐蚀产物后的 SEM 图

图 2-34 是 1#Q345B 套筒母材在乌鲁木齐土壤模拟溶液中腐蚀 7d 后的 SEM 图。由图可以看出，1#Q345B 套筒母材表面已完全被腐蚀产物覆盖[图 2-34(a)和(b)]，且该腐蚀产物可分为三层[图 2-34(c)和(d)]，内层为一层比较薄的连片分布的腐蚀产物[图 2-34(d)]，中间层为纱花状的腐蚀产物，其间存在很多空隙和孔洞[图 2-34(e)]，外层为疏松多孔的的团簇状腐蚀产物[图 2-34(f)]。整个腐蚀产物并不致密，因此腐蚀性离子可以通过腐蚀产物中存在的空隙和孔洞进入套筒表面，进而加速套筒的局部腐蚀。

图 2-34　1#Q345B 套筒母材在乌鲁木齐土壤模拟溶液中腐蚀 7d 后的 SEM 图

图 2-35 和图 2-36 分别为 1#Q345B 套筒母材在乌鲁木齐土壤模拟溶液中腐蚀 7d 后的 EDS 图和 XRD 图。由图 2-35 可以看出，1#Q345B 套筒母材表面的三层腐蚀产物均含有大量 Fe 的氧化物，中间层还含有少量 Fe 的硫化物和 Fe 的氯化物。

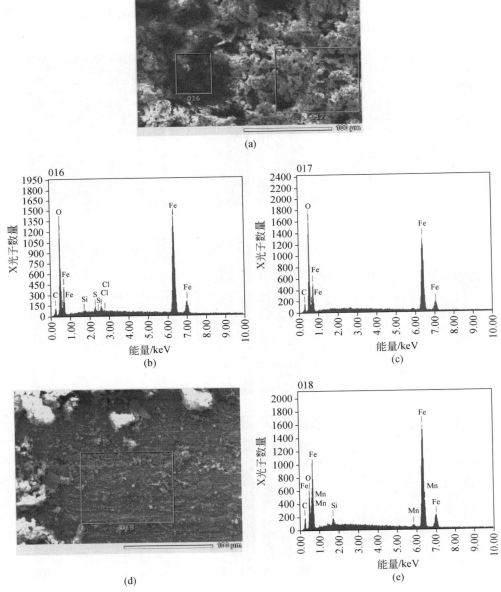

图 2-35　1#Q345 套筒母材在乌鲁木齐土壤模拟溶液中腐蚀 7d 后的 EDS 图

　　由图 2-36 可以看出，1#Q345B 套筒母材表面的腐蚀产物主要为 FeO(OH)、$Fe_2O_3 \cdot H_2O$ 和 FeS。FeO(OH)和 $Fe_2O_3 \cdot H_2O$ 的生成主要是由于土壤中发生的氧去极化引起的，FeS 的存在说明 SO_4^{2-} 参与了反应，Cl^- 是管线钢产生局部腐蚀的主要环境因素，其中 Cl^- 是影响土壤腐蚀性的主要因素，Cl^- 的浓度越大，管线钢的失重率越高，腐蚀速率越大。上述分析结果表明，在乌鲁木齐土壤模拟溶液中，土壤中的 O_2、SO_4^{2-} 和 Cl^- 对 1#Q345B 套筒母材的腐蚀起主要作用。

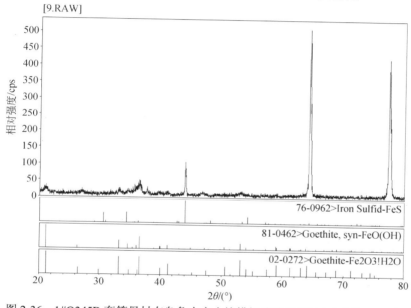

图 2-36　1#Q345B 套筒母材在乌鲁木齐土壤模拟溶液中腐蚀 7d 后的 XRD 图

　　图 2-37 为 1#Q345B 套筒母材在乌鲁木齐土壤模拟溶液中腐蚀 7d 去除腐蚀产物后的 SEM 图。由图可以看出，由于腐蚀浸泡时间短，试片表面的加工痕迹仍可以看见，试片表面仅发生了轻微的全面腐蚀和少量的点腐蚀，且其点蚀坑为规则的圆形。

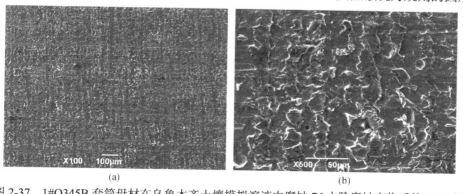

图 2-37　1#Q345B 套筒母材在乌鲁木齐土壤模拟溶液中腐蚀 7d 去除腐蚀产物后的 SEM 图

图 2-38 为 1#Q345B 套筒角焊缝在乌鲁木齐土壤模拟溶液中腐蚀 7d 后的 SEM 图。由图可以看出，1#Q345B 套筒角焊缝表面已完全被腐蚀产物覆盖[图 2-38(a)]，且该腐蚀产物可分为两层[图 2-38(b)]，内层为一层均匀的连片分布的腐蚀产物，但是该腐蚀产物上出现大量的龟裂纹[图 2-38(c)]，外层为疏松多孔的团簇状腐蚀产物[图 2-39(d)]。整个腐蚀产物并不致密，因此腐蚀性的离子可以通过腐蚀产物中存在的裂纹和孔洞进入套筒表面，进而加速套筒局部腐蚀。

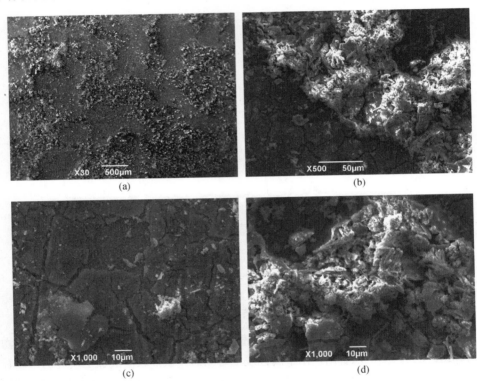

图 2-38　1#Q345B 套筒角焊缝在乌鲁木齐土壤模拟溶液中腐蚀 7d 后的 SEM 图

图 2-39 和图 2-40 分别为 1#Q345B 套筒角焊缝在乌鲁木齐土壤模拟溶液中腐蚀 7d 后的 EDS 图和 XRD 图。由图 2-39 可以看出，1#Q345B 套筒角焊缝表面的两层腐蚀产物均主要为 Fe 的氧化物。

由图 2-40 可以看出，1#Q345B 套筒角焊缝表面的腐蚀产物主要为 $FeO(OH)$ 和 $Fe_2O_3 \cdot H_2O$。$FeO(OH)$ 和 $Fe_2O_3 \cdot H_2O$ 的生成主要是由于土壤中发生的氧去极化引起的。上述分析结果表明，在乌鲁木齐土壤模拟溶液中，土壤中的 O_2 对 1#Q345B 套筒角焊缝的腐蚀起主导作用。

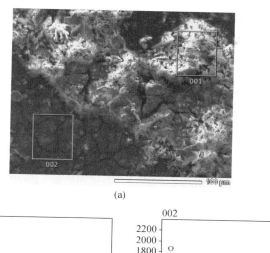

(a)

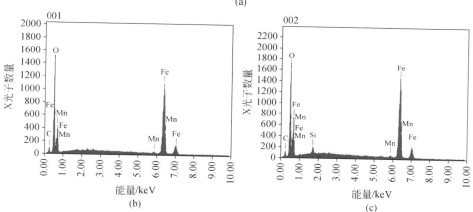

(b)　　　　　　　　　　　　　　　(c)

图 2-39　1#Q345B 套筒角焊缝在乌鲁木齐土壤模拟溶液中腐蚀 7d 后的 EDS 图

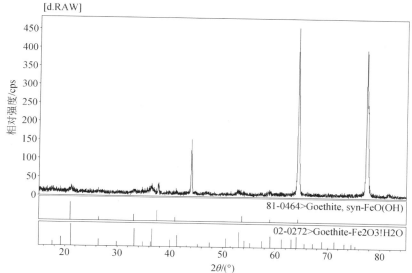

图 2-40　1#Q345B 套筒角焊缝在乌鲁木齐土壤模拟溶液中腐蚀 7d 后的 XRD 图

图 2-41 为 1#Q345B 套筒角焊缝在乌鲁木齐土壤模拟溶液中腐蚀 7d 去除腐蚀产物后的 SEM 图。由图可以看出，由于腐蚀浸泡时间短，试片表面的加工痕迹仍可以看见，试片表面仅发生了轻微的全面腐蚀和点腐蚀，且其点蚀坑形貌为规则的圆形。

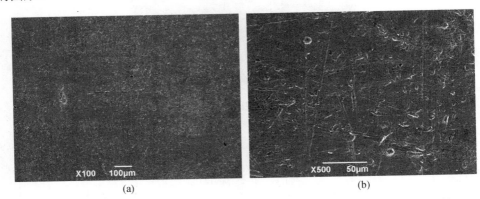

(a)　　　　　　　　　　　　　　　　　(b)

图 2-41　1#Q345B 套筒角焊缝在乌鲁木齐土壤模拟溶液中腐蚀 7d 去除腐蚀产物后的 SEM

图 2-42 为 2#X70 管线钢母材在乌鲁木齐土壤模拟溶液中腐蚀 7d 后的 SEM 图。由图可以看出，2#X70 管线钢母材的表面已完全被腐蚀产物覆盖[图 2-42(a)]，且该腐蚀产物可分为三层[图 2-42(b)和(c)]，内层为一层比较薄且均匀分布的腐蚀产物，但其上存在裂纹[图 2-42(d)]，中间层为花瓣状的腐蚀产物，其间存在很多空隙[图 2-42(e)]，外层为疏松多孔的团簇状腐蚀产物[图2-42(f)]。整个腐蚀产物层的厚度分布并不均匀致密，腐蚀性的离子可以通过多孔的腐蚀产物进入管线钢表面，进而加速管线钢的局部腐蚀。

图 2-43 和图 2-44 分别为 2#X70 管线钢母材在乌鲁木齐土壤模拟溶液中腐蚀 7d 后的 EDS 图和 XRD 图。由图 2-43 可以看出，2#X70 管线钢母材表面的外层腐蚀产物主要为 Fe 的氧化物，以及极少量 Fe 的硫化物；中间层腐蚀产物主要为 Fe 的氧化物，以及极少量 Fe 的氯化物和 Fe 的硫化物；内层腐蚀产物主要为 Fe 的氧化物。

由图 2-44 可以看出，2#X70 管线钢母材表面的腐蚀产物主要为 Fe_2O_3 和 FeS。Fe_2O_3 的生成主要是由于土壤中发生的氧去极化引起的，FeS 的存在说明 SO_4^{2-} 参与了反应，Cl^- 是管线钢产生局部腐蚀的主要环境因素，其中 Cl^- 是影响土壤腐蚀性的主要因素，Cl^- 的浓度越大，管线钢的失重率越高，腐蚀速率越大。上述分析结果表明，在乌鲁木齐土壤模拟溶液中，土壤中的 O_2、SO_4^{2-} 和 Cl^- 对 X70 管线钢母材的腐蚀起主导作用。

图 2-42　2#X70 管线钢母材在乌鲁木齐土壤模拟溶液中腐蚀 7d 后的 SEM 图

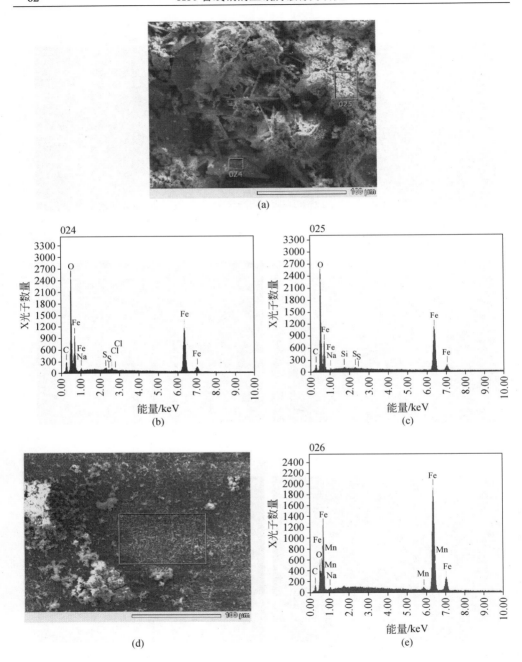

图 2-43　2#X70 管线钢母材在乌鲁木齐土壤模拟溶液中腐蚀 7d 后的 EDS 图

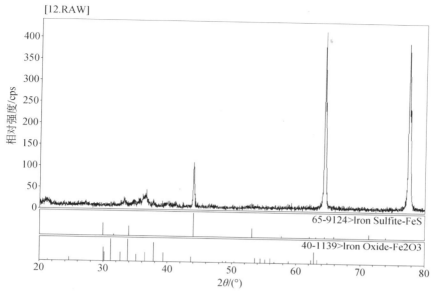

图 2-44　2#X70 管线钢母材在古浪土壤模拟溶液中腐蚀 7d 后的 XRD 图

图 2-45 为 2#X70 管线钢母材在乌鲁木齐土壤模拟溶液中腐蚀 7d 去除腐蚀产物后的 SEM 图。由图可以看出，由于腐蚀浸泡时间短，试片表面的加工痕迹仍可以看见，试片表面主要发生了轻微的全面腐蚀和点腐蚀，且其点蚀坑为不规则的开放式圆形。

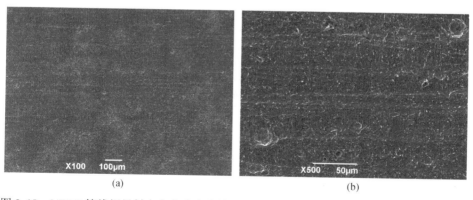

图 2-45　2#X70 管线钢母材在乌鲁木齐土壤模拟溶液中腐蚀 7d 去除腐蚀产物后的 SEM 图

图 2-46 为 2#X70 管线钢 HAZ 在乌鲁木齐土壤模拟溶液中腐蚀 7d 后的 SEM 图。由图可以看出，2#X70 管线钢 HAZ 表面已完全被腐蚀产物覆盖，且部分腐蚀产物已脱落[图 2-46(a)]，该腐蚀产物可分为两层，内层为一层均匀的腐蚀产物，但该腐蚀产物上出现大量的龟裂纹[图 2-46(b)]，外层是团簇状的腐蚀产物，零星覆盖在龟裂的腐蚀产物上[图 2-46(c)和(d)]。整个腐蚀产物并不均匀致密，因此腐

蚀性的离子可以比较容易地通过裂纹和孔洞进入管线钢表面，进而加速管线钢局部腐蚀。

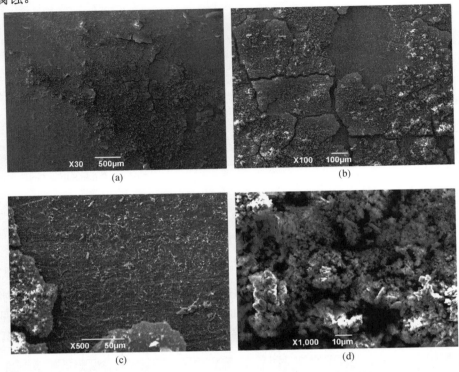

图 2-46　2#X70 管线钢 HAZ 在乌鲁木齐土壤模拟溶液中腐蚀 7d 后的 SEM 图

图 2-47 和图 2-48 分别为 2#X70 管线钢 HAZ 在乌鲁木齐土壤模拟溶液中腐蚀 7d 后的 EDS 图和 XRD 图。由图 2-47 可知，2#X70 管线钢 HAZ 表面的腐蚀产物

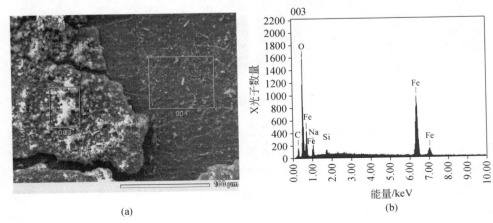

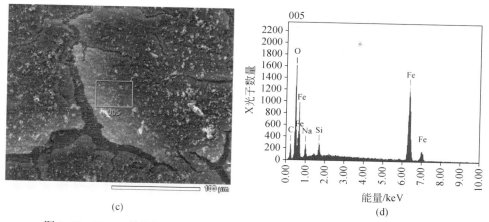

(c)　　　　　　　　　　　　　　　(d)

图 2-47　2#X70 管线钢 HAZ 在乌鲁木齐土壤模拟溶液中腐蚀 7d 后的 EDS 图

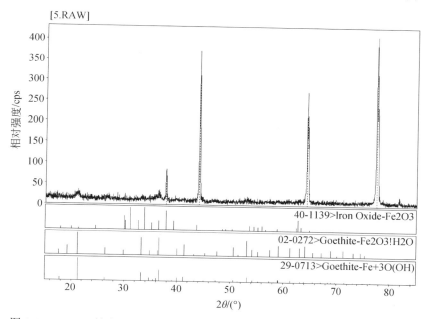

图 2-48　2#X70 管线钢 HAZ 在乌鲁木齐土壤模拟溶液中腐蚀 7d 后的 XRD 图

主要为 Fe 的氧化物。由图 2-48 可以看出，2#X70 管线钢 HAZ 表面的腐蚀产物主要为 $FeO(OH)$、Fe_2O_3 和 $Fe_2O_3·H_2O$，这些腐蚀产物的生成主要是由于土壤中发生的氧去极化引起的。上述分析结果表明，在乌鲁木齐土壤模拟溶液中，土壤中的 O_2 对 X70 管线钢 HAZ 的腐蚀起主导作用。

图 2-49 为 2#X70 管线钢 HAZ 在乌鲁木齐土壤模拟溶液中腐蚀 7d 去除腐蚀产物后的 SEM 图。由图可以看出，由于腐蚀浸泡时间短，试片表面的加工痕迹仍可以看见，试片表面主要发生了轻微的全面腐蚀和点腐蚀，且点蚀坑为不规则的圆形。

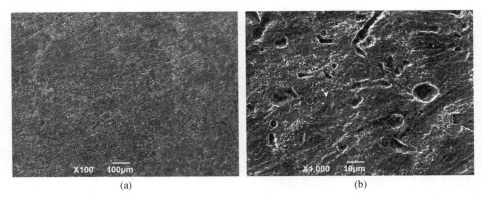

图 2-49　2#X70 管线钢 HAZ 在乌鲁木齐土壤模拟溶液中腐蚀 7d 去除腐蚀产物后的 SEM 图

　　图 2-50 为 2#Q345B 套筒母材在乌鲁木齐土壤模拟溶液中腐蚀 7d 后的 SEM 图。由图 2-50 可以看出，2#Q345B 套筒母材表面已完全被腐蚀产物覆盖[图 2-50(a)和(b)]，且该腐蚀产物可分为三层[图 2-50(c)]，内层为一层比较薄的连片分布的腐蚀产物 [图 2-50(d)]，中间层为花瓣状的腐蚀产物，零散地分布在内层腐蚀产物上，外层是团簇状腐蚀产物且覆盖在中间的花瓣层上[图 2-51(e)]。整个腐蚀产物层并不均匀致密，因此腐蚀性的离子可以比较容易地通过空隙进入套筒表面，进而加速套筒的腐蚀。

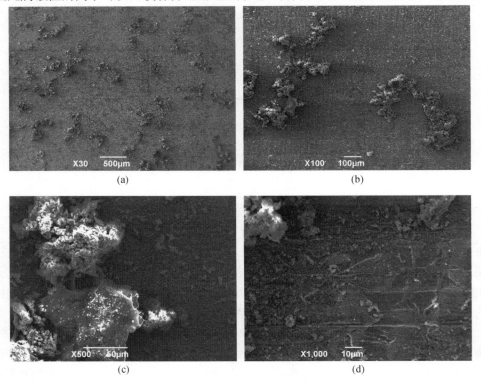

(e)

图 2-50　2#Q345B 套筒母材在乌鲁木齐土壤模拟溶液中腐蚀 7d 后的 SEM 图

图 2-51 和图 2-52 分别为 2#Q345B 套筒母材在乌鲁木齐土壤模拟溶液中腐蚀 7d 后的 EDS 图和 XRD 图。由图 2-51 可以看出，2#Q345B 套筒母材表面的外层

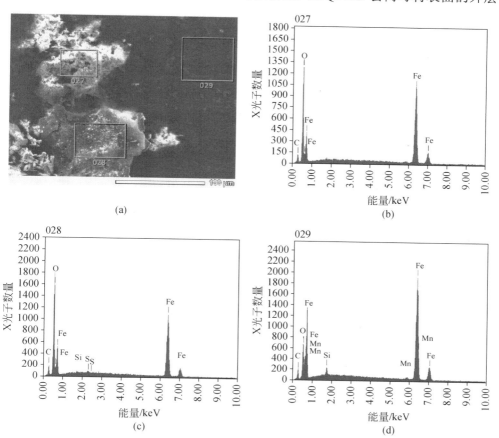

图 2-51　2#Q345B 套筒母材在乌鲁木齐土壤模拟溶液中腐蚀 7d 后的 EDS 图

和内层腐蚀产物均主要为 Fe 的氧化物；中间层腐蚀产物含有大量 Fe 的氧化物，以及极少量 Fe 的硫化物。由图 2-52 可以看出，2#Q345B 套筒母材表面的腐蚀产物主要为 Fe_2O_3、FeS 和 $Fe_{1-x}S$。FeS 和 $Fe_{1-x}S$ 的存在说明 SO_4^{2-} 参与了反应，Fe_2O_3 的生成主要是因为土壤中发生的氧去极化引起的。上述分析结果表明，在乌鲁木齐土壤模拟溶液中，土壤中的 O_2 和 SO_4^{2-} 对 2#Q345B 套筒母材的腐蚀起主导作用。

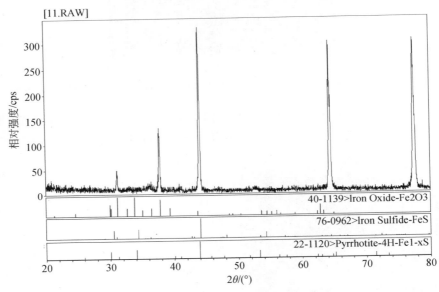

图 2-52　2#Q345B 套筒母材在乌鲁木齐土壤模拟溶液中腐蚀 7d 后的 XRD 图

　　图 2-53 为 2#Q345B 套筒母材在乌鲁木齐土壤模拟溶液中腐蚀 7d 去除腐蚀产物后的 SEM 图。由图可以看出，由于腐蚀浸泡时间短，试片表面的加工痕迹仍可以看见，试片表面主要发生了轻微的全面腐蚀和少量形貌不规则的点蚀坑。

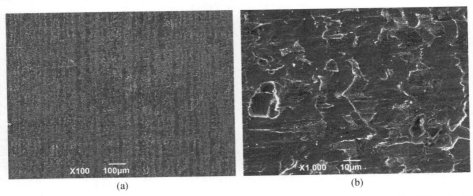

图 2-53　2#Q345B 套筒母材在乌鲁木齐土壤模拟溶液中腐蚀 7d 去除腐蚀产物后的 SEM 图

根据以上分析，可以得出如下结论。

(1) 失重实验结果表明，7 种试样在乌鲁木齐土壤模拟溶液中浸泡 7d 后的平均腐蚀速率从高到低的排序为：1#X80　HAZ(0.118mm/a)＞2#Q345B　套筒母材 (0.110mm/a)＞1#Q345B 套筒母材(0.106mm/a)＞1#Q345B 套筒角焊缝(0.101mm/a)＞2#X70 母材(0.099mm/a)＞2#X70HAZ(0.098mm/a)＞1#X80 母材(0.092mm/a)，根据 NACE RP-0775—2005 标准可知，7 种试样均属于中度腐蚀，且 7 种试样的年平均腐蚀速率相差不大。

(2) SEM 形貌观察表明，Q345B 套筒与 X70、X80 管线钢在乌鲁木齐土壤模拟溶液中浸泡 7d 后，这几种管材表面均已被腐蚀产物所覆盖，且该腐蚀产物可分为两到三层，内层为一层薄的均匀的腐蚀产物，但其上存在很多龟裂纹，中间层为花瓣状的腐蚀产物，其间存在很多空隙和空洞，外层为疏松多孔的团簇状腐蚀产物。整个腐蚀产物并不致密，因此腐蚀性的离子可以比较容易地通过腐蚀产物中的空隙和孔洞进入管材表面，进而加速管材的腐蚀。由于腐蚀时间较短(7d)，去除腐蚀产物后 7 种管材试片表面的加工痕迹仍可以看见，试片表面主要发生了轻微的全面腐蚀和点腐蚀，且其点蚀坑为开放式圆形蚀坑。

(3) EDS 分析结果表明，7 种试样表面的腐蚀产物中主要包含了 Fe 的氧化物，以及极少量 Fe 的硫化物；XRD 分析结果表明，7 种试样表面生成的腐蚀产物的物相结构主要为 Fe_2O_3、$Fe_2O_3 \cdot H_2O$ 或 $FeO(OH)$ 中的 1～3 种，以及少量 FeS 或/和 $Fe_{1-x}S$。上述分析结果表明，在乌鲁木齐土模拟溶液中，土壤中的 O_2 和 SO_4^{2-} 对 7 种试样的腐蚀起主导作用。

2.4.3　X80 管线钢在连木沁土壤模拟溶液中的腐蚀行为研究

1. 失重分析

表 2-23 为 1#X80 管线钢和 2#X70 管线钢及其配套的 Q345B 套筒和角焊缝试片在连木沁土壤模拟溶液中浸泡 7d 后的平均腐蚀速率。由表 2-3 可知，这 7 种试样在连木沁土壤模拟溶液中浸泡 7d 后的平均腐蚀速率从高到低的排序为：2#Q345B　套筒母材(0.105mm/a)＞1#Q345B　套筒母材(0.103mm/a)＞1#X80 HAZ(0.089mm/a)＞2#X70 母材(0.086mm/a)＞2#X70 HAZ(0.084mm/a)＞1#X80 母材(0.083mm/a)＞1#角焊缝(0.082mm/a)，根据 NACE RP-0775—2005 标准可知，这 7 种试样在连木沁土壤模拟溶液中的腐蚀均属于中度腐蚀。以上分析表明，Q345B 套筒母材的腐蚀速率最高，X70 管线钢与 X80 管线钢的腐蚀速率居中，且数值相差很小，1#角焊缝的腐蚀速率最低，腐蚀速率越高耐蚀性越差。

表 2-23　　试样在连木沁土壤模拟溶液中腐蚀 7d 后的失重分析

试样	试样尺寸/mm			失重前质量/g	失重后质量/g	失重质量/g	腐蚀速率/(mm/a)	平均腐蚀速率/(mm/a)	腐蚀程度
	长	宽	厚						
1#Q345B 套筒母材	40.04	10.02	3.03	9.0160	8.9989	0.0171	0.1027		中度腐蚀
	40.03	10.02	3.10	9.0747	9.0581	0.0166	0.0991	0.103	
	40.05	10.03	3.11	9.0865	9.0683	0.0182	0.1084		
1#X80 母材	40.05	10.05	3.11	9.0990	9.0851	0.0139	0.0826		中度腐蚀
	40.07	10.05	3.11	9.0850	9.0706	0.0144	0.0856	0.083	
	40.07	10.05	3.10	9.0762	9.0628	0.0134	0.0797		
2#Q345B 套筒母材	40.09	10.03	3.10	9.0751	9.0578	0.0173	0.1031		中度腐蚀
	40.07	10.06	3.10	9.0850	9.0669	0.0181	0.1076	0.105	
	40.08	10.01	3.12	9.0771	9.0598	0.0173	0.1031		
2#X70 母材	40.06	10.06	3.09	9.0375	9.0228	0.0147	0.0875		中度腐蚀
	40.08	10.06	3.10	9.0976	9.0833	0.0143	0.0850	0.086	
	40.07	10.04	3.08	9.0520	9.0376	0.0144	0.0859		
1#X80 HAZ	39.87	10.14	3.09	8.9094	8.8940	0.0154	0.0915		中度腐蚀
	39.89	10.11	3.09	8.8444	8.8294	0.0150	0.0893	0.089	
	39.89	10.09	3.08	8.8523	8.8378	0.0145	0.0865		
1#角焊缝	39.9	10.05	2.99	8.6198	8.6067	0.0131	0.0790		中度腐蚀
	39.71	10.05	3.01	8.5825	8.5686	0.0139	0.0841	0.082	
	39.69	10.09	3.01	8.6020	8.5880	0.0140	0.0845		
2#X70 HAZ	39.97	10.00	3.06	8.8923	8.8791	0.0132	0.0793		中度腐蚀
	40.02	10.03	3.07	8.8754	8.8608	0.0146	0.0874	0.084	
	39.97	10.04	3.07	8.8508	8.8366	0.0142	0.0850		

2. 腐蚀形貌观察与分析

图 2-54 是试样在连木沁土壤模拟溶液中腐蚀 7d 后的宏观形貌图。由图 2-54 可知，这几种试样表面均已被腐蚀产物完全覆盖，外层为棕红色至棕褐色腐蚀产物，比较疏松，有些已经脱落，内层腐蚀产物为黑褐色。

(a)1#Q345B套筒母材　　　　　　　　　　　(b)2#Q345B套筒母材

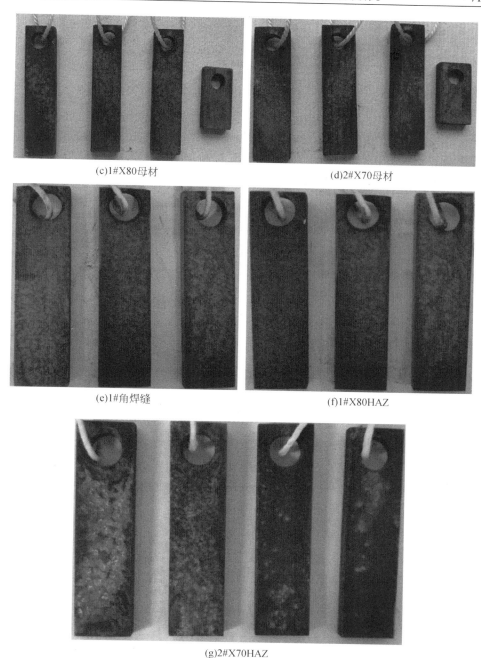

(c)1#X80母材　　　　　　　　　　(d)2#X70母材

(e)1#角焊缝　　　　　　　　　　(f)1#X80HAZ

(g)2#X70HAZ

图 2-54　试样在连木沁土壤模拟溶液中腐蚀 7d 后的宏观形貌图

图 2-55 为 1#X80 管线钢母材在连木沁土壤模拟溶液中腐蚀 7d 后的 SEM 图。

由图 2-56 可以看出，1#X80 管线钢母材的表面已基本被腐蚀产物覆盖[图 2-56(a)
和(b)]，且该腐蚀产物可分为三层[图 2-56(c)]，内层为一层比较薄的腐蚀产物
[图 2-56(d)]，中间层为花瓣状的腐蚀产物，其间存在很多空隙[图 2-56(e)]，外层
为疏松的团簇状腐蚀产物[图 2-56(f)]。整个腐蚀产物并不致密，因此不能阻止腐
蚀性的离子进入管线钢表面。

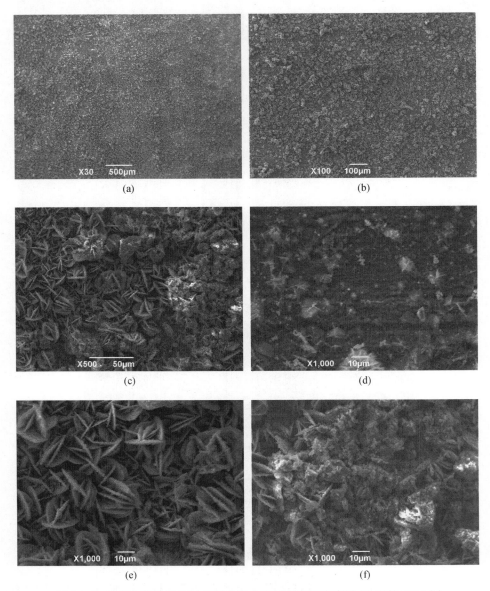

图 2-55　1#X80 管线钢母材在连木沁土壤模拟溶液中腐蚀 7d 后的 SEM 图

图 2-56 和图 2-57 分别为 1#X80 管线钢母材在连木沁土壤模拟溶液中腐蚀 7d 后的 EDS 图和 XRD 图。由图 2-56 可以看出，1#X80 管线钢母材表面的外层腐蚀

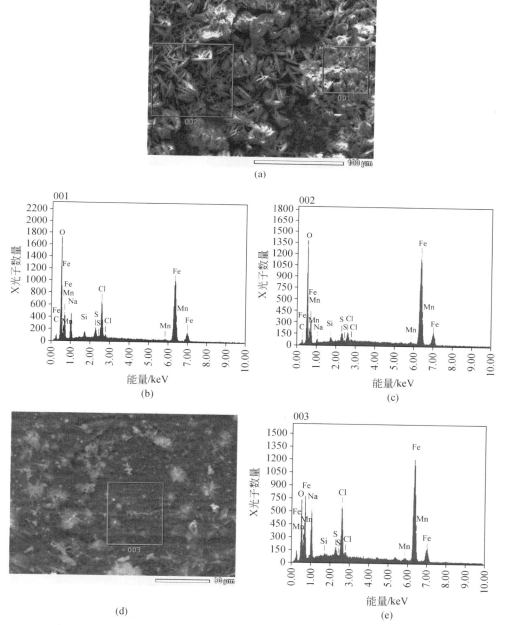

图 2-56　1#X80 管线钢母材在连木沁土壤模拟溶液中腐蚀 7d 后的 EDS 图

产物主要为 Fe 的氧化物和 Fe 的氯化物，以及少量 Fe 的硫化物；中间层腐蚀产物主要为 Fe 的氧化物，以及少量 Fe 的氯化物和 Fe 的硫化物；内层腐蚀产物中 Fe 的氧化物和硫化物的含量都很高，相比外层和中间层，内层腐蚀产物中氧化物含量下降，这主要是氧元素不具备 Cl^- 那样的强穿透性，受到外面两层腐蚀产物的阻碍导致其减少[18]。值得注意的是，Cl^- 含量在试样表面处达到最大，这说明为保持试样表面体系的电中性，溶液中的 Cl^- 就通过松散的腐蚀产物向试样迁移，高浓度的 Cl^- 继续侵蚀新的表面，腐蚀以自催化的形式进行下去[19]。

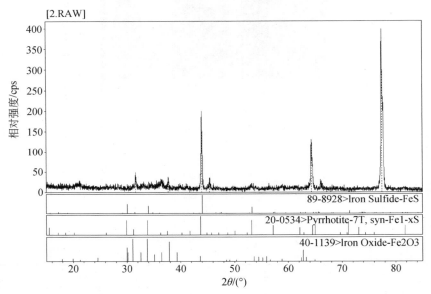

图 2-57　1#X80 管线钢母材在连木沁土壤模拟溶液中腐蚀 7d 后的 XRD 图

由图 2-57 可以看出，1#X80 管线钢母材表面的腐蚀产物主要为 Fe_2O_3、FeS 和 $Fe_{1-x}S$。Fe_2O_3 的产生主要是由于土中发生的氧去极化引起的，FeS 和 $Fe_{1-x}S$ 的存在说明 SO_4^{2-} 参与了反应，Cl^- 是管线钢产生局部腐蚀的主要环境因素，其中 Cl^- 是影响土壤腐蚀性的主要因素，Cl^- 浓度越大，管线钢的失重率越高，腐蚀速率越大。上述分析结果表明，在连木沁土模拟溶液中，土壤中的 O_2、SO_4^{2-} 和 Cl^- 对 X80 管线钢母材的腐蚀起主导作用。

图 2-58 是 1#X80 管线钢母材在连木沁土壤模拟溶液中腐蚀 7d 去除腐蚀产物后的 SEM 图。由图可以看出，由于腐蚀浸泡时间短，试片表面的加工痕迹仍可以看见，试片仅发生了轻微的全面腐蚀和点腐蚀，且其点蚀坑的形貌为开放式的同心圆形。

图 2-59 是 1#X80 管线钢 HAZ 在连木沁土壤模拟溶液中腐蚀 7d 后的 SEM 图。由图可以看出，1#X80 管线钢 HAZ 表面已基本被腐蚀产物覆盖[图 2-59(a)]，且该

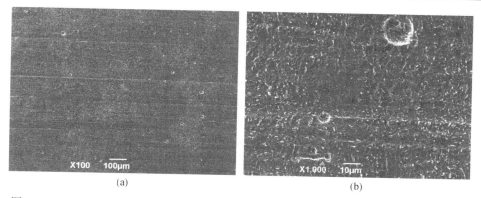

图 2-58　1#X80 管线钢母材在连木沁土壤模拟溶液中腐蚀 7d 去除腐蚀产物后的 SEM 图

腐蚀产物可分为三层，内层为一层致密的腐蚀产物，但其上存在大量龟裂状的裂纹[图 2-59(b)]，中间层为花瓣状的腐蚀产物，其间存在很多空隙[图 2-59(c)]，外层为疏松的团簇状腐蚀产物[图 2-59(d)]。整个腐蚀产物并不致密完整，因此不能阻止腐蚀性的离子进入管线钢表面。

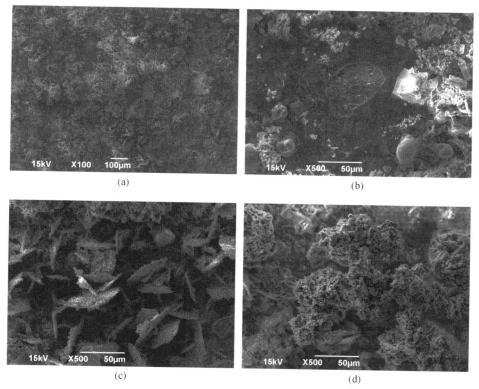

图 2-59　1#X80 管线钢 HAZ 在连木沁土壤模拟溶液中腐蚀 7d 后的 SEM 图

图 2-60 和图 2-61 分别为 1#X80 管线钢 HAZ 在连木沁土壤模拟溶液中腐蚀 7d 后的 EDS 图和 XRD 图。由图 2-60 可以看出，1#X80 管线钢 HAZ 表面的外层腐蚀产物主要为 Fe 的氧化物、Fe 的氯化物和 Fe 的硫化物；中间层腐蚀产物主要为 Fe 的氧化物，以及少量 Fe 的氯化物和 Fe 的硫化物；内层腐蚀产物主要为 Fe 的氧化物和 Fe 的硫化物，以及少量 Fe 的氯化物。由图 2-61 可知，1#X80 管线钢 HAZ 表面的腐蚀产物主要为 $Fe_2O_3 \cdot H_2O$、FeS 和 $FeSO_3$。$Fe_2O_3 \cdot H_2O$ 的产生主要是由于土中发生的氧去极化引起的，FeS 和 $FeSO_3$ 的存在说明 SO_4^{2-} 参与了反应，Cl^- 是管线钢产生局部腐蚀的主要环境因素，其中 Cl^- 是影响土壤腐蚀性的主要因素，Cl^- 浓度越大，管线钢的失重率越高，腐蚀速率越大。上述分析结果表明，在连木沁土模拟溶液中，土壤中的 O_2、SO_4^{2-} 和 Cl^- 对 X80 管线钢 HAZ 的腐蚀起主导作用。

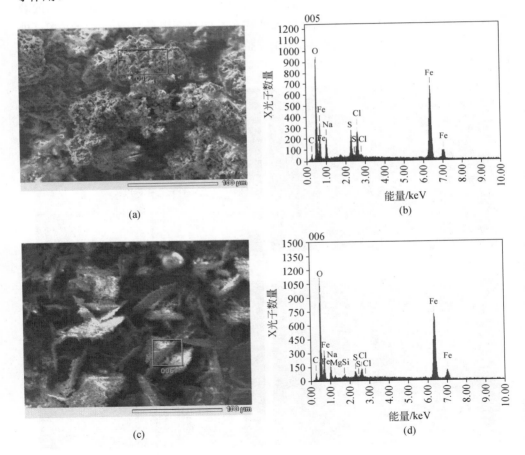

(a)　　　　　　　　　　　　　　　　(b)

(c)　　　　　　　　　　　　　　　　(d)

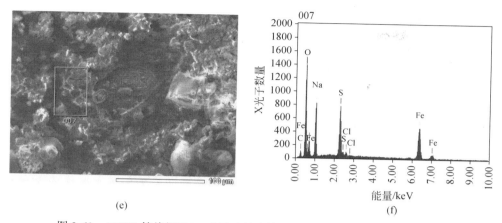

图 2-60　1#X80 管线钢 HAZ 在连木沁土壤模拟溶液中腐蚀 7d 后的 EDS 图

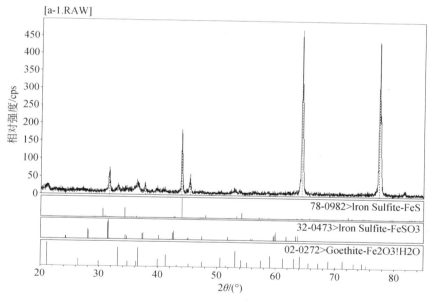

图 2-61　1#X80 管线钢 HAZ 在连木沁土壤模拟溶液中腐蚀 7d 后的 XRD 图

　　图 2-62 为 1#X80 管线钢 HAZ 在连木沁土壤模拟溶液中腐蚀 7d 去除腐蚀产物后的 SEM 图。由图可以看出，由于腐蚀浸泡时间短，试片表面的加工痕迹仍然可见，试片表面发生了轻微的全面腐蚀和较多的蚀坑并出现大量溃疡状的腐蚀印记，这可能是 HAZ 试样组织不均一造成的，焊接过程中热输入导致部分晶界活化，活化的晶界在腐蚀介质中更容易被腐蚀。

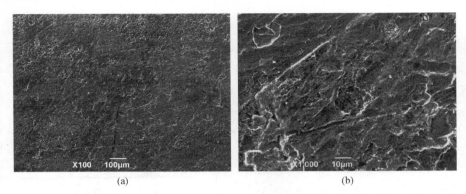

图 2-62　1#X80 管线钢 HAZ 在连木沁土壤模拟溶液中腐蚀 7d 去除腐蚀产物后的 SEM 图

图 2-63 为 1#Q345B 套筒母材在连木沁土壤模拟溶液中腐蚀 7d 后的 SEM 图。由图可以看出，1#Q345B 套筒表面已完全被腐蚀产物覆盖图[2-63(a)和(b)]，且该腐蚀产物可分为三层[图 2-63(c)]，内层为一层比较薄的连片分布的腐蚀产物[图 2-63(d)]，中间层为花瓣状的腐蚀产物，其间存在很多空隙和孔洞[图 2-63(e)]，外层为疏松多孔的的块状腐蚀产物[图 2-63(f)]。整个腐蚀产物并不致密，因此腐蚀性的离子可以通过腐蚀产物中存在的空隙和孔洞进入套筒表面，进而加速套筒的局部腐蚀。

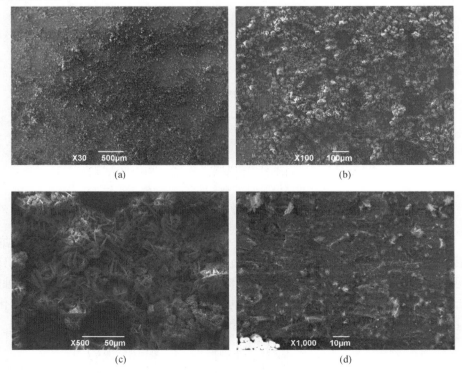

(e)　　　　　　　　　　　　　(f)

图 2-63　1#Q345B 套筒母材在连木沁土壤模拟溶液中腐蚀 7d 后的 SEM 图

　　图 2-64 和图 2-65 分别为 1#Q345B 套筒母材在连木沁土壤模拟溶液中腐蚀 7d 后的 EDS 图和 XRD 图。由图 2-64 可以看出，1#Q345B 套筒母材表面的三层腐蚀产物均含有大量 Fe 的氧化物，以及少量 Fe 的硫化物和 Fe 的氯化物。

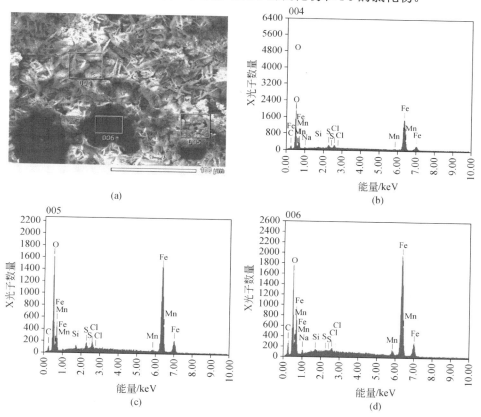

图 2-64　1#Q345B 套筒母材在连木沁土壤模拟溶液中腐蚀 7d 后的 EDS 图

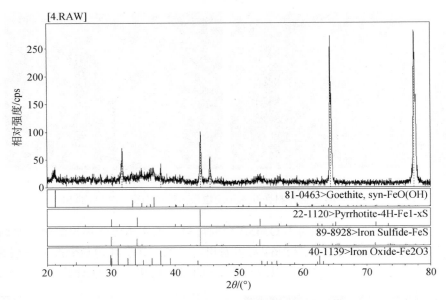

图 2-65　1#Q345B 套筒母材在连木沁土壤模拟溶液中腐蚀 7d 后的 XRD 图

由图 2-65 可以看出，1#Q345B 套筒母材表面的腐蚀产物主要为 FeO(OH)、Fe$_{1-x}$S、FeS 和 Fe$_2$O$_3$。FeO(OH) 和 Fe$_2$O$_3$ 的生成主要是由于土壤中发生的氧去极化引起的，FeS 和 Fe$_{1-x}$S 的存在说明 SO$_4^{2-}$ 参与了反应，Cl$^-$ 是管线钢产生局部腐蚀的主要环境因素，其中 Cl$^-$ 是影响土壤腐蚀性的主要因素，Cl$^-$ 浓度越大，管线钢的失重率越高，腐蚀速率越大。上述分析结果表明，在连木沁土壤模拟溶液中，土壤中的 O$_2$、SO$_4^{2-}$ 和 Cl$^-$ 对 1#Q345B 套筒母材的腐蚀起主导作用。

图 2-66 为 1#Q345B 套筒母材在连木沁土壤模拟溶液中腐蚀 7d 去除腐蚀产物后的 SEM 图。由图可以看出，由于腐蚀浸泡时间短，试片表面的加工痕迹仍可以看见，试片表面仅发生了轻微的全面腐蚀和少量的点腐蚀，且其点蚀坑较小，形貌也不规则。

图 2-67 为 1#Q345B 套筒角焊缝在连木沁土壤模拟溶液中腐蚀 7d 后的 SEM 图。由图可以看出，1#Q345B 套筒角焊缝表面已完全被腐蚀产物覆盖[图 2-67(a) 和 (b)]，且该腐蚀产物可分为三层，内层为一层比较薄的连片分布的腐蚀产物，中间层为花瓣状的腐蚀产物，其间存在很多空隙和孔洞[图 2-67(c)]，外层为疏松多孔的的团簇状腐蚀产物[图 2-67(d)]。整个腐蚀产物并不致密，因此腐蚀性的离子可以通过腐蚀产物中存在的空隙和孔洞进入套筒表面，进而加速套筒局部腐蚀。

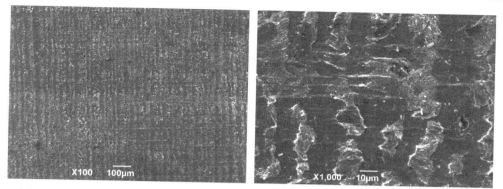

图 2-66　1#Q345B 套筒母材在连木沁土壤模拟溶液中腐蚀 7d 去除腐蚀产物后的 SEM 图

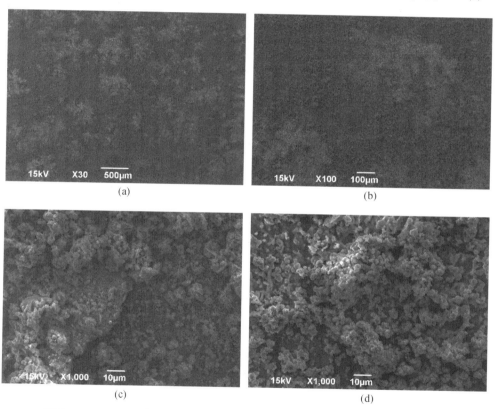

图 2-67　1#Q345B 套筒角焊缝在连木沁土壤模拟溶液中腐蚀 7d 后的 SEM 图

图 2-68 和图 2-69 分别为 1#Q345B 套筒角焊缝在连木沁土壤模拟溶液中腐蚀 7d 后的 EDS 图和 XRD 图。由图 2-69 可以看出，1#Q345B 套筒角焊缝表面的内层腐蚀产物主要为 Fe 的氧化物，以及少量 Fe 的硫化物；中间层腐蚀产物主要为 Fe 的氧化物和 Fe 的氯化物，以及少量 Fe 的硫化物；外层腐蚀产物主要为 Fe 的

氧化物，以及少量 Fe 的氯化物。由图 2-69 可以看出，1#Q345B 套筒角焊缝表面的腐蚀产物主要为 FeS 和 $Fe_2O_3 \cdot H_2O$。$Fe_2O_3 \cdot H_2O$ 的生成主要是由于土壤中发生的氧去极化引起的，FeS 的存在说明 SO_4^{2-} 参与了反应，Cl^- 是管线钢产生局部腐蚀的主要环境因素，其中 Cl^- 是影响土壤腐蚀性的主要因素，Cl^- 浓度越大，管线钢的失重率越高，腐蚀速率越大。上述分析结果表明，在连木沁土壤模拟溶液中，土壤中的 O_2、SO_4^{2-} 和 Cl^- 对 1#Q345B 套筒角焊缝的腐蚀起主导作用。

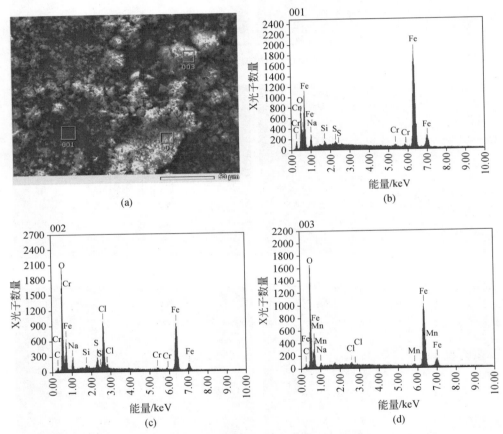

图 2-68　1#Q345B 套筒角焊缝在连木沁土壤模拟溶液中腐蚀 7d 后的 EDS 图

图 2-70 为 1#Q345B 套筒角焊缝在连木沁土壤模拟溶液中腐蚀 7d 去除腐蚀产物后的 SEM 图。由图可以看出，由于腐蚀浸泡时间短，试片表面的加工痕迹仍可以看见，试片表面发生了轻微的全面腐蚀和点腐蚀，且其点蚀坑形貌为规则的圆形。

图 2-71 为 2#X70 管线钢母材在连木沁土壤模拟溶液中腐蚀 7d 后的 SEM 图。由图可以看出，2#X70 管线钢母材的表面已完全被腐蚀产物覆盖[图 2-71(a)]，且

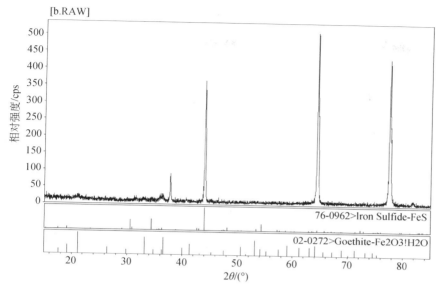

图 2-69　1#Q345B 套筒角焊缝在连木沁土壤模拟溶液中腐蚀 7d 后的 XRD 图

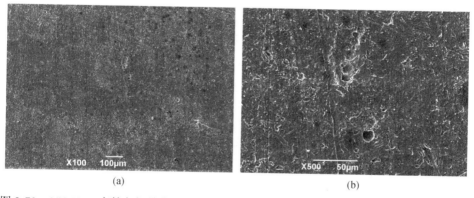

(a)　　　　　　　　　　　(b)

图 2-70　1#Q345B 套筒角焊缝在连木沁土壤模拟溶液中腐蚀 7d 去除腐蚀产物后的 SEM 图

该腐蚀产物可分为三层[图 2-71(b)和(c)]，内层为一层比较薄且均匀分布的腐蚀产物[图 2-71(d)]，中间层为花瓣状的腐蚀产物，其间存在很多空隙[图 2-71(e)]，外层为多孔的类似胶状的腐蚀产物[图 2-71(f)]。整个腐蚀产物的分布并不均匀致密，腐蚀性的离子可以通过多孔的腐蚀产物进入管线钢表面，进而加速管线钢的局部腐蚀。

　　图 2-72 和图 2-73 分别为 2#X70 管线钢母材在连木沁土壤模拟溶液中腐蚀 7d 后的 EDS 图和 XRD 图。由图 2-72 可以看出，2#X70 管线钢母材表面的外层腐蚀产物主要为 NaCl，以及少量 Fe 的氯化物和 Fe 的硫化物，大量 NaCl 的存在可能

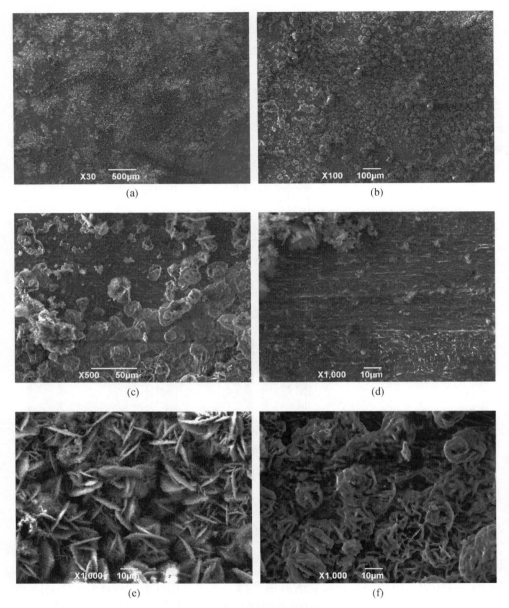

图 2-71　2#X70 管线钢母材在连木沁土壤模拟溶液中腐蚀 7d 后的 SEM 图

是由于溶液中的 NaCl 吸附在腐蚀产物的表面引起的；中间层腐蚀产物主要为 Fe 的氧化物、Fe 的氯化物和 Fe 的硫化物；内层腐蚀产物主要为 Fe 的氧化物和 Fe 的氯化物，以及少量 Fe 的硫化物。

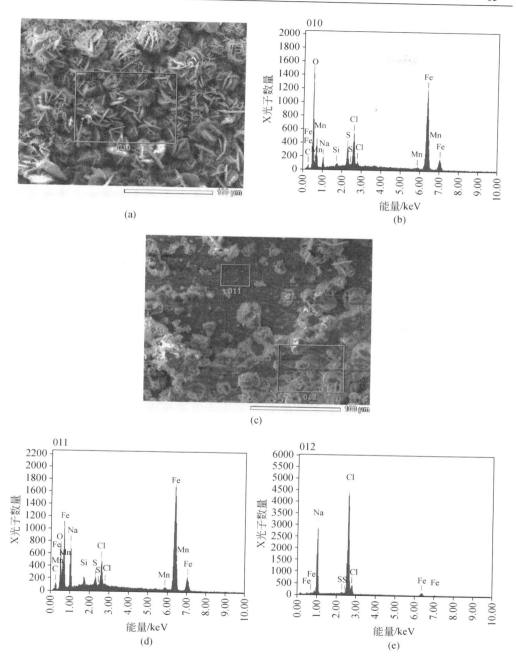

图 2-72　2#X70 管线钢母材在连木沁土壤模拟溶液中腐蚀 7d 后的 EDS 图

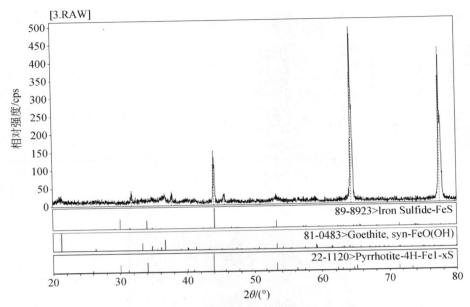

图 2-73　2#X70 管线钢母材在连木沁土壤模拟溶液中腐蚀 7d 后的 XRD 图

由图 2-73 可以看出，2#X70 管线钢母材表面的腐蚀产物主要为 FeO(OH)、$Fe_{1-x}S$ 和 FeS。FeO(OH)的生成主要是由于土中发生氧去极化引起的，FeS 和 $Fe_{1-x}S$ 的存在说明 SO_4^{2-} 参与了反应，Cl^- 是管线钢产生局部腐蚀的主要环境因素，其中 Cl^- 是影响土壤腐蚀性的主要因素，Cl^- 浓度越大，管线钢的失重率越高，腐蚀速率越大。上述分析结果表明，在连木沁土壤模拟溶液中，土壤中 O_2、SO_4^{2-} 和 Cl^- 对 X70 管线钢母材的腐蚀起主导作用。

图 2-74 为 2#X70 管线钢母材在连木沁土壤模拟溶液中腐蚀 7d 去除腐蚀产物后的 SEM 图。由图可以看出，由于腐蚀浸泡时间短，试片表面的加工痕迹仍可以看见，试片表面主要发生了轻微的全面腐蚀，在试片表面存在少量的点腐蚀，且其点蚀坑较小，形貌为规则的开放式圆形蚀坑。

图 2-75 为 2#X70 管线钢 HAZ 在连木沁土壤模拟溶液中腐蚀 7d 后的 SEM 图。由图可以看出，2#X70 管线钢 HAZ 的表面已完全被腐蚀产物覆盖[图 2-75(a)]，且该腐蚀产物可分为两层[图 2-75(b)]，内层为花瓣状的腐蚀产物，其间存在很多孔隙[图 2-75(c)]，外层为松散的团簇状的腐蚀产物，有些地方被一薄层晶体所覆盖[图 2-75(d)]。整个腐蚀产物的分布并不均匀致密，腐蚀性的离子可以通过多孔的腐蚀产物进入管线钢表面，进而加速管线钢的局部腐蚀。

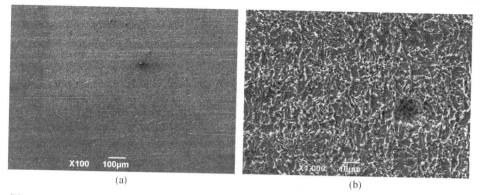

图 2-74 2#X70 管线钢母材在连木沁土壤模拟溶液中腐蚀 7d 去除腐蚀产物后的 SEM 图

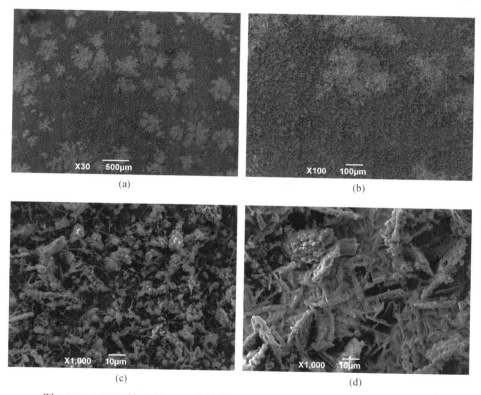

图 2-75 2#X70 管线钢 HAZ 在连木沁土壤模拟溶液中腐蚀 7d 后的 SEM 图

图 2-76 和图 2-77 分别为 2#X70 管线钢 HAZ 在连木沁土壤模拟溶液中腐蚀 7d 后的 EDS 图和 XRD 图。由图 2-76 可以看出，2#X70 管线钢 HAZ 表面的外层腐蚀产物主要为 NaCl，以及少量 Fe 的氯化物和 Fe 的氧化物，大量 NaCl 的存在可能是由于溶液中 NaCl 吸附在腐蚀产物的表面引起的；内层腐蚀产物主要为 Fe

的氧化物和 Fe 的氯化物，以及少量 Fe 的硫化物。

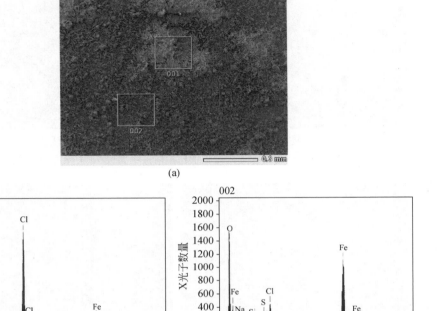

图 2-76　2#X70 管线钢 HAZ 在连木沁土壤模拟溶液中腐蚀 7d 后的 EDS 图

　　由图 2-77 可以看出，2#X70 管线钢 HAZ 表面的腐蚀产物主要为 FeS、NaCl 和 Fe_2O_3。FeS 的存在说明 SO_4^{2-} 参与了反应，Fe_2O_3 的生成主要是由于土壤中发生氧去极化引起的，Cl^- 是管线钢产生局部腐蚀的主要环境因素，其中 Cl^- 是影响土壤腐蚀性的主要因素，Cl^- 的浓度越大，管线钢的失重率越高，腐蚀速率越大。上述分析结果表明，在连木沁土壤模拟溶液中，土壤中的 O_2、SO_4^{2-} 和 Cl^- 对 X70 管线钢 HAZ 的腐蚀起主导作用。

　　图 2-78 为 2#X70 管线钢 HAZ 在连木沁土壤模拟溶液中腐蚀 7d 去除腐蚀产物后的 SEM 图。由图可以看出，由于腐蚀浸泡时间短，试片表面的加工痕迹仍可以看见，试片表面主要发生了轻微的全面腐蚀和局部腐蚀。

　　图 2-79 为 2#Q345B 套筒母材在连木沁土壤模拟溶液中腐蚀 7d 后的 SEM 图。由图可以看出，2#Q345B 套筒母材的表面已完全被腐蚀产物覆盖[图 2-79(a)]，且该腐蚀产物可分为三层[图 2-79(b)和(c)]，内层为一层比较薄的连片分布的腐蚀产

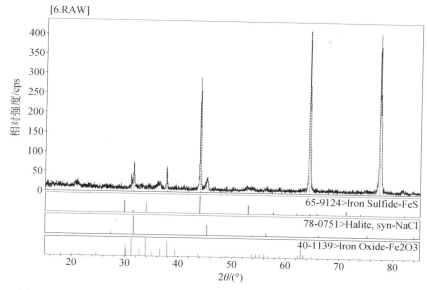

图 2-77　2#X70 管线钢 HAZ 在连木沁土壤模拟溶液中腐蚀 7d 后的 XRD 图

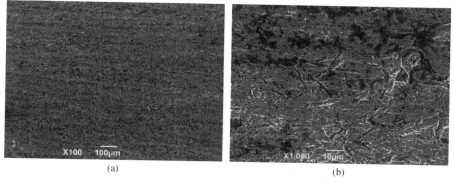

图 2-78　2#X70 管线钢 HAZ 在连木沁土壤模拟溶液中腐蚀 7d 去除腐蚀产物后的 SEM 图

物[图 2-79(d)]，中间层为花瓣状的腐蚀产物，其间存在很多空隙和孔洞[图 2-79(e)]，外层是一层薄薄的腐蚀产物覆盖在中间的花瓣层上[图 2-79(f)]。整个腐蚀产物并不均匀致密，因此腐蚀性的离子可以比较容易地通过空隙和孔洞进入套筒表面，进而加速套筒的局部腐蚀。

　　图 2-80 和图 2-81 分别为 2#Q345B 套筒母材在连木沁土壤模拟溶液中腐蚀 7d 后的 EDS 图和 XRD 图。由图 2-80 可以看出，2#Q345B 套筒母材表面的外层腐蚀产物主要为大量 NaCl，以及少量 Fe 的氯化物，大量 NaCl 的存在很可能是由于溶液中 NaCl 吸附在腐蚀产物的表面引起的；中间层和内层腐蚀产物均含有大量 Fe 的氧化物，以及少量 Fe 的硫化物和氯化物。

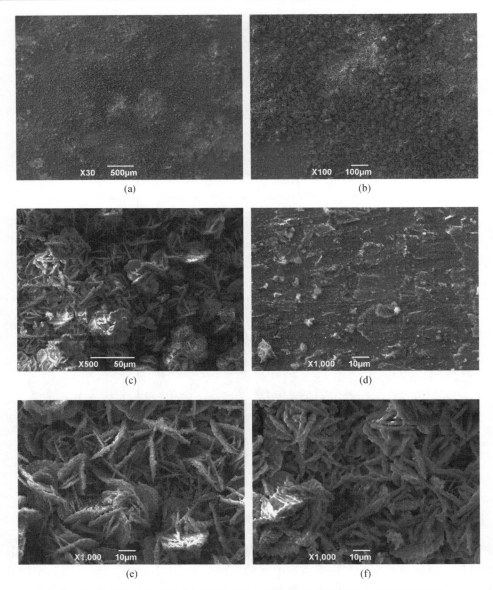

图 2-79　2#Q345B 套筒母材在连木沁土壤模拟溶液中腐蚀 7d 后的 SEM 图

　　由图 2-81 可以看出,2#Q345B 套筒母材表面的腐蚀产物主要为 FeS 和 Fe_2O_3。
FeS 的存在说明 SO_4^{2-} 参与了反应,Fe_2O_3 的生成主要是由于土壤中发生的氧去极化
引起的, Cl^- 是管线钢产生局部腐蚀的主要环境因素, 其中 Cl^- 是影响土壤腐蚀性
的主要因素, Cl^- 的浓度越大, 管线钢的失重率越高, 腐蚀速率越大。上述分析结
果表明, 在连木沁土模拟溶液中, 土壤中的 O_2、SO_4^{2-} 和 Cl^- 对 2#Q345B 套筒母材

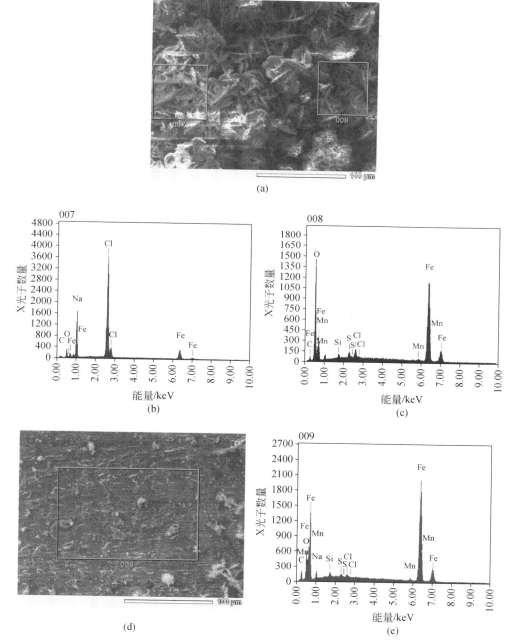

图 2-80　2#Q345B 套筒母材在连木沁土壤模拟溶液中腐蚀 7d 后的 EDS 图

的腐蚀起主导作用。

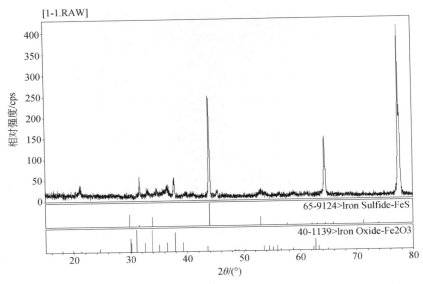

图 2-81　2#Q345B 套筒母材在连木沁土壤模拟溶液中腐蚀 7d 后的 XRD 图

图 2-82 为 2#Q345B 套筒母材在连木沁土壤模拟溶液中腐蚀 7d 去除腐蚀产物后的 SEM 图。由图可以看出，由于腐蚀浸泡时间短，试片表面的加工痕迹仍可以看见，试片表面主要发生了轻微的全面腐蚀，并且在试片表面存在少量小的点蚀坑。

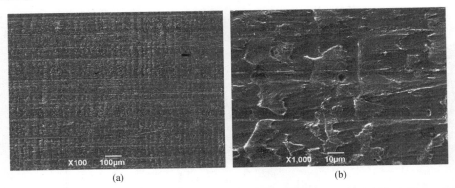

图 2-82　2#Q345B 套筒母材在连木沁土壤模拟溶液中腐蚀 7d 去除腐蚀产物后的 SEM 图

3. 电化学测量

图 2-83 为 1#X80 管线钢母材、2#X70 管线钢母材与 1#Q345B 套筒母材、2#Q345B 套筒母材在连木沁土壤模拟溶液中腐蚀 3d 后的极化曲线图。由图 2-83 可以看出，四种管材的自腐蚀电位的变化范围较小，四种管材的阳极极化曲线都很平

滑，不存在钝化区，说明四种管材在连木沁土壤模拟溶液中一直处于活化状态，没有钝态出现。由图 2-83(e)可得出，四种管材的极化曲线按照 1#X80 管线钢母材、2#Q345B 套筒母材、1#Q345B 套筒母材和 2#X70 管线钢母材的排序由左向右移动，而极化曲线越往右走对应的自腐蚀电流密度越大，说明其对应的腐蚀速率越大。

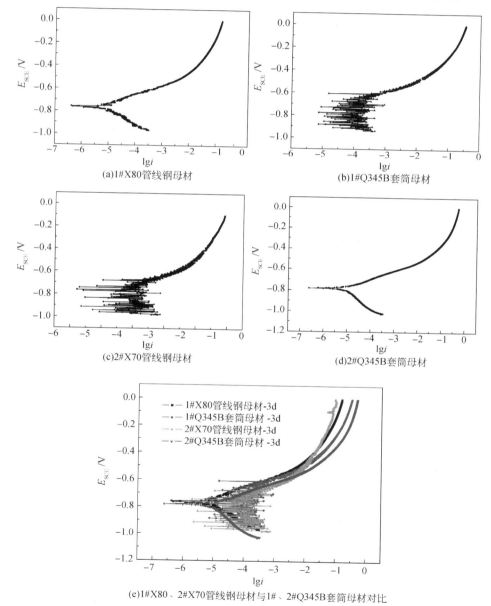

图 2-83　管线钢与套筒母材在连木沁土壤模拟溶液中腐蚀 3d 后的极化曲线图

　　表 2-24 是 1#X80 管线钢母材、2#X70 管线钢母材与 1#Q345B 套筒母材、2#Q345B 套筒母材在连木沁土壤模拟溶液中腐蚀 3d 后的极化曲线拟合结果。从表 2-24 可以看出，四种管材在连木沁土壤模拟溶液中的自腐蚀电流密度 i_{corr} 的大小排序为：1#X80 管线钢母材＜2#Q345B 套筒母材＜1#Q345B 套筒母材＜2#X70 管线钢母材，由 Farady 第二定律可知，腐蚀电流密度与腐蚀速率之间存在一一对应关系，i_{corr} 越大，腐蚀速率越大。

表 2-24　管线钢与套筒母材在连木沁土壤模拟溶液中腐蚀 3d 后的极化曲线拟合结果

试样	$i_{corr}/(\times 10^{-6}\mathrm{A/cm}^2)$	E_{corr}/mV
1#X80 管线钢母材	5.86	−760
1#Q345B 套筒母材	38.19	−790
2#X70 管线钢母材	41.28	−748
2#Q345B 套筒母材	9.13	−782

　　图 2-84 是 X70、X80 管线钢与 Q345B 套筒在连木沁土壤模拟溶液中腐蚀不同时间后的极化曲线图。

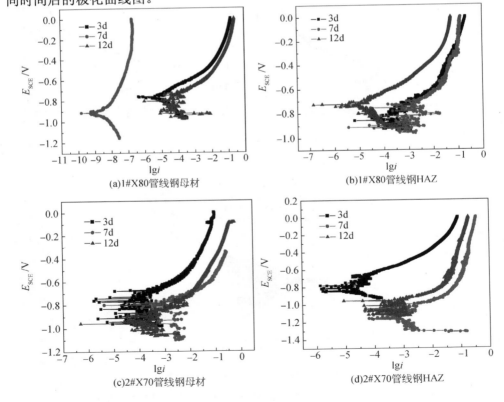

(a)1#X80管线钢母材　　　　　　(b)1#X80管线钢HAZ

(c)2#X70管线钢母材　　　　　　(d)2#X70管线钢HAZ

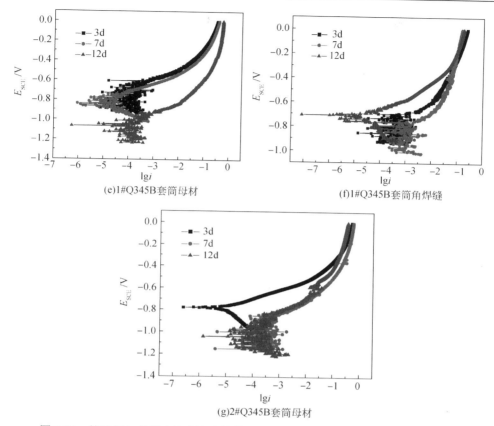

图 2-84　管线钢与套筒在连木沁土壤模拟溶液中腐蚀不同时间后的极化曲线图

由图 2-84 可以看出，随腐蚀时间的变化，七种管材的 E_{corr} 变化范围较大，E_{corr} 越负，金属发生腐蚀的倾向性越大。七种管材的阳极极化曲线都很平滑，不存在钝化区，说明这七种管材在连木沁土壤模拟溶液中一直处于活化状态，没有钝态出现，另外，极化曲线越往右走对应的自腐蚀电流密度越大。由 Farady 第二定律可知，腐蚀电流密度与腐蚀速率之间存在一一对应关系，i_{corr} 越大，其对应的腐蚀速率越大。

表 2-25 为管线钢与套筒在连木沁土壤模拟溶液中腐蚀不同时间后的极化曲线拟合结果。

表 2-25　管线钢与套筒在连木沁土壤模拟溶液中腐蚀不同时间后的极化曲线拟合结果

试样	时间/d	$i_{corr}/(\times10^{-6}\mathrm{A/cm^2})$	E_{corr}/mV
1#X80 管线钢母材	3	5.86	-760
	7	0.01	-934
	12	30.00	-800

续表

试样	时间/d	$i_{corr}/(\times 10^{-6}\text{A/cm}^2)$	E_{corr}/mV
1#X80 管线钢 HAZ	3	97.97	−843
	7	178.60	−853
	12	3.51	−728
2#X70 管线钢母材	3	41.28	−748
	7	852.80	−791
	12	285.90	−946
2#X70 管线钢 HAZ	3	12.48	−787
	7	1786.00	−1038
	12	1068.00	−959
1#Q345B 套筒母材	3	38.19	−790
	7	10.25	−842
	12	134.50	−1058
1#Q345B 套筒角焊缝	3	669.90	−772
	7	828.80	−822
	12	50.51	−717
2#Q345B 套筒母材	3	9.13	−782
	7	48.86	−986
	12	78.16	−1036

　　图 2-85 是管线钢与套筒在连木沁土壤模拟溶液中 E_{corr} 与 i_{corr} 随时间变化的柱形图。由表 2-25 结合图 2-84 和 ss 图 2-85 可以看出，随腐蚀时间的延长，1#X80 管线钢母材、1#X80 管线钢 HAZ、2#X70 管线钢 HAZ 和 1#Q345B 角焊缝的腐蚀倾向性先增大后减小，2#X70 管线钢母材、1#Q345B 母材和 2#Q345B 母材的腐蚀倾向性随腐蚀时间的延长而一直增大[图 2-85(a)]；1#X80 管线钢 HAZ 腐蚀速率先减小后增加；1#X80 管线钢母材和 1#Q345B 母材的腐蚀速率随腐蚀时间的延长先减小后增大，1#X80 管线钢 HAZ、2#X70 管线钢母材、2#X70 管线钢 HAZ 和 1#Q345B 角焊缝的腐蚀速率随腐蚀时间的延长先增大后减小，2#Q345B 母材的腐蚀速率随腐蚀时间的延长而一直增大[图 2-85(b)]。

　　根据以上分析，可以得出如下结论。

　　(1) 失重实验结果表明：7 种管材在连木沁土壤模拟溶液中浸泡 7d 后的平均腐蚀速率从高到低的排序为：2#Q345B 套筒母材(0.105mm/a)＞1#Q345B 套筒母材(0.103mm/a)＞1#X80 管线钢 HAZ(0.089mm/a)＞2#X70 管线钢母材(0.086mm/a)＞

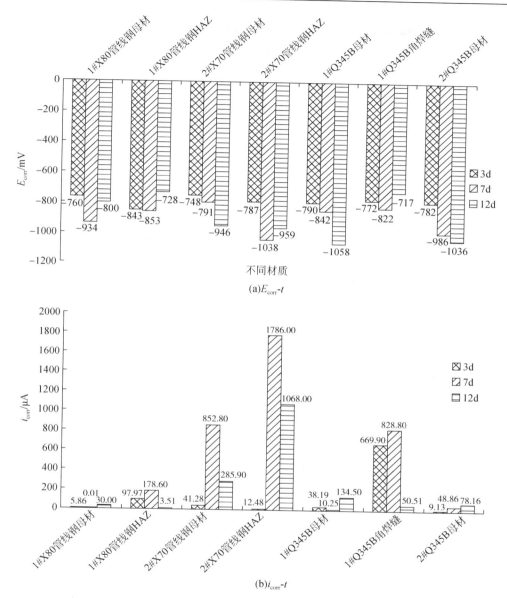

图 2-85　管线钢与套筒在连木沁土壤模拟溶液中 E_{corr} 与 i_{corr} 随时间(t)变化图

2#X70 管线钢　HAZ(0.084mm/a)＞1#X80 管线钢母材(0.083mm/a)＞1#角焊缝(0.082mm/a)，根据 NACE RP-0775—2005 标准可知，这 7 种管材在连木沁土壤模拟溶液中的腐蚀均属于中度腐蚀。以上分析表明，Q345B 套筒母材的腐蚀速率最高，X70 管线钢与 X80 管线钢的腐蚀速率居中，且数值相差很小，1#角焊缝的腐蚀速率最小，腐蚀速率越大耐蚀性越差。

(2) SEM 形貌观察表明：X70、X80 管线钢和 Q345B 套筒在连木沁土壤模拟溶液中浸泡 7d 后，这几种管材表面均已被腐蚀产物所覆盖，且该腐蚀产物可分为三层，内层为一层比较薄的均匀的腐蚀产物，中间层为花瓣状的腐蚀产物，其间存在很多空隙和空洞，外层为疏松多孔的腐蚀产物。整个腐蚀产物并不致密，因此腐蚀性的离子可以比较容易地通过腐蚀产物中的空隙和孔洞进入管材表面，进而加速管材的腐蚀。由于腐蚀时间较短(7d)，去除腐蚀产物后 7 种管材试片表面的加工痕迹仍可以看见，试片表面主要发生了轻微的全面腐蚀和点腐蚀，且其点蚀坑为不规则的开放式圆形蚀坑。

(3) EDS 和 XRD 分析结果表明：EDS 分析表明 7 种管材表面的腐蚀产物中主要包含了 Fe 的氧化物、Fe 的氯化物和铁的硫化物；XRD 分析表明，7 中管材表面生成的腐蚀产物的物相结构主要为 Fe_2O_3、$Fe_2O_3 \cdot H_2O$、$FeO(OH)$、FeS 和 $Fe_{1-x}S$ 中的 2~4 种。另外，Cl^- 在连木沁土壤中含量很高，而 Cl^- 是管线钢产生局部腐蚀的主要环境因素。上述分析结果表明，在连木沁土模拟溶液中，土壤中的 O_2、SO_4^{2-} 和 Cl^- 对 7 种管材的腐蚀起主导作用。

(4) 电化学测量结果表明：随腐蚀时间的延长，1#X80 管线钢母材、1#X80 管线钢 HAZ、2#X70 管线钢 HAZ 和 1#Q345B 角焊缝的腐蚀倾向性先增大后减小，2#X70 管线钢母材、1#Q345B 母材和 2#Q345B 母材的腐蚀倾向性随腐蚀时间的延长一直增大；1#X80 管线钢 HAZ 腐蚀速率随腐蚀时间的延长先减小后增加，1#X80 管线钢母材和 1#Q345B 母材的腐蚀速率先减小后增大，1#X80 管线钢 HAZ、2#X70 管线钢母材、2#X70 管线钢 HAZ 和 1#Q345B 角焊缝的腐蚀速率先增大后减小，2#Q345B 母材的腐蚀速率随腐蚀时间的延长一直增大。

2.4.4　X80 管线钢在库尔勒土壤模拟溶液中的腐蚀行为研究

1. 显微组织观察

X80管线钢母材原始态与经650℃+3h热处理后的显微组织见图2-86。从图中

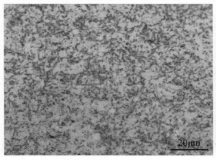 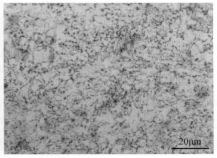

(a)原始态   (b)热处理态

图 2-86　X80 管线钢显微组织

分析可知，X80 管线钢的原始组织由粒状贝氏体+多边形铁素体+珠光体组成，均为典型的针状铁素体[20]；热处理后组织中已开始出现块状铁素体和珠光体组织，粒状贝氏体消失，珠光体主要分布在晶界上，而铁素体晶粒较原始组织粗大，晶粒大小不一，晶界清晰，致使 X80 管线钢力学性能下降。

2. 平均腐蚀速率

将 X80 管线钢试样表面先用机械方法除锈，然后放入除锈液(500mL 盐酸+500mL 去离子水+3.5g 六次甲基四胺)进行彻底除锈后，用分析天平称重、计算得出平均腐蚀速率，结果如表 2-26 所示。通过对比可以发现 X80 管线钢在热处理态时的平均腐蚀速率比原始态时的高出 33.5%。

表 2-26　X80 钢在库尔勒土壤模拟溶液中浸泡 30d 后的失重实验结果

状态	腐蚀前试样质量/g	腐蚀后试样质量/g	失重质量/g	平均失重质量/g	平均腐蚀速率/[g/(dm² · a)]
原始态	18.0338	17.8775	0.1563		
	18.0452	17.8821	0.1631	0.1640	10.0410
	18.0626	17.8900	0.1726		
热处理态	18.1204	17.8274	0.2930		
	18.1636	17.9872	0.1764	0.2190	13.4064
	18.0992	17.9117	0.1875		

图 2-87 是 X80 管线钢在库尔勒土壤模拟溶液中随浸泡时间变化的平均腐蚀速率。由图 2-87 可知，X80 管线钢的平均腐蚀速率较高，说明发生了严重腐蚀。但是随着浸泡时间的延长，X80 管线钢的平均腐蚀速率有所下降。

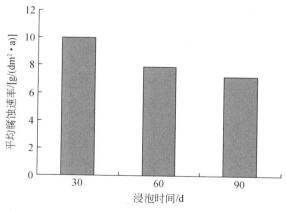

图 2-87　X80 管线钢在库尔勒土壤模拟溶液中随浸泡时间变化的平均腐蚀速率

3. 表面腐蚀形貌观察

对试样的宏观形貌观察发现，在浸泡的第 1 天，X80 管线钢的原始态和热处理态的所有试样在浸入腐蚀溶液不足 0.5h 后，表面上出现黑色小点，之后慢慢扩大，成为片状，挂试样的广口瓶底部均出现了棕红色沉淀物。当浸泡实验进行到 30d 时，在模拟溶液中挂试样的广口瓶底部均出现较厚的棕红色腐蚀产物。

图 2-88 是 X80 管线钢在库尔勒土壤模拟溶液中浸泡不同时间后的宏观腐蚀形貌。由图 2-88 可知，原始态和热处理态的 X80 管线钢试样在浸泡了 30d 后的锈层均不致密，相当一部分钢基体上没有被锈层所覆盖，有锈层的部位，贴近金属基的是黑色锈层，黑色锈层上方是红褐色锈层。60d 后的锈层比 30d 后的锈层致密，贴近金属基的是黑色锈层，黑色锈层上方是棕褐色锈层。随着浸泡时间的进一步增加，90d 后钢基上的大部分表面已被锈层所覆盖，且锈层越来越厚，越来越致密，仔细观察 X80 管线钢表面的腐蚀形貌可以发现，腐蚀产物主要分三层，表层为棕红色，容易去除；第二层为棕褐色，非常坚硬很难去除；最内层为黑色，很薄，与基体结合很牢。通过比较图 2-89(a)和(b)可以发现，在相同浸泡时间下，650℃+3h 热处理后的 X80 管线钢表面的腐蚀产物层比原始态的 X80 管线钢表面的锈层厚。

X80 管线钢试样经 30d 浸泡后，其微观照片和 EDS 分析结果见图 2-89。由图 2-89(a)可以看出，原始态时的 X80 管线钢表面的腐蚀产物比较疏松，形状不规则，说明腐蚀产物对基体没有保护作用，腐蚀性离子可以通过缝隙渗入基体表面发生反应，从而诱发腐蚀。从 EDS 分析结果可见，腐蚀产物主要为 Fe 的氧

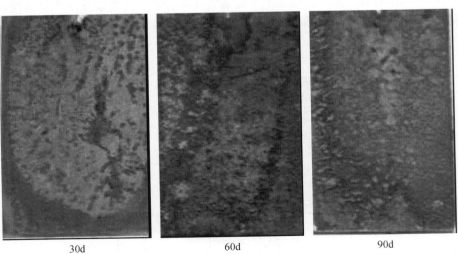

　　30d　　　　　　　　　　60d　　　　　　　　　　90d
(a)原始态

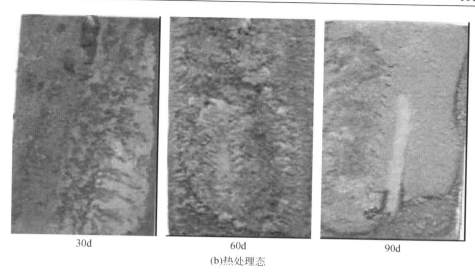

30d 60d 90d

(b)热处理态

图 2-88 X80 管线钢在库尔勒土壤模拟溶液中浸泡不同时间后的宏观腐蚀形貌

化物、Fe 的硫化物和氯化物。由图 2-89(b)可以看出，热处理态时的 X80 管线钢表面的腐蚀产物分布比较松散，薄厚不一，形状不规则，EDS 分析表明，腐蚀产物主要为 Fe 的氧化物、硫化物和氯化物。

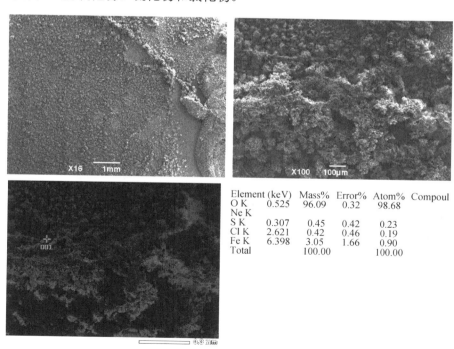

Element	(keV)	Mass%	Error%	Atom%	Compoul
O K	0.525	96.09	0.32	98.68	
Ne K					
S K	0.307	0.45	0.42	0.23	
Cl K	2.621	0.42	0.46	0.19	
Fe K	6.398	3.05	1.66	0.90	
Total		100.00		100.00	

(a)原始态

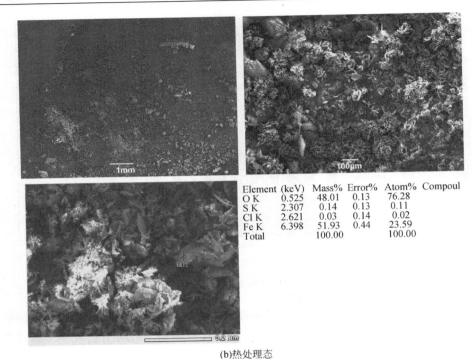

Element	(keV)	Mass%	Error%	Atom%	Compoul
O K	0.525	48.01	0.13	76.28	
S K	2.307	0.14	0.13	0.11	
Cl K	2.621	0.03	0.14	0.02	
Fe K	6.398	51.93	0.44	23.59	
Total		100.00		100.00	

(b)热处理态

图 2-89　X80 管线钢在库尔勒土壤模拟溶液中浸泡 30d 后的 SEM 形貌和 EDS 分析

　　由图 2-90 可以看出，X80 管线钢在库尔勒土壤模拟溶液中腐蚀 60d 后，其表面已被腐蚀产物完全覆盖，同样可看出腐蚀产物分为两层，内层锈层呈网络状交叉分布，均匀致密，与基体结合紧密；外层锈层呈粒状分布，为厚度比较均匀的团簇状锈层。由图 2-91 可见，表层腐蚀产物主要有 α-FeO(OH)、β-FeO(OH) 和 γ-FeO(OH)，FeO(OH) 质地疏松起不到保护作用，内层主要为 Fe_3O_4，它比较致密，可起保护作用。

(a)表面腐蚀产物形貌

(b)内层锈层高倍形貌

图 2-90　X80 管线钢在库尔勒土壤模拟溶液中浸泡 60d 后表面腐蚀产物 SEM 形貌

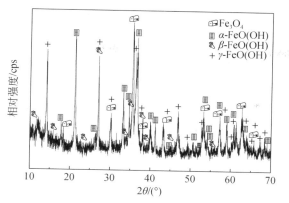

图 2-91　X80 管线钢在库尔勒土壤模拟溶液中浸泡 60d 后表面腐蚀产物 XRD 分析

图 2-92 和图 2-93 分别为 X80 管线钢试样在库尔勒土壤模拟溶液中浸泡 90d 后的 SEM 形貌及其 EDS 分析结果。由图 2-92 可以看出，原始态与热处理态的 X80 管线钢表面腐蚀产物分为三层，外锈层呈团簇状分布，为厚度不均匀的多孔锈层，相当一部分已经脱落，不具有保护性；中间锈层呈花瓣状分布，比较松散，腐蚀性离子可以通过其间隙浸入，也不具有保护性；内锈层均匀致密，与基体结合紧密，对钢基具有一定的保护性，但是在该锈层表面存在许多细长的裂缝，腐蚀性离子可以通过裂缝渗入基体表面发生反应，从而诱发局部腐蚀。从 EDS 分析可知，原始态与热处理态的 X80 管线钢表面腐蚀产物中存在较高含量的 Fe 和 O，表明该腐蚀产物主要为 Fe 的氧化物(图 2-93)。取出在库尔勒土壤模拟溶液中浸泡 90d 后原始态和热处理态的 X80 管线钢试片，从表面刮取少量腐蚀产物进行 XRD 分析，分析结果表明表层腐蚀产物主要有 α-FeO(OH) 和 γ-FeO(OH)，FeO(OH) 质地疏松起不到保护作用，内层主要为 Fe_3O_4，它比较致密，可起一定的保护作用 (图 2-94)。

(a)原始态　　　　　　　　　　　　　　(b)热处理态

图 2-92　X80 管线钢在库尔勒土壤模拟溶液中浸泡 90d 后的 SEM 形貌

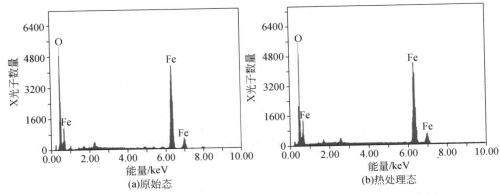

图 2-93　X80 管线钢在库尔勒土壤模拟溶液中浸泡 90d 后的 EDS 分析

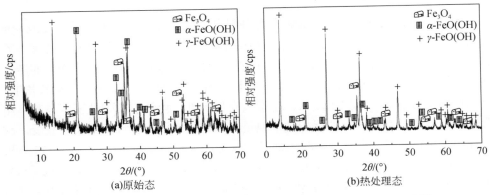

图 2-94　X80 管线钢在库尔勒土壤模拟溶液中浸泡 90d 后的 XRD 分析

EDS 与 XRD 分析表明，在浸泡过程中，没有发生硫酸盐还原反应，说明 SO_4^{2-} 基本上不参与反应，文献[21]、[22]表明土壤中 pH 对金属的腐蚀影响不大，其他离子对腐蚀过程的影响也很小，因此在库尔勒盐渍土模拟溶液中，Cl⁻ 对 X80 管线钢的腐蚀起主导作用。通过对比图 2-92(a)和(b)，可以看出热处理态试样的内层锈层比原始态更厚，表面上存在的裂缝更宽更深，根据表面形貌初步判断热处理态时的 X80 管线钢的腐蚀速率大于原始态。

4. 极化曲线分析

图 2-95 为 X80 管线钢在库尔勒土壤模拟溶液中浸泡不同时间后的极化曲线图。表 2-27 为 X80 管线钢在库尔勒土壤模拟溶液中不同浸泡时间下的极化曲线拟合结果。由图 2-95 可以看出，在整个实验过程中，X80 管线钢在两种状态下的阳极区均不存在钝化区，说明 X80 管线钢在库尔勒土壤模拟溶液中没有钝态出现，腐蚀过程的阳极反应主要为 Fe 原子的氧化。

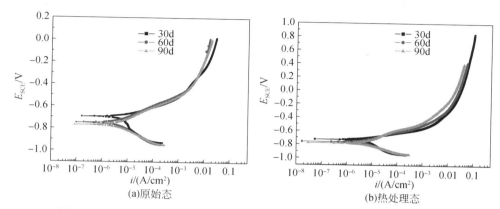

图 2-95　X80 管线钢在库尔勒土壤模拟溶液中浸泡不同时间后的极化曲线

表 2-27　**X80 管线钢在库尔勒土壤模拟溶液中浸泡不同时间下的极化曲线拟合结果**

状态	参数	浸泡时间/d		
		30	60	90
原始态	$i_{corr}/(\times 10^{-6} A/cm^2)$	5.302	3.958	4.231
	E_{corr}/mV	−695.323	−749.427	−769.760
热处理态	$i_{corr}/(\times 10^{-6} A/cm^2)$	3.797	3.942	5.718
	E_{corr}/mV	−725.812	−761.524	−780.737

从表 2-27 可以看出，原始态与热处理态的 X80 管线钢在模拟溶液中的 E_{corr} 均随浸泡时间的增加而降低，E_{corr} 越低，腐蚀倾向越大。由 Farady 第二定律可知，i_{corr} 与腐蚀速率之间存在一一对应关系，i_{corr} 越大，腐蚀速率越大，原始态 X80 管线钢的 i_{corr} 随浸泡时间的增加先减小，后增大，说明腐蚀速率先减小，后增大；而热处理态 X80 管线钢的 i_{corr} 随浸泡时间的增加而增大，说明腐蚀速率呈增大趋势。以上分析结果表明，在反应初期，钢基表面电位较低的部位，如夹杂物周围、凹点内，会优先发生腐蚀，形成腐蚀产物。但是由于这些腐蚀产物薄且不均匀，没有完全覆盖金属表面，对基体没有保护作用，腐蚀速率会逐渐增大。在反应中期，腐蚀产物膜厚度增加，并形成连续的具有保护性的膜，这层膜对钢基具有一定的保护性，因此可以观察到原始态的 X80 管线钢的 i_{corr} 随着时间的增加而逐渐降低，但是在热处理态 X80 管线钢表面的腐蚀产物膜之间存在裂纹，对钢基不具有一定的保护性，腐蚀性离子可以通过裂纹进入基体表面加速局部腐蚀，因此可以观察到热处理态 X80 钢的 i_{corr} 随着时间的增加而增加。在反应后期，生成的锈层进一步增厚，但最外层锈层由于疏松多孔从内层大量脱落，锈层厚度减小，致密性降低，内层腐蚀产物膜之间进一步出现裂

缝，并且裂缝随时间的增加而变宽变深，因此腐蚀速率增大。由表 2-27 还可以分析出，在浸泡到中后期，热处理态时的 X80 管线钢的腐蚀速率均高于原始态，说明热处理态时的 X80 管线钢的耐蚀性低于原始态。这可能是由于经热处理后 X80 管线钢组织内出现的块状铁素体+珠光体组织部分代替了针状铁素体，导致材料性能恶化，致使 X80 管线钢耐蚀性降低。这一结论与 X80 管线钢的腐蚀形貌分析结果一致。

5. 机理分析

综上所述，可以得出 X80 管线钢在库尔勒土壤模拟溶液中的腐蚀机理如下。
阴极反应过程为：

$$2H_2O + O_2 + 4e \longrightarrow 4OH^-$$

这是锈层增厚、颜色加深的原因。
阳极反应过程为：

$$Fe - 2e \longrightarrow Fe^{2+}$$
$$Fe^{2+} + 2OH^- \longrightarrow Fe(OH)_2$$
$$4Fe(OH)_2 + O_2 + 2H_2O \longrightarrow 4Fe(OH)_3$$
$$Fe(OH)_3 \longrightarrow FeO(OH) + H_2O$$
$$8FeO(OH) + Fe^{2+} + 2e \longrightarrow 3Fe_3O_4 + 4H_2O$$
$$3Fe(OH)_2 + \frac{1}{2}O_2 \longrightarrow Fe_3O_4 + 3H_2O$$

一方面，$Fe(OH)_2$ 会被继续缓慢氧化为更稳定的 Fe_3O_4；另一方面，$FeO(OH)$ 也可以与 X80 管线钢表面的 Fe^{2+} 结合形成 Fe_3O_4，这就是内层 Fe_3O_4 含量较高且具有保护性的原因[13]。

根据以上分析，可以得出如下结论。

(1) 在库尔勒盐渍土壤模拟溶液中，X80 管线钢经热处理后组织内出现的块状铁素体+珠光体组织部分代替了针状铁素体，导致材料性能恶化，致使热处理态的 X80 管线钢耐蚀性低于原始态。

(2) 原始态和热处理态的 X80 管线钢在库尔勒土壤模拟溶液中浸泡 90d 后，其腐蚀产物均主要为 α-FeO(OH) 和 γ-FeO(OH)(表层)以及 Fe_3O_4(内层)。依据锈层对钢基的保护性大致可分为三个过程：腐蚀初期，锈层不连续、不致密，对钢基起不到保护作用；腐蚀中期，锈层有足够的厚度和致密性，具有一定保护性，但是锈层表面存在的裂纹可以使腐蚀性离子通过，并进入基体表面加速腐蚀；腐蚀后期，外锈层从内锈层脱落，对钢基的保护性降低，腐蚀速率进一步增大。

(3) 在库尔勒土壤模拟溶液中，随浸泡时间增加，原始态 X80 管线钢的腐蚀

速率增大—减小—增大，热处理态 X80 管线钢的腐蚀速率呈增大趋势；Cl⁻对 X80
管线钢的腐蚀起主导作用。

2.5　本　章　结　论

(1) 在霍尔果斯水饱和土壤中，随腐蚀时间的增加，X80 管线钢腐蚀趋势增加，
全面腐蚀速率明显下降，钢基体表面由以全面腐蚀为主转为以局部腐蚀为主。而
腐蚀速率的变化趋势为快速增大—急剧减小—缓慢增大，这与试样表面生成的腐
蚀产物膜的完整性和致密性有关。

X80 管线钢腐蚀产物主要有 Fe 的氧化物和 Fe 的硫化物。依据锈层对钢基体
的保护性大致可分为三个过程：腐蚀初期，锈层不连续、不致密，对钢基体起不
到保护作用，整个金属表面以活化溶解为主，腐蚀速率快速增大；腐蚀中期，锈
层有足够的厚度和致密性，具有一定保护性，腐蚀速率急剧减小；腐蚀后期，疏
松多孔的外层锈层导致在 X80 管线钢表面形成许多个小阳极-大阴极的局部腐蚀
原电池，可使腐蚀性离子进入基体表面加速腐蚀，腐蚀速率再次增大。

(2) 7 种管材在乌鲁木齐土壤模拟溶液中浸泡 7d 后的平均腐蚀速率均属于中
度腐蚀，且 7 种管材的年平均腐蚀速率相差不大(在 0.092～0.118mm/a)。7 种管材
表面的腐蚀产物中主要包含了 Fe 的氧化物，以及极少量 Fe 的硫化物；XRD 分析
结果表明，这些腐蚀产物的物相结构主要为 Fe_2O_3、$Fe_2O_3 \cdot H_2O$ 或 $FeO(OH)$ 中的
1～3 种，以及少量 FeS 或/和 $Fe_{1-x}S$。以上分析结果表明，土壤中的 O_2 和 SO_4^{2-} 对
7 种管材在乌鲁木齐土模拟溶液中的腐蚀起主导作用。

Q345B 套筒与 X70、X80 管线钢在乌鲁木齐土壤模拟溶液中浸泡 7d 后，这几
种管材表面均已被腐蚀产物所覆盖，且该腐蚀产物可分为两到三层，内层为一层
薄的均匀的腐蚀产物，但其上存在很多龟裂纹，中间层为花瓣状的腐蚀产物，其
间存在很多空隙和空洞，外层为疏松多孔的团簇状腐蚀产物。整个腐蚀产物并不
致密，因此腐蚀性的离子可以比较容易地通过腐蚀产物中的空隙和孔洞进入管材
表面，进而加速管材的腐蚀。由于腐蚀时间较短(7d)，去除腐蚀产物后 7 种管材
试片表面的加工痕迹仍可以看见，试片表面主要发生了轻微的全面腐蚀和点腐蚀，
且其点蚀坑为开放式圆形蚀坑。

(3) 7 种管材在连木沁土壤模拟溶液中浸泡 7d 后的平均腐蚀速率均属于中度
腐蚀，且 7 种管材的年平均腐蚀速率相差不大(在 0.082～0.105mm/a)。其中 Q345B
套筒母材的腐蚀速率最高，X70 与 X80 管线钢的腐蚀速率居中，且数值相差很小，
1#角焊缝的腐蚀速率最小。

7 种管材表面的腐蚀产物中主要包含了 Fe 的氧化物、氯化物和硫化物；这些
腐蚀产物的物相结构主要为 Fe_2O_3、$Fe_2O_3 \cdot H_2O$、$FeO(OH)$、FeS 和 $Fe_{1-x}S$ 中的 2～

4 种。另外，Cl⁻ 在连木沁土壤中含量很高，而 Cl⁻ 是管线钢产生局部腐蚀的主要环境因素。上述分析结果表明，在连木沁土模拟溶液中，土壤中的 O_2、SO_4^{2-} 和 Cl⁻ 对 7 种管材在连木沁土模拟溶液中的腐蚀起主导作用。

X70、X80 管线钢和 Q345B 套筒在连木沁土壤模拟溶液中浸泡 7d 后，管材表面均已被腐蚀产物所覆盖，且该腐蚀产物可分为三层，内层为一层比较薄的均匀的腐蚀产物，中间层为花瓣状的腐蚀产物，其间存在很多空隙和空洞，外层为疏松多孔的腐蚀产物。整个腐蚀产物并不致密，因此腐蚀性的离子可以比较容易地通过腐蚀产物中的空隙和孔洞进入管材表面，进而加速管材的腐蚀。由于腐蚀时间较短(7d)，去除腐蚀产物后 7 种管材试片表面的加工痕迹仍可以看见，试片表面主要发生了轻微的全面腐蚀和点腐蚀，且其点蚀坑为不规则的开放式圆形蚀坑。

(4) 在库尔勒盐渍土壤模拟溶液中，X80 管线钢经热处理后组织内出现的块状铁素体+珠光体组织部分代替了针状铁素体，导致材料性能恶化，致使热处理态的 X80 管线钢耐蚀性低于原始态。在库尔勒土壤模拟溶液中，随浸泡时间增加，原始态 X80 管线钢的腐蚀速率增大—减小—增大，热处理态 X80 管线钢的腐蚀速率呈增大趋势。Cl⁻ 对 X80 管线钢的腐蚀起主导作用。

原始态和热处理态的 X80 管线钢在库尔勒土壤模拟溶液中浸泡 90d 后，其腐蚀产物均主要为 α-FeO(OH) 和 γ-FeO(OH)(表层)以及 Fe_3O_4(内层)。依据锈层对钢基的保护性大致可分为三个过程：腐蚀初期，锈层不连续、不致密，对钢基起不到保护作用；腐蚀中期，锈层有足够的厚度和致密性，具有一定保护性，但是锈层表面存在的裂纹可以使腐蚀性离子通过，并进入基体表面加速腐蚀；腐蚀后期，外锈层从内锈层脱落，对钢基的保护性降低，腐蚀速率进一步增大。

参 考 文 献

[1] 吴俊升. 腐蚀——悄悄进行的大破坏[DB/OL]. (2016-08-30)[2018-01-08].http://www.ecorr.org/news/app_ ca/ 2016- 08-30/108371. html.

[2] 潘一, 孙林, 杨双春, 等. 国内外管道腐蚀与防护研究进展[J]. 腐蚀科学与防护技术, 2014, 26(1): 77-80.

[3] 郭建永, 胡军, 李庆达, 等. 国内外油气管道腐蚀与防护的研究进展[J]. 材料保护, 2017 50(6):83-87.

[4] AYDIN H, NELSON T W. Microstructure and mechanical properties of hard zone in friction stir welded X80 pipeline steel relative to different heat input [J]. Materials Science & Engineering A, 2013, 586(6): 313-322.

[5] 李荣光, 杜娟, 赵国星.油气长输管道管体缺陷及修复技术概述[J]. 石油工程建设, 2016, 42(1): 10-13.

[6] AMERICAN PETROLEUM INSTITUTE. Welding of Pipelines and Related Facilities: API Std 1104 [S]. Washington D C: API, 2013: 80-90.

[7] AMERICAN PETROLEUM INSTITUTE. Managing System Integrity for Hazardous Liquid Pipeline: API 1160 [S]. Washington D C: API, 2013: 42.

[8] THE AMERICAN SOCIETY OF MECHANICAL ENGINEERS. Standard for Managing Pipeline System Integrity: ASME B 31. 8 S [S]. New York: ASME, 2014: 23-24.

[9] 中国石油天然气集团公司标准化委员会. 油气管道管体修复技术规范: Q/SY 1592—2013 [S].北京: 中国石油天然气集团公司, 2013: 2-3.

[10] 中国石油天然气股份有限公司管道分公司. 油气管道管体缺陷修复手册: Q/SY GD 1033—2014 [S]. 廊坊: 中国石油管道公司管道科技研究中心, 2014: 2-3.

[11] 中国国家标准化管理委员会. 油气输送管道完整性管理规范：GB 32167—2015 [S]. 北京: 中国标准出版社, 2015: 49.

[12] 苗承武, 卢绮敏. 西气东输管道规划及其防腐蚀措施[J]. 全面腐蚀控制, 2000, 14(6): 27.

[13] 马孝轩. 我国主要土壤对混凝土材料腐蚀性分类[J]. 混凝土与水泥制品, 2003, 6: 6-7

[14] 李晓刚, 杜翠微, 董超芳. X70 钢的腐蚀行为与实验研究[M]. 北京:科学出版社, 2006.

[15] 周华, 李全胜, 朱瑞成. 新疆库尔勒地区盐渍土的工程地质特征[J]. 西部探矿工程, 2000, (3): 37-38.

[16] 费小丹, 李明齐, 许红梅, 等. 湿度对 X70 钢在卵石黄泥土中腐蚀行为影响的电化学研究[J]. 腐蚀科学与防护技术, 2007, 19(1): 35-37.

[17] XU C M, ZHANG Y H, CHENG G X. Pitting corrosion behavior of 316L stainless steel in the media of Sulphate-reducing and iron-oxidizing bacteria[J]. Materials Characterization, 2008, 59(3): 245-255.

[18] 谢飞, 杨晓峰, 王丹. 库尔勒土壤模拟溶液的 pH 对 X80 管线钢电化学腐蚀行为的影响[J]. 机械工程材料, 2015, 39(4): 59-62.

[19] 石志强, 张秀云, 王彦芳, 等. SO_4^{2-} 对 X100 管线钢在盐渍性溶液中点蚀行为的影响[J]. 中国石油大学学报(自然科学版), 2016, 40(1): 128-133.

[20] 张小立, 冯耀荣, 赵文轸. X80 管线钢的组织和力学性能[J]. 特殊钢, 2006, 27(3): 11-13.

[21] 武俊伟, 李晓刚, 杜翠微, 等. X70 钢在库尔勒土壤中短期腐蚀行为研究[J]. 中国腐蚀与防护学报, 2005, 25(1): 15-19.

[22] 王光雍, 王海红, 李兴濂, 等. 自然环境的腐蚀与防护[M]. 北京: 化学工业出版社, 1997.

第3章　X80管线钢在青海土壤中的腐蚀行为研究

　　我国青海省盐湖分布广泛，盐类资源丰富，盐湖地区土壤严重盐渍化，对材料的腐蚀性极大，是管线钢发生点蚀最可能的土壤环境之一[1, 2]。随着西部大开发战略的深入开展，西部的地下已经和正在兴建许多重要的、半永久性的基础设施，诸多工程要穿越多处盐渍土壤环境。西气东输工程以及中哈输油管道的国内段鄯善—兰州管线，这些工程就需穿越多处盐湖土壤环境。因此，预防和控制材料在盐湖土壤环境中的腐蚀破坏，延长其使用寿命，显得十分的迫切。格尔木土壤是西部典型的盐湖盐渍土壤之一，本章采用失重法、电化学技术结合表面分析方法，研究了 X80 管线钢在我国典型的格尔木土壤模拟溶液中的耐蚀性能及其腐蚀规律。

3.1　实验材料与方法

1. 试样制备

　　实验材料为 X80 管线钢，其化学成分见表 3-1。室温力学性能为：抗拉强度 703MPa，屈服强度 664MPa，屈强比 0.94，延伸率 26%。X80 管线钢母材原始态与经 650℃+3h 热处理后的显微组织见图 3-1。

表 3-1　X80 管线钢的化学成分

化学成分	C	Mn	Si	P	S	Cr	Mo	Nb	Ni	V	Ti	Cu	B	Al
质量分数 /%	0.043	1.87	0.23	0.01	0.0028	0.025	0.27	0.06	0.23	0.006	0.017	0.13	0.0011	0.042

　　从图 3-1 中可以看出，X80 管线钢的原始组织由粒状贝氏体+多边形铁素体+珠光体组成，均为典型的针状铁素体[3]；热处理后组织中已开始出现块状铁素体和珠光体组织，粒状贝氏体消失，珠光体主要分布在晶界上，而铁素体晶粒较原始组织粗大，晶粒大小不一，晶界清晰，致使 X80 管线钢力学性能下降。试样直接取自壁厚为 18.4mm 的直缝焊管，通过线切割加工成 40mm×20mm×3mm 的片状和 10mm×10mm×2mm 的正方形试样。片状试样用于失重实验及腐蚀形貌观察，正方形试样用于电化学测量。

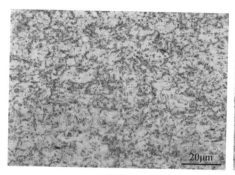 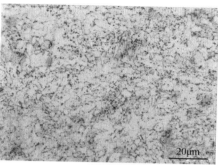

(a)原始态　　　　　　　　　　　　　　　(b)热处理态

图 3-1　X80 管线钢原始态及热处理态显微组织

2. 实验介质

选取我国典型青海盐湖盐渍土壤——格尔木土壤环境为模拟研究介质。依据格尔木土壤的主要理化数据配制的模拟溶液成分为：11.34% Cl^-，0.262% SO_4^{2-}，0.0099% HCO_3^-，pH 为 8.4。实验溶液均用分析纯 NaCl、NaSO$_4$、NaHCO$_3$ 及去离子水配得。

3. 电化学测量

电化学测量采用美国 EG&G 公司的 M2273 电化学测试系统，实验采用三电极体系，X80 管线钢为工作电极，饱和甘汞电极为参比电极，铂片为辅助电极，对浸泡了不同时间的 X80 管线钢试样进行极化曲线测量，扫描速度为 0.5mV/s，依据 Tafel 曲线外推法比较自腐蚀电流密度 i_{corr}，观察其变化规律。

4. 腐蚀形貌观察与失重实验

X80 管线钢试样腐蚀到一定时间后取出，用 SEM 观察表面腐蚀形貌，用 XRD 分析腐蚀产物的组成。用铲子将试样表面坚实、高低不平的腐蚀产物刮去，但应注意避免损伤试样金属基体，然后用除锈液(500mL 盐酸+500mL 去离子水+3.5g 六次甲基四胺)将余下产物去除。用蒸馏水冲洗，无水乙醇清洗并吹干后放置干燥器中充分干燥，用精度为 10^{-4}g 的电子分析天平称量，计算试样质量损失及腐蚀速率。

3.2　实验结果分析与讨论

3.2.1　腐蚀速率的测定

图 3-2 为 X80 管线钢在格尔木土壤模拟溶液中浸泡不同时间后的平均腐蚀速

率。由图 3-2 可知，X80 管线钢在浸泡 30d 后表现出极高的平均腐蚀速率，说明表面可能发生了严重的全面腐蚀；但是随着浸泡时间的延长，X80 管线钢的平均腐蚀速率明显下降，这可能是由于 X80 管线钢表面的全面腐蚀速率下降，但同时伴随有点蚀的出现及发展。

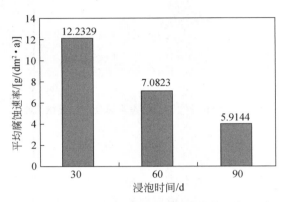

图 3-2　X80 管线钢在格尔木土壤模拟溶液中浸泡不同时间后的平均腐蚀速率

3.2.2　腐蚀形貌观察及分析

1. 宏观形貌观察

在浸泡的第 1 天，X80 管线钢的原始态和热处理态的所有试样在挂上去不足 0.5h 后，表面上出现黑色小点，之后慢慢扩大，成为片状，挂试样的广口瓶底部均出现了棕红色沉淀物。浸泡实验进行 30d 后，在模拟溶液中挂试样的广口瓶底部均出现较厚的棕红色腐蚀产物。

图 3-3 是 X80 管线钢在格尔木土壤模拟溶液中浸泡不同时间后的宏观腐蚀形貌。由图 3-3 可知，原始态和热处理态的 X80 管线钢试样，在浸泡了 30d 后的锈层均不致密，一部分钢基体上没有被锈层所覆盖，有锈层的部位，贴近金属基的是黑色锈层，黑色锈层上方是红褐色锈层。60d 后贴近金属基的是黑色锈层，黑色锈层上方是红褐色锈层，但是表层的红褐色锈层已出现部分脱落，说明表层的锈层比较疏松，对基体没有保护作用。随着浸泡时间的进一步增加，90d 后钢基的部分表面还没有被锈层完全覆盖，仔细观察 X80 管线钢表面的腐蚀形貌可以发现，腐蚀产物主要分两层，表层为红褐色，比较疏松，基本上已经从锈层上脱离；内层为黑色，与基体结合很牢。

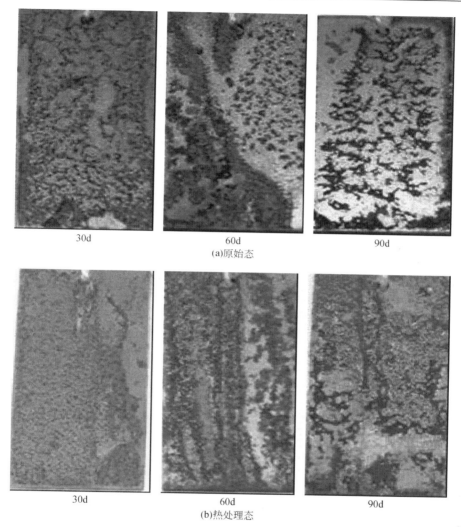

30d　　　　　　　　60d　　　　　　　　90d
(a)原始态

30d　　　　　　　　60d　　　　　　　　90d
(b)热处理态

图 3-3　X80 管线钢在格尔木土壤模拟溶液中浸泡不同时间后的宏观腐蚀形貌

2. 微观 SEM 形貌观察和 EDS 分析

X80 管线钢试样在格尔木模拟液中经 30d 浸泡后，其微观照片和 EDS 分析结果见图 3-4。由图 3-4(a)可以看出，原始态时的 X80 管线钢表面的腐蚀产物分布不均匀，且比较松散，形状不规则，说明腐蚀产物对基体没有保护作用，腐蚀性离子可以通过缝隙渗入基体表面发生反应，从而诱发腐蚀。从 EDS 分析结果可见，表层红褐色的腐蚀产物主要为 Fe 的氧化物和氯化物，内层黑色的腐蚀产物由 Fe 的氧化物、硫化物和氯化物组成。由图 3-4(b)可以看出，热处理状态时的 X80 管线钢表面的腐蚀产物呈块状分布，比较松散，薄厚不一，形状不规则，EDS 分析表明，腐蚀产物主要为 Fe 的氧化物、硫化物和氯化物。

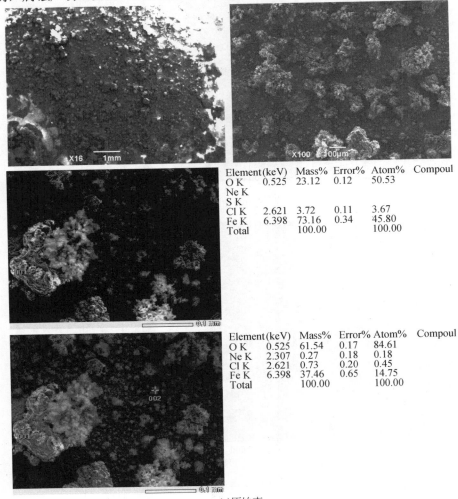

Element(keV)		Mass%	Error%	Atom%	Compoul
O K	0.525	23.12	0.12	50.53	
Ne K					
S K					
Cl K	2.621	3.72	0.11	3.67	
Fe K	6.398	73.16	0.34	45.80	
Total		100.00		100.00	

Element(keV)		Mass%	Error%	Atom%	Compoul
O K	0.525	61.54	0.17	84.61	
Ne K	2.307	0.27	0.18	0.18	
Cl K	2.621	0.73	0.20	0.45	
Fe K	6.398	37.46	0.65	14.75	
Total		100.00		100.00	

(a)原始态

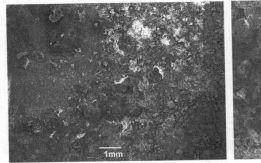

Element	(keV)	Mass%	Error%	Atom%	Compoul
O K	0.525	39.20	0.13	68.41	
S K	2.307	0.18	0.11	0.16	
Cl K	2.621	3.90	0.12	3.07	
Fe K	6.398	56.72	0.39	28.36	
Total		100.00		100.00	

(b)热处理态

图 3-4　X80 管线钢在格尔木土壤模拟溶液中浸泡 30d 后的 SEM 形貌和 EDS 分析

　　X80 管线钢试样在格尔木土壤模拟液中经 60d 浸泡后，其腐蚀产物特征和 XRD 分析结果见图 3-5。由图 3-5 可以看出，X80 管线钢表面被腐蚀产物覆盖处的腐蚀产物可分为两层，内层锈层分布较为均匀且致密，与基体结合很牢，这层腐蚀产物对腐蚀性介质渗入到基体起到一定的阻碍作用，对钢基体具有一定的保护性，因此腐蚀速率较低；外层锈层为大小不等的块状锈层，其上存在许多裂纹，说明表层腐蚀产物没有保护作用。从 XRD 分析可知，表层腐蚀产物主要有 α-FeO(OH)、β-FeO(OH) 和 NaCl，FeO(OH) 质地疏松起不到保护作用，NaCl 的出现是由于格尔木土壤模拟溶液中含盐量很高，导致其析出到腐蚀产物中；内层主要为 Fe_3O_4，它比较致密，可对钢基体起保护作用。XRD 分析还表明，在浸泡过程中，没有发生硫酸盐还原反应，说明 SO_4^{2-} 基本上不参与反应，文献[4]、[5]表明土壤中 pH 对金属的腐蚀影响不大，其他离子对腐蚀过程的影响也很小。因此，在格尔木盐渍土模拟溶液中，Cl$^-$ 对 X80 管线钢的腐蚀起主导作用。

(a)SEM形貌

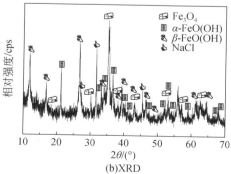

(b)XRD

图 3-5　X80 管线钢在格尔木土壤模拟溶液中浸泡 60d 后的 SEM 形貌与 XRD 分析

　　图 3-6 和图 3-7 分别为 X80 管线钢试样在盐渍土壤模拟溶液中浸泡 90d 后的

SEM 形貌及其 XRD 分析结果。由图 3-6 可以看出,原始态与热处理态的 X80 管线钢表层为粒径不同的颗粒状与钟乳石状的腐蚀产物膜组成,腐蚀产物膜之间存在孔洞和裂缝,一部分腐蚀产物膜已经脱落,不具有保护性,腐蚀性离子可以通过其间隙浸入内锈层;内锈层为竹叶状物质和很多结晶物混合交错覆盖于管线钢基体上,均匀致密,与基体结合紧密,对钢基具有一定的保护性,但是在该锈层表面存在细裂纹,腐蚀性离子可以通过裂纹渗入基体表面发生反应,从而诱发局部腐蚀。取出在盐渍土壤模拟溶液中浸泡 90d 后原始态和热处理态的 X80 管线钢试片,从表面刮取少量腐蚀产物进行 XRD 分析,分析结果表明表层腐蚀产物主要有 α-FeO(OH)、β-FeO(OH) 和 NaCl,FeO(OH) 质地疏松起不到保护作用,NaCl 的出现是由于盐渍土壤模拟溶液中含盐量很高,导致其析出到腐蚀产物中;内层主要为 Fe_3O_4,它比较致密,可起一定的保护作用(图 3-7)。

(a)原始态　　　　　　　　　　　　　　　(b)热处理态

图 3-6　X80 管线钢在盐渍土壤模拟溶液中浸泡 90d 后的 SEM 形貌

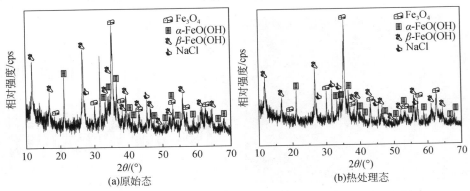

(a)原始态　　　　　　　　　　　　　　　(b)热处理态

图 3-7　X80 管线钢在盐渍土壤模拟溶液中浸泡 90d 后的 XRD 分析

　　EDS 与 XRD 分析表明,试样在浸泡过程中,没有发生硫酸盐还原反应,说明 SO_4^{2-} 基本上不参与反应,其他离子对腐蚀过程的影响也很小,因此在格尔木盐渍土模拟溶液中，Cl⁻对 X80 管线钢的腐蚀起主导作用。以上研究表明，两种状态下的 X80 管线钢均具有一定的点蚀倾向，产生点蚀的原因与腐蚀产物膜自身存在缺陷，如裂缝、孔洞和局部膜脱落，以及 Cl⁻在腐蚀产物膜与基体界面处富积有关[6]。腐蚀性介质会通过这些缺陷进入到膜的内部，腐蚀金属基体导致点蚀的发生。

3.2.3　极化曲线分析

X80 管线钢在不同浓度 NaCl 溶液中的极化曲线如图 3-8 所示。由图可以看出，当 NaCl 浓度为 0.1mol/L 和 0.2mol/L 时，极化曲线很平滑，而随着 NaCl 浓度增加至 0.5mol/L 时，在-450～-400mV 存在一个点蚀电位 E_{pit}，高于此电位后，阳极极化电流密度迅速增大，点蚀能很快发生并发展。最终电流密度在溶液中从大到小的顺序为：0.5mol/L NaCl＞0.2mol/L NaCl＞0.1mol/L NaCl。由此可知，X80 管线钢腐蚀速率随 Cl⁻浓度增加而增大，进一步表明 Cl⁻含量对 X80 管线钢的腐蚀起主导作用。

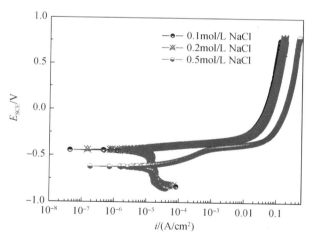

图 3-8　X80 管线钢在不同浓度 NaCl 溶液中的极化曲线

图 3-9 为 X80 管线钢在格尔木土壤模拟溶液中浸泡不同时间后的极化曲线。由图 3-9(a)可以看出，原始态的 X80 管线钢在浸泡 30d 后的阳极极化曲线开始很平滑，金属处于活化状态，随着电位升高，阳极极化曲线图中出现钝化现象，当电位进一步升高，极化曲线再次出现活化现象，这可能是由腐蚀初期 X80 管线钢表面腐蚀产物膜的覆盖效应和膜下腐蚀效应竞争引起的；在浸泡了 60d 之后，阳极反应与阴极反应均受到抑制；随着浸泡时间的进一步增加，阳极反应和阴极反应均得到加强，阳极曲线在-650～-550mV 开始出现一个小区域，在此区域内，电流密度随电位增加变化很小，当电位超过该区域后，电流密度再次大幅度增加，

说明在此区域存在一个点蚀电位 E_{pit}，高于此电位后，点蚀能很快地在 X80 管线钢表面发生并发展。以上分析表明，原始态 X80 管线钢在浸泡了 30d 和 60d 之后，表面主要以全面腐蚀为主，浸泡 90d 之后，钢基表面以点蚀为主。由图 3-9(b)可以看出，热处理态的 X80 管线钢在浸泡 30d 后的阳极极化曲线很平滑，不存在钝化区，说明 X80 管线钢在盐渍土壤模拟溶液中一直处于活化状态，没有钝态出现；在浸泡了 60d 之后，阳极反应与阴极反应均受到抑制，但当电位进一步升高，阳极极化曲线出现腐蚀电流密度加快的平台，说明金属表面已出现点蚀；浸泡了 90d 之后，阳极反应和阴极反应均得到加强，阳极极化曲线一直处于活化状态，腐蚀进一步加速。以上分析表明，热处理态 X80 管线钢在浸泡了 30d 和 60d 之后，表面主要以全面腐蚀为主，而且在浸泡 60d 后，表面出现点蚀，浸泡 90d 之后，钢基表面以点蚀为主。由图 3-9 还可以看出，两种状态下，X80 管线钢的阴极过程均为活化控制，阴极反应均为氧的去极化反应。

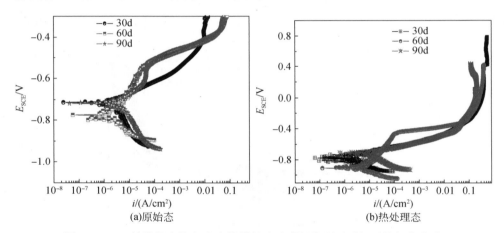

图 3-9　X80 管线钢在格尔木土壤模拟溶液中浸泡不同时间后的极化曲线

表 3-2 是 X80 管线钢在格尔木土壤模拟溶液中不同浸泡时间下的极化曲线拟合结果。从表 3-2 中可以看出，两种状态的 X80 管线钢的 E_{corr} 随着时间的增加先降低后升高，而 E_{corr} 越低，腐蚀倾向越大，这说明 X80 管线钢的腐蚀倾向是先增大后减小；两种状态 X80 管线钢的 i_{corr} 随着浸泡时间的增加呈现出增大—减小—增大的发展趋势，而且 90d 后的 i_{corr} 大于 30d 时的 i_{corr}。由 Farady 第二定律可知，腐蚀电流密度与腐蚀速率之间存在一一对应关系，i_{corr} 越大，腐蚀速率越大，这说明腐蚀速率变化趋势为增大—减小—增大，而 X80 管线钢总的腐蚀趋势在增大，这是由于在反应初期，钢基表面电位较低的部位，如夹杂物周围、凹点内，会优先发生腐蚀，形成腐蚀产物。但是由于这些腐蚀产物薄而且不均匀，没有完全覆盖金属表面，对基体没有保护作用，腐蚀速率会逐渐增大。在反应中期，腐蚀产

物膜厚度增加，减少了金属发生腐蚀电化学反应的有效面积，腐蚀产物结成连续的对钢基具有保护性的膜，延缓了腐蚀性介质进入膜下的速度，相应减少了发生电化学反应的物质数量，因此随腐蚀时间延长，X80 管线钢的腐蚀速率逐渐降低。在反应后期，生成的锈层进一步增厚，最外层锈层由于疏松多孔而从内层大量脱落，锈层厚度减小，致密性降低，腐蚀产物膜本身存在的缺陷方便腐蚀性离子穿过，腐蚀金属基体导致点蚀的发生，因此腐蚀速率再次增大，而且此时的腐蚀速率高于初期的。

表 3-2　X80 管线钢在格尔木土壤模拟溶液中不同浸泡时间下的极化曲线拟合结果

状态	参数	浸泡时间/d		
		30	60	90
原始态	$i_{corr}/(\times 10^{-6} A/cm^2)$	2.390	1.643	3.626
	E_{corr}/mV	−713.745	−777.592	−717.013
热处理态	$i_{corr}/(\times 10^{-6} A/cm^2)$	7.862	4.555	10.44
	E_{corr}/mV	−762.400	−910.388	−712.927

3.2.4　机理分析

综上所述，可以得出 X80 管线钢在格尔木盐渍土壤模拟溶液中的腐蚀机理如下。

阴极反应过程为：

$$2H_2O + O_2 + 4e \longrightarrow 4OH^-$$

这是锈层增厚、颜色加深的原因。

阳极反应过程为：

$$Fe - 2e \longrightarrow Fe^{2+}$$

$$Fe^{2+} - 2OH^- \longrightarrow Fe(OH)_2$$

$$3Fe(OH)_2 + \frac{1}{2}O_2 \longrightarrow Fe_3O_4 + 3H_2O$$

$$4Fe(OH)_2 + O_2 + 2H_2O \longrightarrow 4Fe(OH)_3$$

$$Fe(OH)_3 \longrightarrow FeO(OH) + H_2O$$

$$8FeO(OH) + Fe^{2+} + 2e \longrightarrow 3Fe_3O_4 + 4H_2O$$

可见，X80 管线钢在盐渍土壤模拟溶液中浸泡时的腐蚀产物最初为 $Fe(OH)_2$，然后会被继续缓慢氧化为内层更为稳定的 Fe_3O_4，或经中间产物绿锈而进一步氧化为外层的 $FeO(OH)$，而 $FeO(OH)$ 与 X80 管线钢基体表层溶解的 Fe^{2+} 还可形成稳定的 Fe_3O_4，这就是内层 Fe_3O_4 含量较高且具有保护性的原因。

3.3　本章结论

(1) 在格尔木盐渍土壤模拟溶液中，X80 管线钢经热处理后组织内出现的块状铁素体+珠光体组织部分代替了针状铁素体，导致材料性能恶化，致使热处理态的 X80 管线钢耐蚀性低于原始态。

(2) 在格尔木盐渍土模拟溶液中，随浸泡时间的增加，X80 管线钢平均腐蚀速率明显下降，在浸泡了 30d 和 60d 之后，钢基体表面主要以全面腐蚀为主，浸泡 90d 之后，钢基体表面以点蚀为主。

(3) 原始态和热处理态的 X80 管线钢在格尔木土壤模拟溶液中浸泡不同时间后，其腐蚀产物主要为 α-FeO(OH)、β-FeO(OH) 和 NaCl(表层)以及 Fe_3O_4(内层)。依据锈层对钢基体的保护性大致可分为三个过程：腐蚀初期，锈层不连续、不致密，对钢基体起不到保护作用；腐蚀中期，锈层有足够的厚度和致密性，具有一定保护性；腐蚀后期，外锈层从内锈层脱落，对钢基体的保护性又降低。

(4) 在格尔木土壤模拟溶液中，X80 管线钢阴极反应为氧的去极化，随浸泡时间增加，原始态和热处理态 X80 管线钢的腐蚀速率的变化趋势均为增大—减小—增大，而且浸泡 90d 的腐蚀速率高于初期的，说明 X80 管线钢的腐蚀速率呈增大趋势；Cl^- 对 X80 管线钢的腐蚀起主导作用。

参 考 文 献

[1] 苗承武, 卢绮敏. 西气东输管道规划及其防腐蚀措施[J]. 全面腐蚀控制, 2000, 14(6): 27.

[2] 伍远辉, 孙成, 张淑泉, 等. 湿度对 X70 管线钢在青海盐湖盐渍土壤中腐蚀行为的影响[J]. 腐蚀科学与防护技术, 2005, 17(2): 87-90

[3] 张小立, 冯耀荣, 赵文轸. X80 管线钢的组织和力学性能[J]. 特殊钢, 2006, 27(3): 11-13.

[4] 武俊伟, 李晓刚, 杜翠微, 等. X70 钢在库尔勒土壤中短期腐蚀行为研究[J]. 中国腐蚀与防护学报, 2005, 25(1): 15-19.

[5] 王光雍, 王海红, 李兴濂, 等. 自然环境的腐蚀与防护[M]. 北京: 化学工业出版社, 1997.

[6] 陈长凤, 路民旭, 赵国仙. N80 油管钢 CO_2 腐蚀点蚀行为[J]. 中国腐蚀与防护学报, 2003, 23(1): 21-25.

第 4 章　X80 管线钢在甘肃土壤中的腐蚀行为研究

　　甘肃省地处我国西北地区，气候干燥，蒸发强烈，温度变化剧烈，毛细水因其积盐作用较为显著。该省土壤属于西北盐渍土，盐渍土是指包含碱土、盐土在内的不同程度盐化、碱化土壤的总称，盐渍土对地下管线具有严重的腐蚀性。

　　由于高钢级管道严苛的技术条件，管道的修复质量要求更高，高钢级管道采用焊接技术补修是非常慎重的，目前对于焊接修复的适用性和可靠性正处于研究阶段。西气东输二线工程途径甘肃省武威市的古浪县，古浪土壤是典型的西部盐渍土壤，因此本章选取 X80 管线钢及其配套的 Q345B 套筒，对其母材和焊接热影响区进行理化实验和浸泡实验，其中浸泡溶液选用古浪县的土样，采用失重法、电化学技术结合表面分析方法，对 X80 管线钢的电化学腐蚀行为进行模拟研究，以探索 X80 管线钢在古浪土壤模拟溶液中发生点蚀的敏感性及腐蚀规律，为今后高钢级管道服役及其修复提供数据支持。

4.1　实验材料与方法

4.1.1　实验材料与试样制备

　　同 2.2.1 小节。

4.1.2　实验介质

　　该实验通过在室内模拟浸泡实验的方法研究 X70 管线钢、X80 管线钢以及与其配套的 Q345B 套筒在古浪土壤模拟溶液中的腐蚀规律。实验温度为室温，实验期间定期向容器内加入适量的去离子水以保持土壤的水饱和性。古浪土壤模拟溶液的主要理化性质见表 4-1，实验溶液用分析纯 $NaCl$、Na_2SO_4、$NaHCO_3$ 及去离子水配得。

表 4-1　土壤模拟溶液成分

土样	pH	质量分数/%		
		Cl^-	SO_4^{2-}	HCO_3^-
古浪土壤	7.39	0.201	0.311	0.042

4.1.3　实验方法

同 2.2.3 小节。

4.2　实验结果分析与讨论

4.2.1　失重分析

表 4-2 是 X70 管线钢、X80 管线钢和 Q345B 套筒试样在古浪土壤模拟溶液中浸泡 7d 后的平均腐蚀速率。由表 3-2 可知，这几种材质在古浪土壤模拟溶液中浸泡 7d 后的平均腐蚀速率从高到低的排序为：2#Q345B 套筒母材(0.129mm/a) > 1#Q345B 套筒母材 (0.114mm/a) > 1#Q345B 套筒角焊缝(0.113mm/a) > 1#X80 HAZ(0.111mm/a) > 2#X70 HAZ(0.109mm/a) > 1#X80 母材(0.107mm/a) > 2#X70 母材(0.104mm/a)，根据 NACE RP-0775—2005 标准可知，2#Q345B 套筒母材在古浪土壤模拟溶液中的腐蚀属于严重腐蚀，其余 6 种管材均属于中度腐蚀。以上分析表明，X70 管线钢与 X80 管线钢在古浪土壤模拟溶液中的耐蚀性高于 Q345B 套筒。

表 4-2　试样在古浪土壤模拟溶液中腐蚀 7d 后的失重结果

试样	试样尺寸/mm			失重前质量/g	失重后质量/g	失重质量/g	腐蚀速率/(mm/a)	平均腐蚀速率/(mm/a)	腐蚀程度
	长	宽	厚						
1#Q345B 套筒母材	40.09	10.03	3.09	9.0798	9.0595	0.0203	0.121	0.114	中度腐蚀
	40.01	10.04	3.08	9.0889	9.0713	0.0176	0.105		
	40.05	10.06	3.09	9.1125	9.0928	0.0197	0.117		
1#X80 母材	40.06	10.04	3.09	9.0611	9.0412	0.0199	0.119	0.107	中度腐蚀
	40.07	10.05	3.10	9.0826	9.0657	0.0169	0.101		
	40.08	10.05	3.10	9.0929	9.0758	0.0171	0.102		
2#Q345B 套筒母材	40.09	10.03	3.11	9.0887	9.0678	0.0209	0.124	0.129	严重腐蚀
	40.09	10.06	3.13	9.1038	9.0808	0.0230	0.136		
	40.07	10.07	3.09	9.0857	9.0641	0.0216	0.128		
2#X70 母材	40.07	10.05	3.11	9.0976	9.0814	0.0162	0.096	0.104	中度腐蚀
	40.04	10.05	3.11	9.1019	9.0828	0.0191	0.114		
	40.09	10.04	3.12	9.0850	9.0676	0.0174	0.103		
1#X80 HAZ	39.87	10.11	3.09	8.8910	8.8728	0.0182	0.108	0.111	中度腐蚀
	39.89	10.10	3.07	8.7555	8.7363	0.0192	0.115		
	39.87	10.13	3.08	8.8666	8.8480	0.0186	0.111		

续表

试样	试样尺寸/mm			失重前质量/g	失重后质量/g	失重质量/g	腐蚀速率/(mm/a)	平均腐蚀速率/(mm/a)	腐蚀程度
	长	宽	厚						
1#Q345B套筒角焊缝	39.83	10.06	3.02	8.6322	8.6145	0.0177	0.107		
	39.9	10.05	3.01	8.5876	8.5690	0.0186	0.112	0.113	中度腐蚀
	39.67	10.07	3.02	8.5860	8.5660	0.0200	0.121		
2#X70HAZ	39.96	10.05	3.07	8.9158	8.8987	0.0171	0.102		
	40.02	10.01	3.07	8.8853	8.8673	0.0180	0.108	0.109	中度腐蚀
	40.01	10.01	3.07	8.8827	8.8632	0.0195	0.117		

4.2.2　腐蚀形貌观察与分析

　　图 4-1 为试样在古浪土壤模拟溶液中腐蚀 7d 后的宏观形貌图。由图 4-1 可知，7 种管材的表面均已被腐蚀产物完全覆盖，外层为棕褐色腐蚀产物且比较疏松，有些已经脱落，内层为黑褐色腐蚀产物。

(a)1#Q345B套筒母材

(b)2#Q345B套筒母材

(c)1#X80母材

(d)2#X70母材

(e)1#Q345B套筒角焊缝　　　　　　　　　　(f)1#X80HAZ

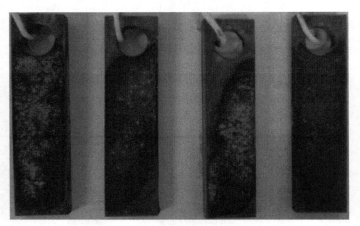

(g)2#X70 HAZ

图 4-1　试样在古浪土壤模拟溶液中腐蚀 7d 后的宏观形貌图

　　图 4-2 为 1#X80 管线钢母材在古浪土壤模拟溶液中腐蚀 7d 后的 SEM 图。由图可以看出，1#X80 管线钢母材的表面已基本被腐蚀产物覆盖[图 4-2(a)和(b)]，且该腐蚀产物可分为三层[图 4-2(c)]，内层为一层比较薄的腐蚀产物[图 4-2(d)]；中间层为花瓣状的腐蚀产物，松散地分布在内层腐蚀产物上，其间存在很多空隙和孔洞[图 4-2(d)]；外层为疏松的团簇状腐蚀产物，零星的分布在花瓣状腐蚀产物上[图 4-2(e)]。整个腐蚀产物并不均匀致密，因此腐蚀性离子可以轻松进入管线钢表面，进而加速腐蚀。

　　图 4-3 和图 4-4 分别为 1#X80 管线钢母材在古浪土壤模拟溶液中腐蚀 7d 后的 EDS 图和 XRD 图。由图 4-3 可以看出，1#X80 管线钢母材表面的外层和中间

层的腐蚀产物主要为 Fe 的氧化物，以及少量 Fe 的氯化物和硫化物；内层腐蚀产物中 Fe 的氧化物、氯化物和硫化物的含量都很高，均高于外层和中间层腐蚀产物。

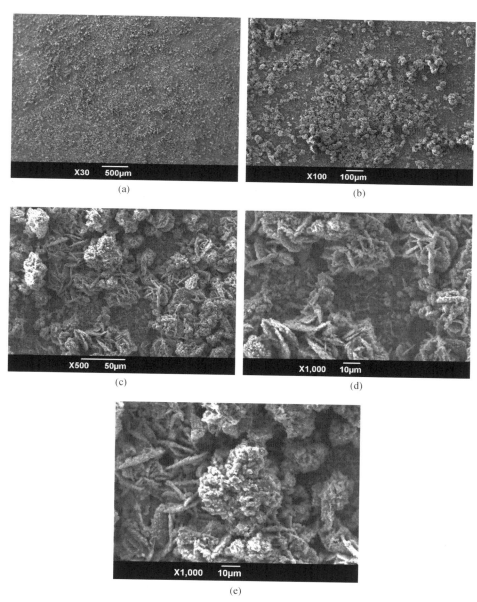

图 4-2　1#X80 管线钢母材在古浪土壤模拟溶液中腐蚀 7d 后的 SEM 图

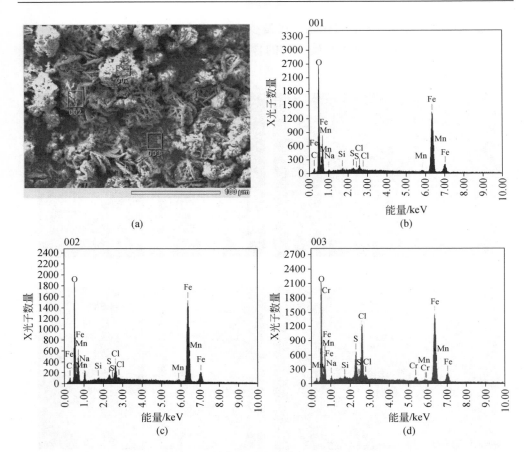

图 4-3　1#X80 管线钢母材在古浪土壤模拟溶液中腐蚀 7d 后的 EDS 图

　　由图 4-4 可知，1#X80 管线钢母材表面的腐蚀产物主要为 Fe_2O_3 和 FeS。Fe_2O_3 的生成主要是由于土壤中发生的氧去极化引起的，FeS 的存在说明 SO_4^{2-} 参与了反应，Cl^- 是管线钢产生局部腐蚀的主要环境因素，其中 Cl^- 是影响土壤腐蚀性的主要因素，Cl^- 的浓度越大，管线钢的失重率越高，腐蚀速率越大。上述分析表明，在古浪土模拟溶液中，土壤中的 O_2、SO_4^{2-} 和 Cl^- 对 X80 管线钢母材的腐蚀起主导作用。

　　图 4-5 为 1#X80 管线钢母材在古浪土壤模拟溶液中腐蚀 7d 去除腐蚀产物后的 SEM 图。由图 4-5 可以看出，由于腐蚀浸泡时间短，试片表面的加工痕迹仍可以看见，试片仅发生了轻微的全面腐蚀和极少量的点腐蚀，且其点蚀坑的形貌为圆形。

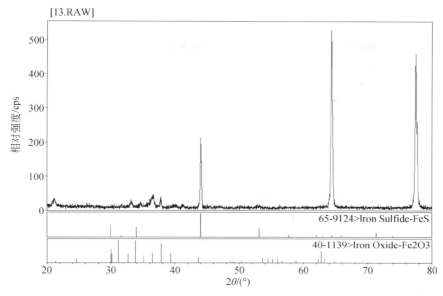

图 4-4　1#X80 管线钢母材在古浪土壤模拟溶液中腐蚀 7d 后的 XRD 图

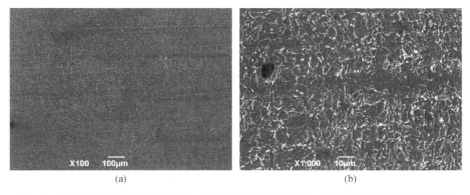

(a)　　　　　　　　　　(b)

图 4-5　1#X80 管线钢母材在古浪土壤模拟溶液中腐蚀 7d 去除腐蚀产物后的 SEM 图

图 4-6 为 1#X80 管线钢 HAZ 在古浪土壤模拟溶液中腐蚀 7d 后的 SEM 图。由图可以看出，1#X80 管线钢 HAZ 表面已基本被腐蚀产物覆盖[图 4-6(a)]，且该腐蚀产物可分为三层，内层为一层比较薄的腐蚀产物[图 4-6(b)]，中间层为花瓣状的腐蚀产物，其间存在很多空隙[图 4-6(c)]，外层为疏松的团簇状腐蚀产物[图 4-6(d)]。整个腐蚀产物并不致密完整，因此腐蚀性的离子可以通过空隙进入管线钢表面，进而加速腐蚀。

图 4-7 和图 4-8 分别为 1#X80 管线钢 HAZ 在古浪土壤模拟溶液中腐蚀 7d 后的 EDS 图和 XRD 图。由图 4-7 可以看出，1#X80 管线钢 HAZ 表面的腐蚀产物主要为 Fe 的氧化物，以及少量 Fe 的硫化物。

图 4-6　1#X80 管线钢 HAZ 在古浪土壤模拟溶液中腐蚀 7d 后的 SEM 图

图 4-7　1#X80 管线钢 HAZ 在古浪土壤模拟溶液中腐蚀 7d 后的 EDS 图

　　由图 4-8 可知，1#X80 管线钢 HAZ 表面的腐蚀产物主要为 Fe_2O_3、FeS 和 FeO(OH)。Fe_2O_3 和 FeO(OH)的产生主要是由于土壤中发生的氧去极化引起的，FeS

的存在说明 SO_4^{2-} 参与了反应，Cl^- 是管线钢产生局部腐蚀的主要环境因素，其中 Cl^- 是影响土壤腐蚀性的主要因素，Cl^- 的浓度越大，管线钢的失重率越高，腐蚀速率越大。上述分析结果表明，在古浪土模拟溶液中，土壤中的 O_2、SO_4^{2-} 和 Cl^- 对 X80 管线钢 HAZ 的腐蚀起主导作用。

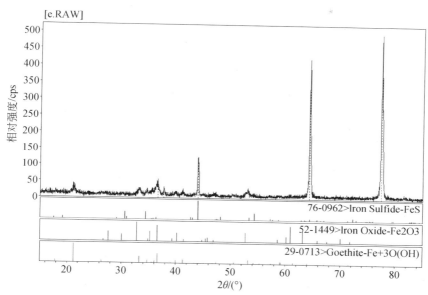

图 4-8　1#X80 管线钢 HAZ 在古浪土壤模拟溶液中腐蚀 7d 后的 XRD 图

图 4-9 是 1#X80 管线钢 HAZ 在古浪土壤模拟溶液中腐蚀 7d 去除腐蚀产物后的 SEM 图。由图可以看出，由于腐蚀浸泡时间短，试片表面的加工痕迹仍可以看见，试片表面发生了溃疡腐蚀和点腐蚀，且其点蚀坑的形貌为开放式的不规则圆形。

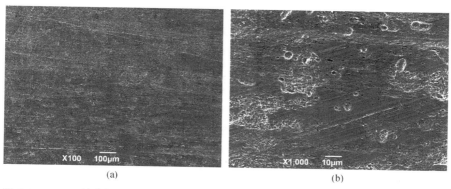

(a)　　　　　　　　　　　　(b)

图 4-9　1#X80 管线钢 HAZ 在古浪土壤模拟溶液中腐蚀 7d 去除腐蚀产物后的 SEM 图

图 4-10 为 1#Q345B 套筒母材在古浪土壤模拟溶液中腐蚀 7d 后的 SEM 图。由图可以看出，1#Q345B 套筒的表面已完全被腐蚀产物覆盖[图 4-10(a)]，且该腐蚀产物可分为三层[图 4-10(b)和(c)]，内层为一层比较薄的连片分布的腐蚀产物[图 4-10(d)]，中间层为花瓣状的腐蚀产物，其间存在很多空隙和孔洞[图 4-10(e)]，外层为疏松多孔的的团簇状腐蚀产物，零星的分布在中间层腐蚀产物上[图 4-10(f)]。整个腐蚀产物并不致密，因此腐蚀性的离子可以通过腐蚀产物中存在的空隙和孔洞进入套筒表面，进而加速套筒的腐蚀。

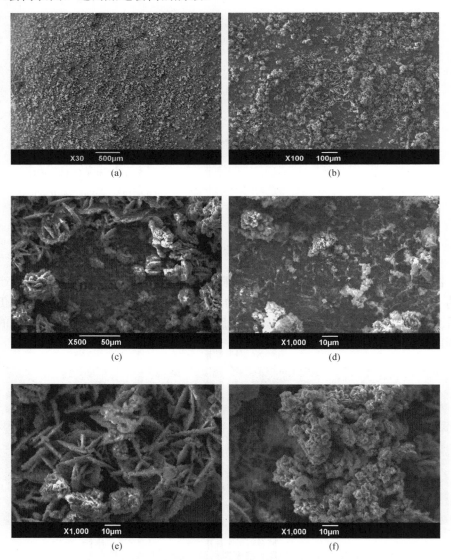

图 4-10　1#Q345B 套筒母材在古浪土壤模拟溶液中腐蚀 7d 后的 SEM 图

图 4-11 和图 4-12 分别为 1#Q345B 套筒母材在古浪土壤模拟溶液中腐蚀 7d 后的 EDS 图和 XRD 图。由图 4-11 可以看出，1#Q345B 套筒表面的内层腐蚀产物中含有大量 Fe 的氧化物和 Fe 的氯化物，以及少量 Fe 的硫化物；而中间层和外层腐蚀产物中均含有大量 Fe 的氧化物，以及少量 Fe 的氯化物和 Fe 的硫化物。

由图 4-12 可以看出，1#Q345B 套筒母材表面的腐蚀产物主要为 FeO(OH)、Fe_2O_3 和 FeS。FeO(OH) 和 Fe_2O_3 的生成主要是由于土壤中发生的氧去极化引起的，FeS 的存在说明 SO_4^{2-} 参与了反应，Cl^- 是管线钢产生局部腐蚀的主要环境因素，其中 Cl^- 是影响土壤腐蚀性的主要因素，Cl^- 的浓度越大，管线钢的失重率越高，腐蚀速率越大。上述分析结果表明，在古浪土壤模拟溶液中，土壤中的 O_2、SO_4^{2-} 和 Cl^- 对 1#Q345B 套筒母材的腐蚀起主导作用。

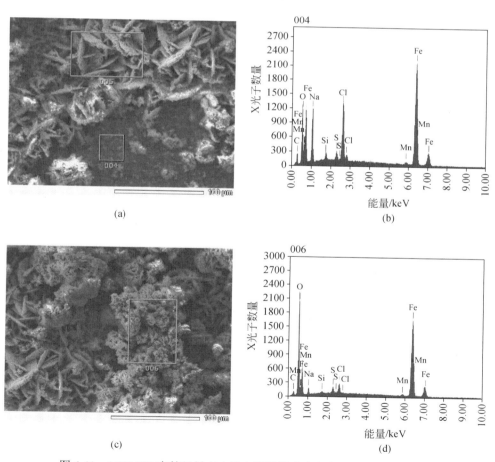

图 4-11　1#Q345B 套筒母材在古浪土壤模拟溶液中腐蚀 7d 后的 EDS 图

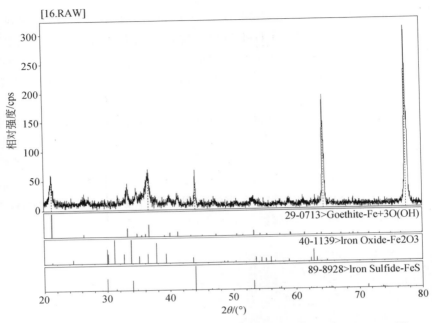

图 4-12　1#Q345B 套筒母材在古浪土壤模拟溶液中腐蚀 7d 后的 XRD 图

　　图 4-13 为 1#Q345B 套筒母材在古浪土壤模拟溶液中腐蚀 7d 去除腐蚀产物后的 SEM 图。由图可以看出，由于腐蚀浸泡时间短，试片表面的加工痕迹仍可以看见，试片表面仅发生了轻微的全面腐蚀和少量的点腐蚀，且其点蚀坑形貌并不规则。

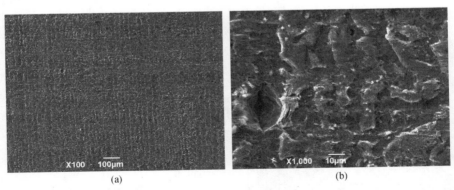

图 4-13　1#Q345B 套筒母材在古浪土壤模拟溶液中腐蚀 7d 去除腐蚀产物后的 SEM 图

　　图 4-14 为 1#Q345B 套筒角焊缝在古浪土壤模拟溶液中腐蚀 7d 后的 SEM 图。由图可以看出，1#Q345B 套筒角焊缝表面已完全被腐蚀产物覆盖[图 4-14(a)]，且该腐蚀产物可分为三层[图 4-14(b)]，内层为一层均匀的连片分布的腐蚀产物，但

是腐蚀产物上出现大量的龟裂纹[图 4-14(c)]，中间层为珊瑚状的腐蚀产物，其间存在很多空隙和孔洞[图 4-14(d)]，外层为疏松多孔的的团簇状和颗粒状腐蚀产物[图 4-14(e)]。整个腐蚀产物并不致密，因此腐蚀性的离子可以通过腐蚀产物中存在的裂纹和孔洞进入套筒表面，进而加速套筒局部腐蚀。

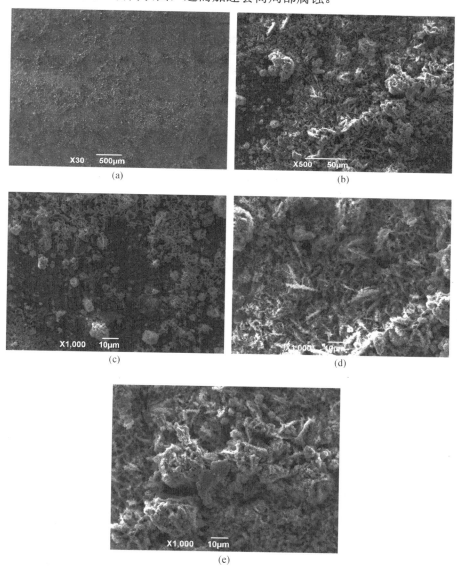

图 4-14　1#Q345B 套筒角焊缝在古浪土壤模拟溶液中腐蚀 7d 后的 SEM 图

图 4-15 和图 4-16 分别为 1#Q345B 套筒角焊缝在古浪土壤模拟溶液中腐蚀 7d

后的 EDS 图和 XRD 图。由图 4-15 可以看出，1#Q345B 套筒角焊缝表面的三层腐蚀产物均主要为 Fe 的氧化物，以及少量 Fe 的硫化物。

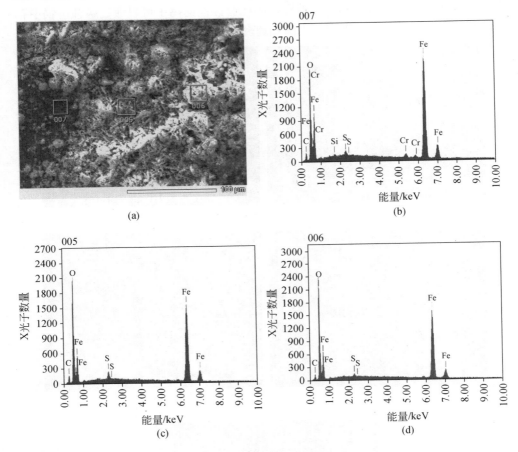

(a)　　　　　　　　　　　　　　　(b)

(c)　　　　　　　　　　　　　　　(d)

图 4-15　1#Q345B 套筒角焊缝在古浪土壤模拟溶液中腐蚀 7d 后的 EDS 图

由图 4-16 可以看出，1#Q345B 套筒角焊缝表面的腐蚀产物主要为 FeS、$Fe_2O_3 \cdot H_2O$ 和 FeO(OH)。$Fe_2O_3 \cdot H_2O$ 和 FeO(OH)的生成主要是由于土壤中发生的氧去极化引起的，FeS 的存在说明 SO_4^{2-} 参与了反应。上述分析表明，在古浪土模拟溶液中，土壤中的 O_2 和 SO_4^{2-} 对 1#Q345B 套筒角焊缝的腐蚀起主导作用。

图 4-17 为 1#Q345B 套筒角焊缝在古浪土壤模拟溶液中腐蚀 7d 去除腐蚀产物后的 SEM 图。由图可以看出，由于腐蚀浸泡时间短，试片表面的加工痕迹仍可以看见，试片表面发生了轻微的全面腐蚀和大量的点腐蚀，且其点蚀坑形貌为不规则的圆形。

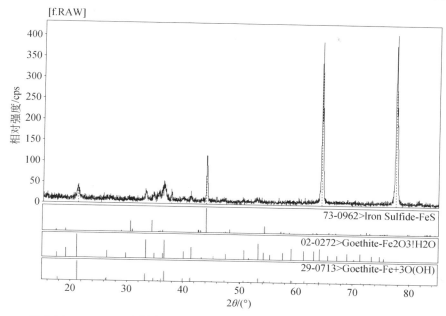

图 4-16　1#Q345B 套筒角焊缝在古浪土壤模拟溶液中腐蚀 7d 后的 XRD 图

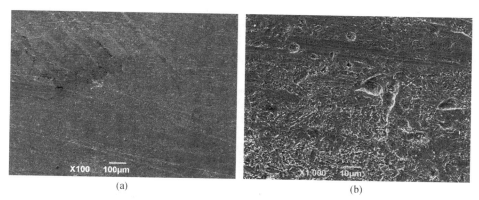

(a)　　　　　　　　　　　　　　　(b)

图 4-17　1#Q345B 套筒角焊缝在古浪土壤模拟溶液中腐蚀 7d 去除腐蚀产物后的 SEM 图

图 4-18 为 2#X70 管线钢母材在古浪土壤模拟溶液中腐蚀 7d 后的 SEM 图。由图可以看出，2#X70 管线钢母材的表面已完全被腐蚀产物覆盖[图 4-18(a)]，且该腐蚀产物可分为三层[图 4-18(b)和(c)]，内层为一层比较薄且均匀分布的腐蚀产物，但是腐蚀产物中间出现很多裂纹[图 4-18(d)]，中间层为花瓣状的腐蚀产物，松散地分布在内层腐蚀产物上，且其间存在很多空隙[图 4-18(c)和(d)]，外层为零星分布的多空隙的团簇状腐蚀产物[图 4-18(e)]。整个腐蚀产物的分布并不均匀致密，腐蚀性的离子可以通过多孔的腐蚀产物和裂纹进入管线钢表面，进而加速管

线钢的局部腐蚀。

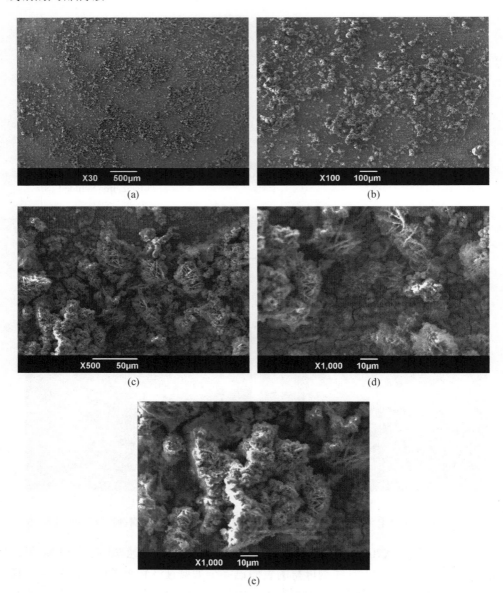

图 4-18　2#X70 管线钢母材在古浪土壤模拟溶液中腐蚀 7d 后的 SEM 图

　　图 4-19 为 2#X70 管线钢母材在古浪土壤模拟溶液中腐蚀 7d 后的 EDS 图。由图 4-19 可以看出，2#X70 管线钢母材表面的三层腐蚀产物均含有大量 Fe 的氧化物，以及少量 Fe 的氯化物和硫化物。

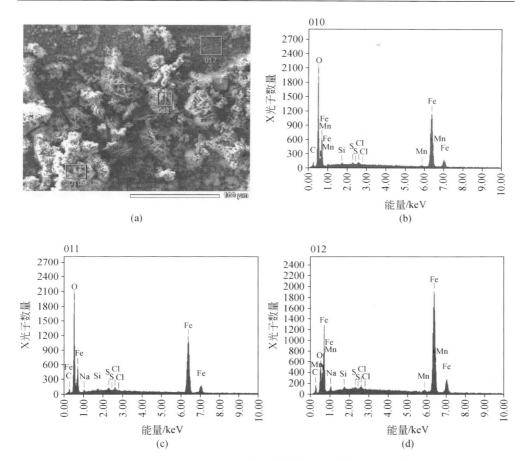

图 4-19　2#X70 管线钢母材在古浪土壤模拟溶液中腐蚀 7d 后的 EDS 图

由图 4-20 可以看出，2#X70 管线钢母材表面的腐蚀产物主要为 FeO(OH)和 FeS。FeO(OH)的生成主要是由于土壤中发生的氧去极化引起的，FeS 的存在说明 SO_4^{2-} 参与了反应，Cl^- 是管线钢产生局部腐蚀的主要环境因素，其中 Cl^- 是影响土壤腐蚀性的主要因素，Cl^- 的浓度越大，管线钢的失重率越高，腐蚀速率越大。上述分析表明，在古浪土模拟溶液中，土壤中的 O_2、SO_4^{2-} 和 Cl^- 对 X70 管线钢母材的腐蚀起主导作用。

图 4-21 为 2#X70 管线钢母材在古浪土壤模拟溶液中腐蚀 7d 去除腐蚀产物后的 SEM 图。可以看出，由于腐蚀浸泡时间短，试片表面的加工痕迹仍可以看见，试片表面主要发生了轻微的全面腐蚀，在试片表面存在少量的点腐蚀，且其点蚀坑较小，形貌为不规则的开放式圆形蚀坑。

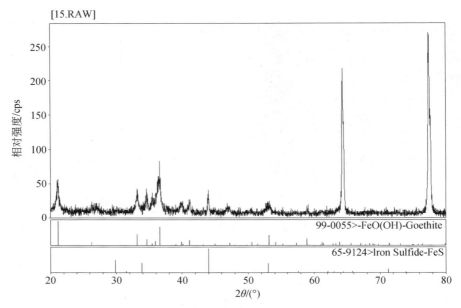

图 4-20　2#X70 管线钢母材在古浪土壤模拟溶液中腐蚀 7d 后的 XRD 图

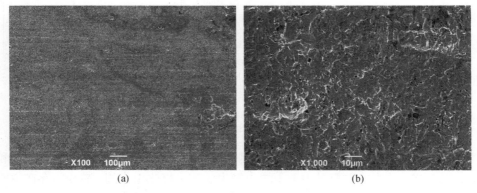

(a)　　　　　　　　　　　　　　　　　　　(b)

图 4-21　2#X70 管线钢母材在古浪土壤模拟溶液中腐蚀 7d 去除腐蚀产物后的 SEM 图

　　图 4-22 为 2#X70 管线钢 HAZ 在古浪土壤模拟溶液中腐蚀 7d 后的 SEM 图。由图可以看出，2#X70 管线钢 HAZ 的表面已基本被腐蚀产物覆盖，且部分腐蚀产物已脱落[图 4-22(a)]，该腐蚀产物可分为三层[图 4-22(b)]，内层为一层比较薄的腐蚀产物[图 4-22(c)]，中间层为花瓣状的腐蚀产物，其间存在很多空隙和孔洞[图 4-22(d)]，外层是团簇状的腐蚀产物，零星覆盖在中间的花瓣层上[图 4-22(d)]。整个腐蚀产物并不均匀致密，因此腐蚀性的离子可以比较容易地通过裂纹和孔洞进入管线钢表面，进而加速管线钢的局部腐蚀。

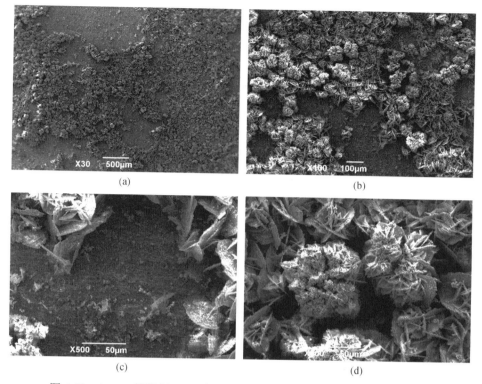

图 4-22　2#X70 管线钢 HAZ 在古浪土壤模拟溶液中腐蚀 7d 后的 SEM 图

图 4-23 和图 4-24 分别为 2#X70 管线钢 HAZ 在古浪土壤模拟溶液中腐蚀 7d 后的 EDS 图和 XRD 图。由图 4-23 可以看出，2#X70 管线钢 HAZ 表面的三层腐蚀产物均主要为 Fe 的氧化物，以及少量 Fe 的氯化物和硫化物。

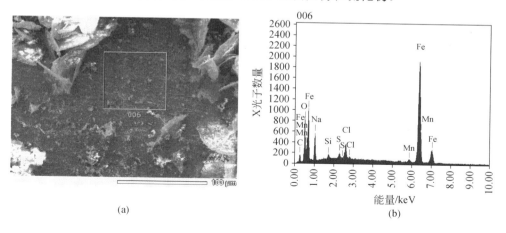

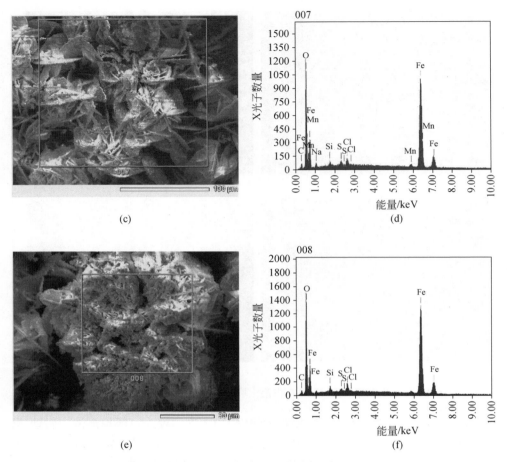

图 4-23　2#X70 管线钢 HAZ 在古浪土壤模拟溶液中腐蚀 7d 后的 EDS 图

由图 4-24 可以看出，2#X70 管线钢 HAZ 表面的腐蚀产物主要为 FeS、Fe_2O_3 和 $Fe_2O_3 \cdot xH_2O$。FeS 的存在说明 SO_4^{2-} 参与了反应，Fe_2O_3 和 $Fe_2O_3 \cdot xH_2O$ 的生成主要是由于土壤中发生的氧去极化引起的，Cl^- 是管线钢产生局部腐蚀的主要环境因素，其中 Cl^- 是影响土壤腐蚀性的主要因素，Cl^- 的浓度越大，管线钢的失重率越高，腐蚀速率越大。上述分析表明，在古浪土模拟溶液中，土壤中的 O_2、SO_4^{2-} 和 Cl^- 对 X70 管线钢 HAZ 的腐蚀起主导作用。

图 4-25 为 2#X70 管线钢 HAZ 在古浪土壤模拟溶液中腐蚀 7d 去除腐蚀产物后的 SEM 图。由图可以看出，由于腐蚀浸泡时间短，试片表面的加工痕迹仍可以看见，试片表面主要发生了轻微的全面腐蚀和局部腐蚀。

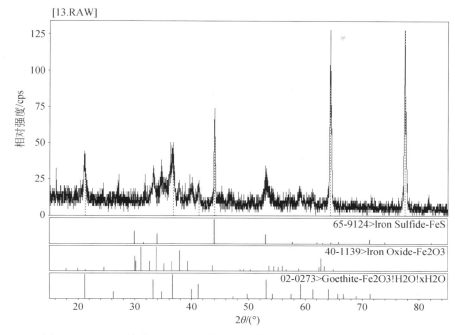

图 4-24　2#X70 管线钢 HAZ 在古浪土壤模拟溶液中腐蚀 7d 后的 XRD 图

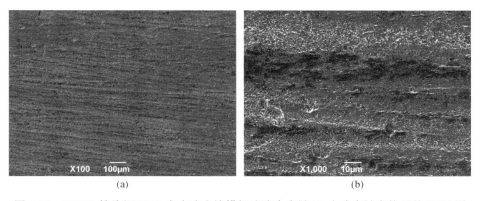

(a)　　　　　　　　　　　　　　　　(b)

图 4-25　2#X70 管线钢 HAZ 在古浪土壤模拟溶液中腐蚀 7d 去除腐蚀产物后的 SEM 图

　　图 4-26 为 2#Q345B 套筒母材在古浪土壤模拟溶液中腐蚀 7d 后的 SEM 图。由图可以看出，2#Q345B 套筒母材表面已完全被腐蚀产物覆盖[图 4-26(a)和(b)]，且该腐蚀产物可分为三层[图 4-26(c)]，内层为一层比较薄的连片分布的腐蚀产物，腐蚀产物上出现很多裂纹[图 4-26(d)]，中间层为花瓣状的腐蚀产物，其间存在很多空隙和孔洞[图 4-26(d)和(e)]，外层是团簇状的腐蚀产物，零星覆盖在中间的花瓣层上[图 4-26(e)]。整个腐蚀产物并不均匀致密，因此腐蚀性的离子可以比较容易地通过裂纹和孔洞进入套筒表面，进而加速套筒的局部腐蚀。

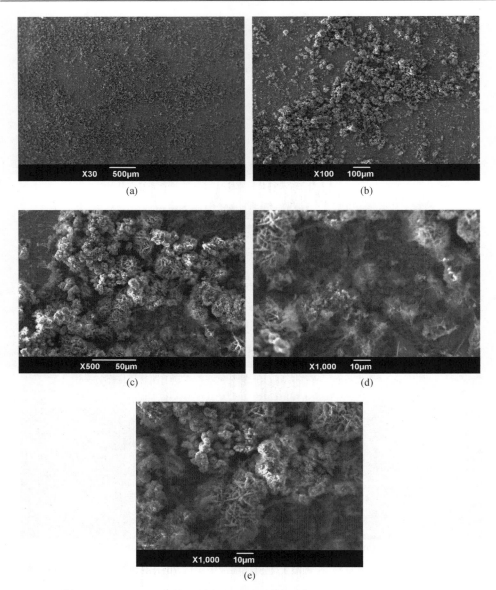

图 4-26　2#Q345B 套筒母材在古浪土壤模拟溶液中腐蚀 7d 后的 SEM 图

　　图 4-27 和图 4-28 分别为 2#Q345B 套筒母材在古浪土壤模拟溶液中腐蚀 7d 后的 EDS 图和 XRD 图。由图 4-27 可以看出，2#Q345B 套筒母材表面的三层腐蚀产物中均含有大量 Fe 的氧化物，以及少量 Fe 的硫化物和氯化物，且内层腐蚀产物中 Fe 的硫化物和氯化物含量明显高于外层和中间层的。

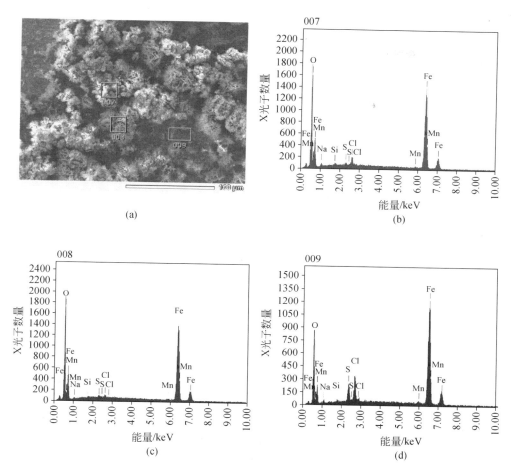

图 4-27　2#Q345B 套筒母材在古浪土壤模拟溶液中腐蚀 7d 后的 EDS 图

由图 4-28 可以看出，2#Q345B 套筒母材表面的腐蚀产物主要为 FeS、FeO(OH) 和 Fe$_2$O$_3$。FeS 的存在说明 SO$_4^{2-}$ 参与了反应，FeO(OH) 和 Fe$_2$O$_3$ 的生成主要是由于土壤中发生的氧去极化引起的，Cl$^-$ 是管线钢产生局部腐蚀的主要环境因素，其中 Cl$^-$ 是影响土壤腐蚀性的主要因素，Cl$^-$ 的浓度越大，管线钢的失重率越高，腐蚀速率越大。上述分析结果表明，在古浪土模拟溶液中，土壤中的 O$_2$、SO$_4^{2-}$ 和 Cl$^-$ 对 2#Q345B 套筒母材腐蚀起主导作用。

图 4-29 为 2#Q345B 套筒母材在古浪土壤模拟溶液中腐蚀 7d 去除腐蚀产物后的 SEM 图。由图可以看出，由于腐蚀浸泡时间短，试片表面的加工痕迹仍可以看见，试片表面主要发生了轻微的全面腐蚀。

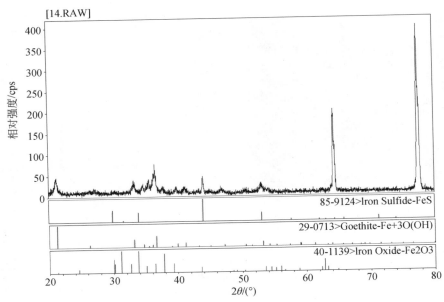

图 4-28　2#Q345B 套筒母材在古浪土壤模拟溶液中腐蚀 7d 后的 XRD 图

图 4-29　2#Q345B 套筒母材在古浪土壤模拟溶液中腐蚀 7d 去除腐蚀产物后的 SEM 图

4.3　本　章　结　论

（1）失重实验得到如下结论。7 种材质在古浪土壤模拟溶液中浸泡 7d 后的平均腐蚀速率从高到低的排序为：2#Q345B 套筒母材(0.129mm/a)＞1#Q345B 套筒母材(0.114mm/a)＞1#Q345B 套筒角焊缝(0.113mm/a)＞1#X80 HAZ(0.111mm/a)＞2#X70 HAZ(0.109mm/a)＞1#X80 母材(0.107mm/a)＞2#X70 母材(0.104mm/a)，根据 NACE RP-0775—2005 标准可知，2#Q345B 套筒母材在古浪土壤模拟溶液中的腐

蚀属于严重腐蚀，其余 6 种管材均属于中度腐蚀。以上分析表明，X70 与 X80 管线钢在古浪土壤模拟溶液中的耐蚀性高于 Q345B 套筒。

(2) SEM 形貌观察表明：X70、X80 管线钢和 Q345B 套筒在古浪土壤模拟溶液中浸泡 7d 后，这几种管材表面均已被腐蚀产物所覆盖，且该腐蚀产物可分为三层，内层为一层出现了很多裂纹的比较薄的腐蚀产物，中间层为花瓣状的腐蚀产物，其间存在很多空隙和空洞，外层为疏松多孔的腐蚀产物。整个腐蚀产物并不致密，因此腐蚀性的离子可以比较容易地通过腐蚀产物中的裂纹和孔洞进入管材表面，进而加速管材的局部腐蚀。由于腐蚀时间较短(7d)，去除腐蚀产物后 7 种管材试片表面的加工痕迹仍可以看见，试片表面主要发生了轻微的全面腐蚀和点腐蚀，且其点蚀坑为不规则的开放式圆形蚀坑。

(3) EDS 分析结果表明，7 种管材表面的腐蚀产物中主要包含了 Fe 的氧化物，以及少量 Fe 的氯化物和硫化物；XRD 分析结果表明，7 中管材表面生成的腐蚀产物的物相结构主要为 Fe_2O_3、$Fe_2O_3 \cdot H_2O$ 或 $FeO(OH)$ 中的 1~3 种，以及少量 FeS 或/和 $Fe_{1-x}S$。另外，古浪土壤中含有一定量的 Cl^-，而 Cl^- 是管线钢产生局部腐蚀的主要环境因素。上述分析结果表明，在古浪土模拟溶液中，土壤中的 O_2、SO_4^{2-} 和 Cl^- 对 7 种管材的腐蚀起主导作用。

第 5 章 X80 管线钢在陕西水饱和土壤中的腐蚀行为研究

管道输送是天然气运输中最便捷、经济、可靠的方式，而埋地油气输送管道由于长期与各种不同类型的土壤相接触而遭受不同程度的腐蚀。目前，土壤腐蚀已成为威胁管道安全运行的重要潜在因素，也是导致管道腐蚀穿孔的基本原因。土壤环境中的材料腐蚀问题已成为地下工程应用所急需解决的一个实际问题[1, 2]。进入 21 世纪，天然气输送管道总的发展趋势是进一步提高天然气输送压力以及采用高钢级管线。我国在西气东输二线工程中首次应用了高钢级 X80 管线钢，目前，X80 管线钢在我国不同地区的土壤模拟溶液中的腐蚀行为已有相关文献进行了报道，但对于 X80 管线钢在国内实际土壤环境中的腐蚀行为研究较少[3-6]。因此，开展 X80 管线钢在我国实际土壤中的耐蚀行为与机理研究是必要的，也是工程上关注的实际问题。

西气东输一线和二线工程途径陕西省北部延安市和榆林市的定边—靖边一带，这一带因盐分长期积累，形成许多盐碱地，属于我国西部典型的盐渍土壤，土壤性质为沙土，土壤溶液呈碱性，含盐量较高，对输气管道的腐蚀威胁将是长期存在的，是管线钢最可能发生点蚀的土壤环境之一[7]。由于 X80 管线钢首次在西气东输二线中投入使用，因此对其在陕北地区土壤中的耐腐蚀性能还不清楚。本章以靖边县、榆林市和延安市三个地区的土壤为腐蚀介质，采用电化学技术结合表面分析方法，对 X80 管线钢在这三个地区水饱和土壤中的短期腐蚀行为进行研究，以探索 X80 管线钢在陕北地区发生局部腐蚀的敏感性及其腐蚀规律。

5.1 实验材料与方法

5.1.1 实验材料与试样制备

实验材料为 X80 管线钢，室温力学性能为：抗拉强度为 703MPa，屈服强度为 664MPa，屈强比为 0.94，延伸率为 26%。X80 管线钢的金相组织由典型的针状铁素体(由粒状贝氏体+多边形铁素体+珠光体)组成[8, 9]，试样直接取自壁厚为 22mm 的直缝焊管，通过线切割加工成 10mm×10mm×2mm 的正方形试样和

40mm×20mm×3mm 的片状。正方形试样用于电化学测量，片状试样用于腐蚀形貌观察。

5.1.2　实验介质

分别选用陕西北部地区靖边县、榆林市和延安市地下约 1m 处的土壤为腐蚀介质，实验土壤直接采用原土，只取出了土中的大石块，未进行其他处理，水饱和土壤是在原土中添加定量的蒸馏水制得。为了避免实验过程中含水量的过大变化，对实验容器进行了密闭处理，但仍留有少量透气孔。实验温度为室温，实验期间定期向实验容器内加入适量的去离子水以保持土壤的水饱和性。

5.1.3　电化学测量

电化学测量采用美国 EG&G 公司的 M2273 电化学测试系统，实验采用三电极体系，X80 管线钢为工作电极，饱和甘汞电极为参比电极，铂片为辅助电极，对腐蚀了不同时间的 X80 管线钢试样进行极化曲线测量，扫描速度为 0.5mV/s，依据 Tafel 曲线外推法比较自腐蚀电流密度 i_{corr}，观察其变化规律；EIS 测试所用频率范围为 10mHz～100kHz，施加的正弦波幅值为 10mV，采用 ZSimpWin 软件进行交流阻抗谱分析。

5.1.4　腐蚀形貌观察

将 X80 管线钢试样腐蚀到一定时间后取出，用去离子水洗去试样表面附着的泥土，保留完整的锈层，用 SEM 观察微观表面腐蚀形貌，EDS 分析腐蚀产物的成分和各种元素的含量。

5.2　实验结果分析与讨论

5.2.1　X80 管线钢在靖边水饱和盐渍土壤中的腐蚀行为研究

1. 电化学分析

图 5-1 是 X80 管线钢在靖边水饱和盐渍土壤中腐蚀不同时间后的极化曲线。由图 5-1 可以看出，X80 管线钢在腐蚀 10d 后的阳极极化曲线很平滑，不存在钝化区，说明 X80 管线钢一直处于活化状态，没有钝态出现；在分别腐蚀 30d 与 50d 后，X80 管线钢的阳极和阴极极化曲线均发生右移，这说明随着腐蚀时间的增加，X80 管线钢的腐蚀一直在加剧，并且在-760～-730mV 均存在一个点蚀电位 E_{pit}，高于此电位后，阳极极化电流密度迅速增大，点蚀能很快地发生、发展，这可能与腐蚀产物膜在高电位下被击穿，腐蚀性离子比较容易穿过腐蚀产物膜，

加速了基体的局部腐蚀，随着局部腐蚀自催化效应的逐步增强，阳极反应会被促进。

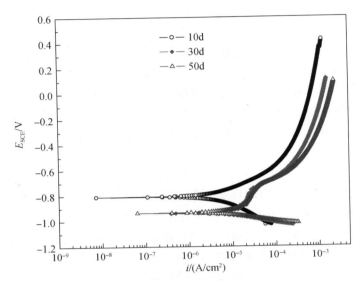

图 5-1　X80 管线钢在靖边水饱和盐渍土壤中腐蚀不同时间后的极化曲线

　　表 5-1 是 X80 管线钢在靖边水饱和盐渍土壤中腐蚀不同时间后的极化曲线拟合结果。由表 5-1 可以看出，随着腐蚀时间由 10d 增加到 30d，X80 管线钢的 E_{corr} 由 −809.000mV 下降到 −941.373mV，下降幅度高达 132.373mV，说明 X80 管线钢的腐蚀倾向明显增加；X80 管线钢的 i_{corr} 由 5.31μA/cm^2 快速增加到 15.28μA/cm^2。由 Farady 第二定律可知，腐蚀电流密度与腐蚀速率之间存在一一对应关系，i_{corr} 越大，腐蚀速率越大，这说明 X80 管线钢的腐蚀速率在快速增大。当腐蚀时间由 30d 增至 50d 时，E_{corr} 基本上保持不变，说明 X80 管线钢的腐蚀已经处于一个稳定阶段；而 X80 管线钢的 i_{corr} 则由 15.28μA/cm^2 增加到 16.94μA/cm^2，这说明 X80 管线钢的腐蚀速率在缓慢增加。

表 5-1　X80 管线钢在靖边水饱和盐渍土壤中不同腐蚀时间下的极化曲线拟合结果

浸泡时间/d	i_{corr}/(μA/cm^2)	E_{corr}/mV
10	5.31	−809.000
30	15.28	−941.373
50	16.94	−937.626

　　为了进一步监测腐蚀过程中不同腐蚀时间后各试样表面腐蚀产物的变化情况，进行交流阻抗测试，其 Nyquist 图谱见图 5-2。从图 5-2(a)中知，腐蚀 10d 后

的阻抗谱在高频区、中频区各有一段容抗弧，低频区显示出有限扩散层厚度的扩散阻抗；腐蚀 30d 后的阻抗谱在高频区和中频区的容抗弧减小，随着腐蚀时间的进一步增加，高频区和中频区变为很小的容抗弧，并逐渐变得不明显，在低频区表现为明显的扩散控制特征，表明试样的土壤腐蚀反应转变为以扩散过程控制为主[10-12]。

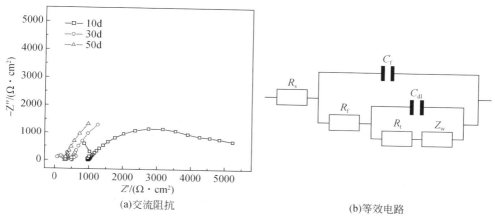

(a)交流阻抗　　　　　　　　　　(b)等效电路

图 5-2　X80 管线钢在靖边水饱和盐渍土壤中浸泡不同时间后的交流阻抗及其等效电路

采用图 5-2(b)的等效电路对阻抗数据进行数值拟合，其中引入的 Warburg 阻抗表示了金属/介质表面的扩散过程，其阻抗表达式见式(5-1)。其中，Z 表示交流阻抗 R_s 表示介质电阻，R_f 表示电极表面腐蚀产物和土粒组成的结合层的电阻，C_f 表示电极表面结合层电容，R_t 表示电荷转移电阻，C_{dl} 表示双电层电容，Z_w 表示 Warburg 阻抗。由于土壤腐蚀的 EIS 弥散效应很强，因此 C_f 和 C_{dl} 均用常相位角(CPE)代替。其中，$CPE = Y_0^{-1}(j\omega)^{-n}$，$Y_0$ 为导纳常数，$j = (-1)^{1/2}$，ω 为角频率[13, 14]。

$$Z = R_s + \cfrac{1}{j\omega C_f + \cfrac{1}{R_f + \cfrac{1}{j\omega C_{dl} + \cfrac{1}{R_t + Z_w}}}} \tag{5-1}$$

表 5-2 是 X80 管线钢在靖边水饱和盐渍土壤中不同浸泡时间下的 EIS 拟合结果。由表 5-2 可知，电荷转移电阻 R_t 随腐蚀时间的增加而增大，其主要原因是反应开始时，在试样新鲜表面上 R_t 较小，随反应的进行，腐蚀产物逐渐增多增厚，由于其在土壤中扩散速度缓慢，在试样表面形成较大的浓度梯度，阳极反应中的扩散步骤成为腐蚀过程的控制步骤，因此 R_t 逐渐增大。Warburg 阻抗 Z_w 随时间延长而增大，这是由于在埋样初期，扰动土中氧含量较高，因此电极

表面附近氧浓度较大，随反应的进行，其浓度逐渐下降，扩散控制作用越来越明显，表现为 Z_w 在反应初期较小，随反应的进行而明显增大。而结合层电阻 R_f 随腐蚀延长而减小，R_f 实际上反映了离子穿越腐蚀区域腐蚀产物和沙粒结合层的阻力，腐蚀初期该结合层疏松多孔，产生的阻力并不大。当反应进行到一定程度后，随着结合层面积的增加，腐蚀性离子具有更多的途径穿越该结合层，参与腐蚀的面积逐渐增大，引起试样表面蚀坑面积和深度的增加，造成金属局部腐蚀加剧，从而导致 R_f 明显减小[10-12]，这与土壤腐蚀形态以及试样表面生成的腐蚀产物膜的完整性和致密性有关，这一结论与极化曲线的分析结果是一致的。

表 5-2　X80 管线钢在靖边水饱和盐渍土壤中不同浸泡时间下的 EIS 拟合结果

浸泡时间/d	R_s /($\Omega \cdot cm^2$)	Y_{0-f} /($\Omega^{-1} \cdot cm^{-2} \cdot s^{-n}$)	n_f	R_f /($\Omega \cdot cm^2$)	Y_{0-dl} /($\Omega^{-1} \cdot cm^{-2} \cdot s^{-n}$)	n_{dl}	R_t /($\Omega \cdot cm^2$)	Z_w/Ω^{-1}
10	0.01	5.62×10^{-9}	0.79	986.1	4.20×10^{-4}	0.66	4428	0.1353
30	1.0×10^{-7}	2.68×10^{-6}	0.58	516.2	1.12×10^{-2}	0.84	5393	8.438
50	0.001	1.18×10^{-9}	1	307.0	1.11×10^{-2}	0.82	8237	3.804×10^8

2. 腐蚀形貌观察及分析

图 5-3 和图 5-4 分别为 X80 管线钢在靖边水饱和盐渍土壤中腐蚀 50d 后的 SEM 形貌和 EDS 分析结果。由图 5-3 可以看出，X80 管线钢表面被腐蚀产物覆盖处的腐蚀产物可分为两层，内层锈层分布较为均匀且致密，与基体结合很牢，这层腐蚀产物对腐蚀性介质渗入到基体起到了一定的阻碍作用，对钢基体具有一定的保护性；外层锈层为大小不等的疏松的块状锈层，其上存在许多孔洞和相互交错的裂缝，腐蚀性离子可以通过其间隙浸入，诱发局部腐蚀，说明外层锈层对基体没有保护作用。

从图 5-4 的 EDS 分析可知，该样品外表面含有较多的 O、Fe、C、Ca、Si、Al 和 S 元素，其中 Si 和 Al 的含量远高于其在管线钢中的含量，说明腐蚀产物中 Si、Al 和 Ca 主要来自于土壤中的盐类成分，且主要起导电作用，对土壤腐蚀性影响不大[15]。另外该样品外表面中的 S 含量也远大于管线钢中，说明土壤腐蚀环境中含有较高的 S 元素，由此可知，X80 管线钢外表面为腐蚀产物(Fe 的氧化物和硫化物)与土壤中盐类(主要为 $CaCO_3$、SiO_2 和 Al_2O_3 等)的混合物[2]。

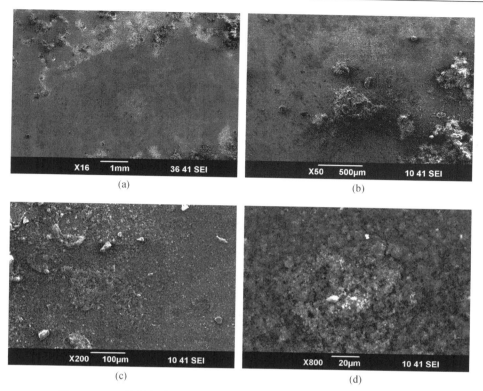

(a)　　　　　　　　　　　　　(b)

(c)　　　　　　　　　　　　　(d)

图 5-3　X80 管线钢在靖边水饱和盐渍土壤中腐蚀 50d 后的 SEM 形貌

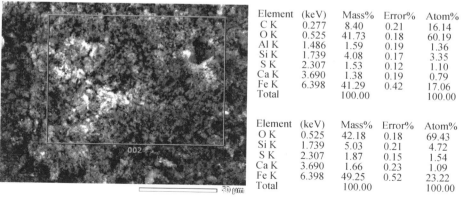

Element	(keV)	Mass%	Error%	Atom%
C K	0.277	8.40	0.21	16.14
O K	0.525	41.73	0.18	60.19
Al K	1.486	1.59	0.19	1.36
Si K	1.739	4.08	0.17	3.35
S K	2.307	1.53	0.12	1.10
Ca K	3.690	1.38	0.19	0.79
Fe K	6.398	41.29	0.42	17.06
Total		100.00		100.00

Element	(keV)	Mass%	Error%	Atom%
O K	0.525	42.18	0.18	69.43
Si K	1.739	5.03	0.21	4.72
S K	2.307	1.87	0.15	1.54
Ca K	3.690	1.66	0.23	1.09
Fe K	6.398	49.25	0.52	23.22
Total		100.00		100.00

(a)

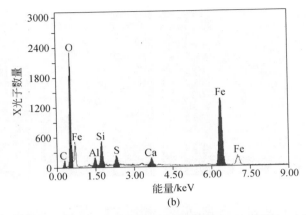

图 5-4   X80 管线钢在靖边水饱和盐渍土壤中腐蚀 50d 后的 EDS 分析结果

对于 X80 管线钢在盐渍土壤中的腐蚀过程而言，其阳极过程为 Fe 的溶解，阴极过程为氧的去极化反应，具体反应如下。

阴极反应过程为：

$$2H_2O + O_2 + 4e \longrightarrow 4OH^-$$

这是锈层增厚、颜色加深的原因。

阳极反应过程为：

$$Fe - 2e \longrightarrow Fe^{2+}$$

$$Fe^{2+} + S^{2-} \longrightarrow FeS$$

$$Fe^{2+} + 2OH^- \longrightarrow Fe(OH)_2$$

Fe^{2+} 经过次生反应生成不溶性氢氧化物：

$$4Fe(OH)_2 + O_2 + 2H_2O \longrightarrow 4Fe(OH)_3$$

在潮湿的土壤环境中，易发生如下反应：

$$2Fe(OH)_3 + Fe(OH)_2 \longrightarrow Fe_3O_4 + 4H_2O$$

可见，X80 管线钢在盐渍土壤中的腐蚀产物最初为 $Fe(OH)_2$，然后会被继续缓慢氧化为内层更稳定且具有一定保护性的 Fe_3O_4[16]。综上所述，X80 管线钢局部腐蚀发生与发展的机理为氧浓差腐蚀电池和局部腐蚀自催化效应，腐蚀速率主要受氧扩散过程控制[17, 18]。

根据以上分析，可以得到如下结论。

(1) 极化曲线分析表明：在靖边水饱和盐渍土壤中，随时间的延长，X80 管线钢的 E_{corr} 下降，i_{corr} 增加，说明腐蚀趋势和腐蚀速率均增加；腐蚀 10d 后，X80 管线钢表面主要以全面腐蚀为主，随腐蚀时间延长，局部腐蚀面积和深度不断增加，腐蚀程度加剧，钢基体表面转为全面腐蚀加局部腐蚀。

(2) 电化学阻抗谱分析表明：腐蚀 10d 后的 EIS 在高频段、中频区各有一容抗弧，低频区表现为有限扩散层厚度的扩散阻抗；随腐蚀时间延长，高频、中频区的容抗弧均明显减小，低频区表现为明显扩散阻抗，表明腐蚀反应转变为以扩散过程控制为主。EIS 解析结果显示，随腐蚀时间延长，结合层电阻明显减小，而电荷转移电阻及扩散阻抗均明显增大，这与土壤腐蚀形态以及试样表面生成的腐蚀产物膜的完整性和致密性有关。

(3) 腐蚀形貌分析表明：腐蚀 50d 后，X80 管线钢腐蚀产物可分为两层，内层锈层分布较为均匀且致密，对钢基体具有一定的保护性，外层锈层疏松多孔多裂缝，对基体没有保护作用；腐蚀产物为 Fe 的氧化物和硫化物与土壤中盐类的混合物。

(4) X80 管线钢局部腐蚀的发生与发展机理为氧浓差腐蚀电池和局部腐蚀自催化效应，腐蚀速率主要受氧扩散过程控制。

5.2.2　X80 管线钢在榆林碱性沙土中的腐蚀行为研究

1. 腐蚀形貌观察及分析

由图 5-5 可知，试样被腐蚀 50d 后，X80 管线钢表面被腐蚀产物覆盖处可分为两层。内层锈层分布较为均匀且致密，与基体结合很牢，这层腐蚀产物对腐蚀性介质渗入到基体起到了一定的阻碍作用，对钢基体具有一定的保护性，腐蚀速率较低，但在该锈层表面存在一些细长的裂纹，腐蚀性离子可以通过裂纹渗入基体表面发生反应，从而诱发局部腐蚀；外层锈层为大小不一、形状各异的棕褐色腐蚀产物组成，其边缘都被一圈白色物质所包围，其上存在许多孔洞和大的裂缝，腐蚀性离子可以通过其间隙浸入，说明外层锈层对基体没有保护作用。

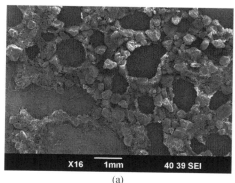
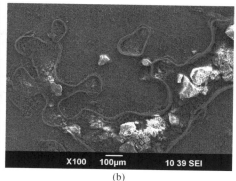

(a)　　　　　　　　　　　　　　　(b)

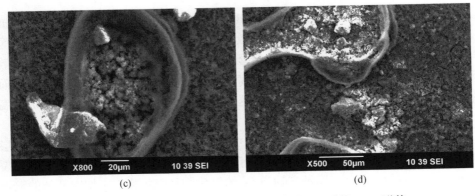

(c)　　　　　　　　　　　　　(d)

图 5-5　X80 管线钢在榆林碱性沙土中腐蚀 50d 后的 SEM 形貌

从图 5-6 可知，X80 管线钢试样在榆林碱性沙土中经 50d 腐蚀后，其表面的腐蚀产物中含有较多的 C、O、Fe、Si 和 S 元素，其中 Si 和 Al 的含量远高于其在管线钢中的含量，说明腐蚀产物中 Si 和 Al 主要来自于土壤中的盐类成分，且主要起导电作用，对土壤腐蚀性影响不大。另外该试样外表面中的 S 含量也远大于管线钢中，说明土壤腐蚀环境中含有较高的硫化物。由此可知，X80 管线钢外表面为腐蚀产物(Fe 的氧化物和硫化物)与土壤中盐类的混合物。

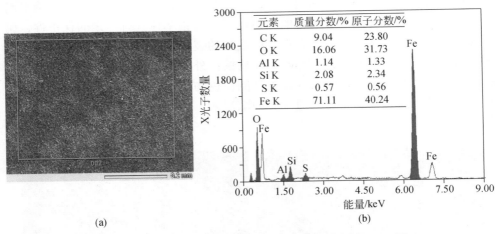

元素	质量分数/%	原子分数/%
C K	9.04	23.80
O K	16.06	31.73
Al K	1.14	1.33
Si K	2.08	2.34
S K	0.57	0.56
Fe K	71.11	40.24

(a)　　　　　　　　　　　　　(b)

图 5-6　X80 管线钢在榆林碱性沙土中腐蚀 50d 后的 EDS 图

2. 电化学分析

由图 5-7 可以看出，在整个实验过程中，X80 管线钢的阳极极化曲线均为活化控制，阴极反应主要为氧的去极化反应；X80 管线钢阳极区均不存在钝化区，说明 X80 管线钢在榆林碱性沙土中没有钝态出现，腐蚀过程的阳极反应主要为铁原子的氧化。由图 5-7 还可以看出，随着腐蚀时间由 13d 延长到 53d，X80 管线钢的阳极和阴极极化曲线均发生右移，说明随着腐蚀时间的延长，X80 管线钢的腐蚀一直在加剧。

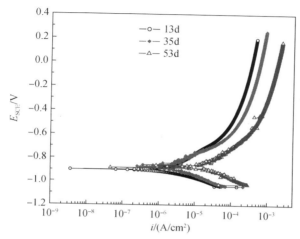

图 5-7　X80 管线钢在榆林碱性沙土中腐蚀不同时间后的极化曲线

由表 5-3 可以看出，随着 X80 管线钢在榆林碱性沙土中腐蚀时间由 13d 延长到 35d，E_{corr} 由-899.54mV 升高到-881.02mV，增加了 18.52mV，增加幅度不大；而 X80 管线钢的 i_{corr} 由 2.217μA/cm² 增加到 2.368μA/cm²。由 Farady 第二定律可知，腐蚀电流密度与腐蚀速率之间存在一一对应的关系，i_{corr} 越大，腐蚀速率越大，这说明 X80 管线钢的腐蚀速率在缓慢增加。当腐蚀时间由 35d 延长至 53d 时，E_{corr} 基本上保持不变，说明 X80 管线钢的腐蚀已经处于一个稳定阶段；而 X80 管线钢的 i_{corr} 则由 2.368μA/cm² 快速增加到 15.180μA/cm²，说明 X80 管线钢的腐蚀速率在快速增加。

表 5-3　X80 管线钢在榆林碱性沙土中不同腐蚀时间下的极化曲线拟合结果

暴露时间/d	i_{corr}/(μA/cm²)	E_{corr}/mV
13	2.217	-899.54
35	2.368	-881.02
53	15.180	-881.98

以上分析表明，随着腐蚀时间的延长，X80 管线钢的腐蚀趋势先略有降低，接着维持在一个稳定阶段，而腐蚀速率的变化趋势为先缓慢增大再快速增大。这是由于在腐蚀 0～13d，X80 管线钢试样为新鲜表面，整个表面首先发生活化溶解，使得腐蚀速率增加，随着腐蚀的进行，试样表面电位较低的部位，如夹杂物周围、

凹点内，会优先形成腐蚀产物，但是由于这些腐蚀产物薄且不均匀，没有完全覆盖住金属表面，对基体起不到保护作用，腐蚀速率会进一步加快；在腐蚀 13～35d，腐蚀产物膜厚度增加，逐渐堆积在试样表面，并结成连续的具有一定保护性的产物膜，但在 X80 管线钢表面的腐蚀产物膜之间存在裂纹，腐蚀性离子可以通过裂纹进入基体表面加速局部腐蚀，因此可以观察到 X80 管线钢的 i_{corr} 随着时间的延长而缓慢增加；随着腐蚀时间的进一步延长(35～53d)，试样表面的腐蚀产物层进一步增厚，最外层锈层由于存在许多孔洞和大的裂缝而允许腐蚀性离子进入基体表面，内层腐蚀产物膜之间进一步出现裂缝，并且裂缝随时间的延长而变宽变深，导致在 X80 管线钢表面形成许多个小阳极-大阴极的局部腐蚀原电池，进而加速金属表面的局部腐蚀，因此腐蚀速率再次增大。

　　从图 5-8 中可以看出，交流阻抗谱表现为高频的双容抗弧和低频的 Warburg 阻抗，随着时间的延长，阻抗弧半径减小，表明金属表面的腐蚀程度在加剧。采用图 5-8(b)的等效电路对阻抗数据进行数值拟合，其中引入的 Warburg 阻抗表示了金属/介质表面的扩散过程，其交流阻抗 Z 表达式见式(5-2)。其中，R_s 表示介质电阻，ω 为角频率，R_f 表示电极表面腐蚀产物和土粒组成的结合层的电阻，C_f 表示腐蚀产物结合层电容，R_t 表示电荷转移电阻，C_{dl} 表示双电层电容，Z_w 表示 Warburg 阻抗。由于土壤腐蚀的 EIS 弥散效应很强，因此 C_f 和 C_{dl} 均用常相位角 (CPE)代替。其中，$CPE = Y_0^{-1}(j\omega)^{-n}$，$Y_0$ 为导纳常数，$j = (-1)^{1/2}$。

$$Z = R_s + \cfrac{1}{j\omega C_f + \cfrac{1}{R_f} + \cfrac{1}{j\omega C_{dl} + \cfrac{1}{R_t + Z_w}}} \tag{5-2}$$

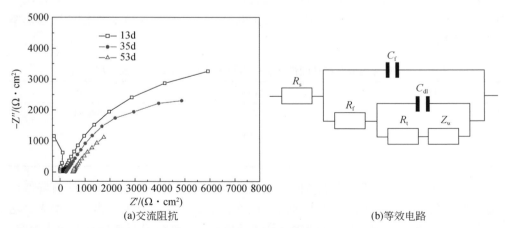

(a)交流阻抗　　　　　　　　　　　　　(b)等效电路

图 5-8　X80 管线钢在榆林碱性沙土中浸泡不同时间后的交流阻抗及其等效电路

实验体系中将极化电阻 R_p 定义为 $R_p=R_t+R_f$，R_p 可以反映出 X80 管线钢腐蚀速率的大小，R_p 越大，腐蚀速率越小[13]。由表 5-4 可知，极化结合层电阻 R_f 和电荷转移电阻 R_t 均随时间延长而减小，因此 R_p 随时间延长而减小，这说明 X80 管线钢腐蚀速率随腐蚀时间的延长而增大，这与试样表面生成的腐蚀产物膜的完整性和致密性有关。这一结论与极化曲线的分析结果是一致的。

表 5-4　X80 管线钢在榆林碱性沙土中不同浸泡时间下的 EIS 拟合结果

浸泡时间/d	R_s /(Ω·cm²)	Y_{0-f} /(Ω⁻¹·cm⁻²·s⁻ⁿ)	n_f	R_f /(Ω·cm²)	Y_{0-dl} /(Ω⁻¹·cm⁻²·s⁻ⁿ)	n_{dl}	R_t /(Ω·cm²)	Z_w/Ω^{-1}
13	0.01	4.26×10^{-10}	1	1915	1.45×10^{-3}	0.75	9201	102.9
35	0.01	3.56×10^{-6}	0.54	1340	1.94×10^{-3}	0.78	8008	3.75×10^{5}
53	0.01	4.11×10^{-10}	1	523	3.92×10^{-3}	0.60	6421	3.57×10^{8}

根据以上分析，可以得到如下结论。

(1) 极化曲线分析表明：随着腐蚀时间的延长，X80 管线钢的腐蚀趋势先是略有降低，接着维持在一个稳定阶段，而腐蚀速率的变化趋势为先缓慢增大再快速增大。极化电阻 R_p 随时间延长而减小，这说明 X80 管线钢腐蚀速率随腐蚀时间的延长而增大，这与试样表面生成的腐蚀产物膜的完整性和致密性有关。

(2) 腐蚀形貌分析表明：腐蚀 50d 后，X80 管线钢腐蚀产物可分为两层，内层锈层分布较为均匀且致密，对钢基体具有一定的保护性；外层锈层存在许多孔洞和大的裂缝，腐蚀性离子可以通过其间隙浸入，对基体没有保护作用。腐蚀产物为 Fe 的氧化物和硫化物与土壤中盐类的混合物。

(3) 在整个实验过程中，随着浸泡时间的延长，X80 管线钢的阳极极化曲线均为活化控制，阴极反应主要为氧的去极化反应。

5.2.3　X80 管线钢在延安水饱和土壤中的腐蚀行为研究

1. 腐蚀形貌观察及分析

由图 5-9 可以看出，经 50d 腐蚀后，试样表面的腐蚀产物覆盖了整个金属表面，紧贴金属表面的锈层分布较为均匀且致密，与基体结合很牢，这层腐蚀产物对腐蚀性介质渗入到基体有一定的阻碍作用，对钢基体具有一定的保护性；外层锈层疏松，为大小不等的、形状各异的疏松腐蚀产物组成，其上存在许多孔洞和裂缝，其边缘被一圈白色物质所包围，腐蚀性离子可以通过其间隙侵入，对基体没有保护作用。

由图 5-10 可知，试样表面腐蚀产物中含有较多的 C、O、Fe、Ca、Si、Al 和 K 元素，其中 Si 和 Al 的含量远高于管线钢中，说明腐蚀产物中 Si、Al、Ca 和 K 主要来自于土壤中的盐类，且主要起导电作用，对土壤腐蚀性影响不大。由此可知，X80 管线钢外表面是腐蚀产物(Fe 的氧化物 Fe_3O_4)与土壤中盐类(主要为 $CaCO_3$ 和 SiO_2 等)的混合物。

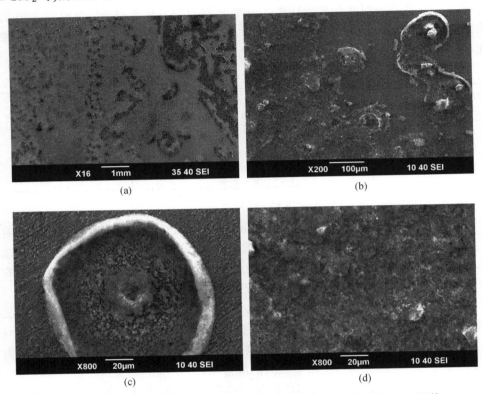

图 5-9　X80 管线钢试样在延安水饱和土壤中腐蚀 50d 后表面的 SEM 形貌

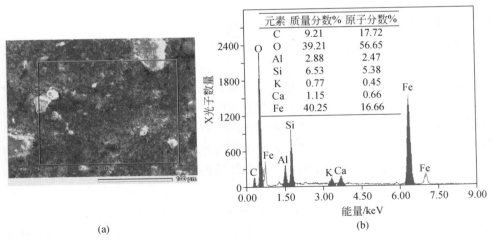

元素	质量分数%	原子分数%
C	9.21	17.72
O	39.21	56.65
Al	2.88	2.47
Si	6.53	5.38
K	0.77	0.45
Ca	1.15	0.66
Fe	40.25	16.66

图 5-10　X80 管线钢在延安水饱和土壤中腐蚀 50d 后表面的 EDS 图

2. 电化学性能

由图 5-11 可以看出，X80 管线钢在腐蚀 10d 和 30d 后的阳极极化曲线很平滑，不存在钝化区，说明 X80 管线钢一直处于活化状态，没有钝态出现；在腐蚀 50d 后，其阳极极化曲线在 $-770 \sim -750 \text{mV}$ 存在一个点蚀电位 E_{pit}，高于此电位后，阳极极化电流密度迅速增大，点蚀能很快发生和发展。这可能是由于腐蚀产物膜在高电位下被击穿，腐蚀性离子比较容易穿过腐蚀产物膜，加速了基体的局部腐蚀，随着局部腐蚀自催化效应的逐步增强，阳极反应会被促进[2]。

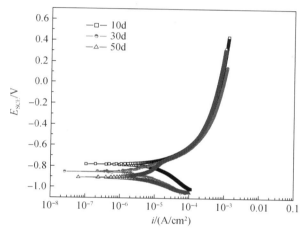

图 5-11　X80 管线钢在延安水饱和土壤中腐蚀不同时间后的极化曲线

由表 5-5 可以看出，随着腐蚀时间增加，X80 管线钢的 E_{corr} 由 -778.810mV 下降到 -906.591mV，下降幅度高达 127.781mV，E_{corr} 越低，腐蚀倾向越大，说明 X80 管线钢的腐蚀倾向明显增加。由 Farady 第二定律可知，i_{corr} 与腐蚀速率之间存在一一对应关系，i_{corr} 越大，腐蚀速率越大，X80 管线钢的 i_{corr} 随浸泡时间的增加先快速减小，后缓慢增大，说明腐蚀速率先减小后增大。以上分析表明，X80 管线钢在腐蚀了 10d 之后，表面主要以全面腐蚀为主，随腐蚀时间增加，全面腐蚀速率明显下降，局部腐蚀程度加剧，钢基体表面转为全面腐蚀加局部腐蚀。

表 5-5　X80 管线钢在延安水饱和土壤中不同腐蚀时间下的极化曲线拟合结果

浸泡时间/d	$i_{\text{corr}}/(\mu\text{A/cm}^2)$	$E_{\text{corr}}/\text{mV}$
10	16.510	−778.810
30	2.696	−825.993
50	6.155	−906.591

从图 5-12(a)中可以看出，腐蚀不同时间后 X80 管线钢的交流阻抗谱表现为高

频的双容抗弧和低频的 Warburg 阻抗。随着时间的推移，阻抗弧半径先增大后减小，表明锈层的保护性先增后减。采用图 5-12(b)的等效电路对阻抗数据进行数值拟合，其中引入的 Warburg 阻抗表示了金属/介质表面的扩散过程。

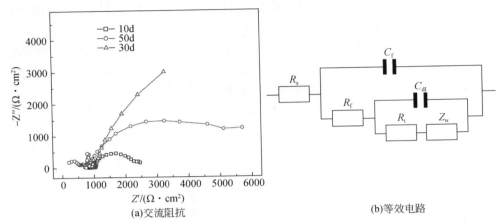

(a)交流阻抗　　　　　　　　　　　　　　(b)等效电路

图 5-12　X80 管线钢在延安水饱和土壤中腐蚀不同时间后的交流阻抗及其等效电路

本体系中将极化电阻 R_p 定义为 $R_p=R_t+R_f$，R_p 可以反映出 X80 管线钢腐蚀速率的大小，R_p 越大，腐蚀速率越小[19]。由表 5-6 可知，R_f 和 R_t 均随时间延长先增大后减小，因此 R_p 随时间延长先增大后减小，这说明 X80 管线钢腐蚀速率的变化趋势为先减小后增大；此外，等效电路中的 n 则反映了 X80 管线钢表面不断生成的腐蚀产物表面均匀性和致密程度的一个重要参数，n 越大表明腐蚀产物膜越致密，缺陷越少[20]。这一结论与极化曲线的分析结果是一致的。

表 5-6　X80 管线钢在延安水饱和土壤中不同腐蚀时间后的 EIS 拟合结果

腐蚀时间/d	R_s/($\Omega \cdot cm^2$)	n_f	R_f/($\Omega \cdot cm^2$)	n_{dl}	R_t/($\Omega \cdot cm^2$)
10	5.63	0.91	867.1	0.64	1645
30	0.07	1	980.1	0.80	11020
50	163.20	—	520.9	0.64	6179

X80 管线钢在延安水饱和土壤中的腐蚀产物最初为 $Fe(OH)_2$，然后会被继续缓慢氧化为内层更为稳定且具有一定保护性的 Fe_3O_4[18]。综上所述，X80 管线钢局部腐蚀发生与发展的机理为氧浓差腐蚀电池和局部腐蚀自催化效应，腐蚀速率主要受氧扩散过程控制[17]。

根据以上分析，可得到如下结论。

(1) 在延安水饱和土壤中，X80 管线钢腐蚀 10d 后，表面主要以全面腐蚀为主，随腐蚀时间延长，全面腐蚀速率明显下降，局部腐蚀程度加剧，钢基体表面转为全面腐蚀加局部腐蚀。

(2) 随着腐蚀时间的延长，X80 管线钢腐蚀趋势增加，而腐蚀速率则先减小后增大。

(3) 腐蚀 50d 后，紧贴 X80 管线钢基体表面的锈层分布较为均匀且致密，对钢基体具有一定保护性，外层锈层疏松多孔多裂缝，对基体没有保护作用，腐蚀产物为铁的氧化物。

(4) X80 管线钢的局部腐蚀发生与发展的机理为氧浓差腐蚀电池和局部腐蚀自催化效应，腐蚀速率主要受氧扩散过程控制。

5.3 　 本 章 结 论

(1) 在靖边水饱和盐渍土壤中，随腐蚀时间的延长，X80 管线钢的腐蚀趋势和腐蚀速率均增加；X80 管线钢表面由以全面腐蚀为主转变为全面腐蚀加局部腐蚀。电化学阻抗谱解析结果显示，随腐蚀时间延长，结合层电阻明显减小，而电荷转移电阻及扩散阻抗均明显增大，这与土壤腐蚀形态以及试样表面生成的腐蚀产物膜的完整性和致密性有关。X80 管线钢的局部腐蚀发生与发展的机理为氧浓差腐蚀电池和局部腐蚀自催化效应，腐蚀速率主要受氧扩散过程控制。

腐蚀形貌分析表明，腐蚀 50d 后 X80 管线钢腐蚀产物可分为两层，内层锈层分布较为均匀且致密，对钢基体具有一定的保护性，外层锈层疏松多孔多裂缝，对基体没有保护作用；腐蚀产物为 Fe 的氧化物和硫化物与土壤中盐类的混合物。

(2) 在榆林碱性沙土中，随着腐蚀时间的延长，腐蚀速率的变化趋势为先缓慢增大再快速增大。极化电阻 R_p 随时间延长而减小，这说明 X80 管线钢腐蚀速率随腐蚀时间的延长而增大，这与试样表面生成的腐蚀产物膜的完整性和致密性有关。

X80 管线钢腐蚀 50d 后的腐蚀产物可分为两层，内层锈层分布较为均匀且致密，对钢基体具有一定的保护性，外层锈层存在许多孔洞和大的裂缝，腐蚀性离子可以通过其间隙浸入，对基体没有保护作用；腐蚀产物为 Fe 的氧化物和硫化物与土壤中盐类的混合物。在整个实验过程中，随着浸泡时间的延长，X80 管线钢的阳极极化曲线均为活化控制，阴极反应主要为氧的去极化反应。

(3) 在延安水饱和土壤中，随腐蚀时间延长，X80 管线钢腐蚀趋势增加，而腐蚀速率则先减小后增大。X80 管线钢表面的腐蚀由全面腐蚀为主转为全面腐蚀加局部腐蚀。X80 管线钢的局部腐蚀发生与发展的机理为氧浓差腐蚀电池和局部腐蚀自催化效应，腐蚀速率主要受氧扩散过程控制。腐蚀 50d 后，紧贴 X80 管线钢基体表面的锈层分布较为均匀且致密，对钢基体具有一定保护性，外锈层疏松多孔多裂缝，对基体没有保护作用，腐蚀产物为 Fe 的氧化物。

参 考 文 献

[1] 曹楚南. 中国材料的自然环境腐蚀[M]. 北京: 化学工业出版社, 2005.

[2] 李晓刚, 杜翠微, 董超芳. X70 钢的腐蚀行为与实验研究[M]. 北京: 科学出版社, 2006.

[3] 胥聪敏, 石凯. X80 管线钢在格尔木土壤模拟溶液中的耐腐蚀性能[J]. 化工学报, 2009, 60(6): 1513-1518.

[4] 胥聪敏. X80 管线钢在模拟盐碱土壤介质中的电化学腐蚀行为研究[J]. 材料工程, 2009, (9): 66-70.

[5] 胥聪敏, 霍春勇, 熊庆人, 等. X80 管线钢在酸性土壤模拟溶液中的腐蚀行为[J]. 机械工程材料, 2009, 33(5): 29-32.

[6] 胥聪敏. X80 管线钢在库尔勒土壤环境中的电化学腐蚀行为研究[J]. 材料保护, 2009, 42(8): 23-26.

[7] 侯金武, 殷跃平, 颜宇森. 西气东输管道工程地质灾害危险性研究[M]. 北京: 中国大地出版社, 2005.

[8] ZHOU Y, XUE X H, QIAN B N, et al. Microstructure and property of coarse grain HAZ X80 pipeline steel[J]. Journal of Iron and Steel Research(International), 2005, 12(6): 54-58.

[9] 冯耀荣, 高惠临, 霍春勇. 管线钢显微组织的分析与鉴别[M]. 西安: 陕西科学技术出版社, 2008.

[10] 李谋成, 林海潮, 曹楚南. 碳钢在土壤中腐蚀的电化学阻抗谱特征[J]. 中国腐蚀与防护学报, 2000, 20(2): 111-117.

[11] 聂向晖, 李晓刚, 杜翠薇. Q235 在不同含水量滨海盐土中腐蚀的电化学阻抗分析[J]. 材料工程, 2009, (6): 15-19.

[12] 王文杰, 邱于兵, 金名惠. X70 钢在库尔勒土中腐蚀初期的电化学阻抗特征[J]. 材料保护, 2007, 40(12): 18-21.

[13] 费小丹, 李明齐, 许红梅, 等. 湿度对 X70 钢在卵石黄泥土中腐蚀行为影响的电化学研究[J]. 腐蚀科学与防护技术, 2007, 19(1): 35-37.

[14] XU C M, ZHANG Y H, CHENG G X, et al. Pitting corrosion behavior of 316L stainless steel in the media of sulphate-reducing and iron-oxidizing bacteria[J]. Materials Characterization, 2008, 59(3): 245-255.

[15] 赵麦群, 雷阿丽. 金属的腐蚀与防护[M]. 北京: 国防工业出版社, 2004.

[16] 胥聪敏, 戚东涛. X80 管线钢在模拟西北盐渍土壤环境中的电化学腐蚀行为[J]. 机械工程材料, 2009, 33(8): 60-64.

[17] 曹楚南. 腐蚀电化学原理[M]. 北京: 化学工业出版社, 1985.

[18] GARDINER C P, MELCHERS R E. Corrosion of mild steel in porous media[J]. Corrosion Science, 2002, 44: 2459-2478.

[19] 杜翠薇, 刘智勇, 梁平. 不同组织 X70 钢在库尔勒含饱和水土壤中的短期腐蚀行为[J]. 金属热处理, 2008, (6): 15-19.

[20] HAMADOU L, KADRI A, BENBRAHIM N. Characterization of passive film s formed on low carbon steel in borate buffer solution by electrochemical impedance spectroscopy [J]. Applied Surface Science, 2005, 252(5): 1510-1519.

第6章 X80管线钢在河南水饱和土壤中的腐蚀行为研究

我国西气东输二线工程管道途经河南省洛阳市，洛阳土壤溶液呈中性，由于X80管线钢首次在二线工程中投入使用，因此对X80管线钢在洛阳土壤中的耐腐蚀性能还不清楚。本章以洛阳土壤为腐蚀介质，采用电化学技术结合表面分析方法，对X80管线钢在洛阳水饱和土壤中的电化学腐蚀行为进行了研究，以探索该X80管线钢发生局部腐蚀的敏感性及其腐蚀规律。

6.1 实验材料与方法

6.1.1 实验材料与试样制备

实验材料为X80管线钢，室温力学性能为：抗拉强度为703MPa，屈服强度为664MPa，屈强比为0.94，延伸率为26%。X80管线钢的金相组织由典型的针状铁素体(由粒状贝氏体+多边形铁素体+珠光体)组成，试样直接取自壁厚为22mm的直缝焊管，通过线切割加工成 10mm×10mm×2mm 的正方形试样和40mm×20mm×3mm 的片状试样。正方形试样用于电化学测量，片状试样用于腐蚀形貌观察。

6.1.2 实验介质

选用河南省洛阳市地下约 1m 处深度的土壤为腐蚀介质。实验土壤直接采用原土，只取出了土中的大石块，未进行其他处理，水饱和土壤是在原土中添加定量的蒸馏水制得。实验温度为室温，为了避免实验过程中含水量的过大变化，对实验容器进行了密闭处理，但仍留有少量透气孔。

6.1.3 电化学测量

电化学测量采用美国 EG&G 公司的 M2273 电化学测试系统，实验采用三电极体系，X80 管线钢为工作电极，饱和甘汞电极为参比电极，铂片为辅助电极，对腐蚀了不同时间的 X80 管线钢试样进行极化曲线测量，扫描速度为 0.5mV/s，依据 Tafel 曲线外推法比较自腐蚀电流密度 i_{corr}，观察其变化规律；交流阻抗谱测试所用频率范围为 10mHz～100kHz，施加的正弦波幅值为 10mV，采用 ZSimpWin 软件进行交流阻抗谱分析。

6.1.4　腐蚀形貌观察

　　将 X80 管线钢试样腐蚀到一定时间后取出，用去离子水洗去试样表面附着的泥土，保留完整的锈层，用 SEM 观察微观表面腐蚀形貌，EDS 分析腐蚀产物的成分和各种元素的含量。

6.2　实验结果分析与讨论

6.2.1　电化学分析

　　图 6-1 是 X80 管线钢在洛阳水饱和土壤中腐蚀不同时间后的极化曲线。由图 6-1 可以看出，X80 管线钢在腐蚀 10d 和 30d 后的阳极极化曲线很平滑，不存在钝化区，说明 X80 管线钢一直处于活化状态，没有钝态出现，并且腐蚀 30d 后的阳极极化曲线与腐蚀 10d 后的曲线相比向右移动；在腐蚀 50d 后，X80 管线钢的阳极极化曲线发生明显右移，并且在-780～-760mV 存在一个点蚀电位 E_{pit}，高于此电位后，阳极极化电流密度迅速增大，点蚀能很快地发生并发展。这可能与腐蚀产物膜在该电位下被击穿，腐蚀性离子比较容易穿过腐蚀产物膜，加速了基体的局部腐蚀，随着局部腐蚀自催化效应和局部腐蚀坑内氧浓差腐蚀过程的逐步增强，阳极反应会被促进。以上分析说明，随着腐蚀时间的增加，X80 管线钢的腐蚀一直在加剧。

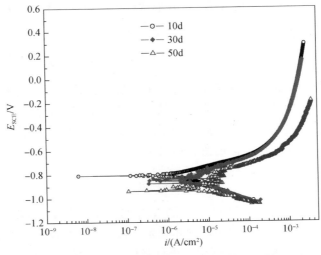

图 6-1　X80 管线钢在洛阳水饱和土壤中腐蚀不同时间后的极化曲线

　　表 6-1 是 X80 管线钢在洛阳水饱和土壤中腐蚀不同时间后的极化曲线拟合结果。由表 6-1 可以看出，随着腐蚀时间由 10d 增加到 30d，X80 管线钢的 E_{corr} 由 -806mV 下降到 -856mV，下降幅度达 50mV，说明 X80 管线钢的腐蚀倾向在增加；X80 管线钢的 i_{corr} 由 1.910μA/cm² 增加到 3.658μA/cm²。由 Farady 第二定律可知，i_{corr} 与腐蚀速率之间存在一一对应关系，i_{corr} 越大，腐蚀速率越大，说明 X80 管线钢的腐蚀速率在增大。当腐蚀时间由 30d 增至 50d 时，E_{corr} 下降了 81mV，说明 X80 管线钢腐蚀倾向进一步增加，X80 管线钢的 i_{corr} 则由 3.658μA/cm² 增加到 11.860μA/cm²，这说明 X80 管线钢的腐蚀速率进一步增加。

表 6-1　X80 管线钢在洛阳水饱和土壤中不同腐蚀时间后的极化曲线拟合结果

浸泡时间/d	$i_{corr}/(\mu A/cm^2)$	E_{corr}/mV
10	1.910	-806
30	3.658	-856
50	11.860	-937

　　为了进一步监测腐蚀过程中不同腐蚀时间后各试样表面腐蚀产物的变化情况，进行了交流阻抗测试，其 Nyquist 图谱见图 6-2。从图 6-2(a)中知，腐蚀 10d 后的阻抗谱在高频区与中频区表现为一段容抗弧，低频区显示出有限扩散层厚度的扩散阻抗；腐蚀 30d 后的阻抗谱在高频区和中频区的容抗弧减小，随着腐蚀时间的进一步增加，高频区和中频区变为很小的容抗弧，并逐渐变得不明显，在低频区表现为明显的扩散控制特征，表明试样的土壤腐蚀反应转变为以扩散过程控制为主[1-3]。

　　采用图 6-2(b)的等效电路对阻抗数据进行数值拟合，其中引入的 Warburg 阻抗表示了金属/介质表面的扩散过程，其阻抗表达式见式(6-1)。其中，R_s 表示介质电阻，R_f 表示电极表面腐蚀产物和土粒组成的结合层的电阻，C_f 表示电极表面结合层电容，R_t 表示电荷转移电阻，C_{dl} 表示双电层电容，Z_w 表示 Warburg 阻抗。由于土壤腐蚀的 EIS 弥散效应很强，因此 C_f 和 C_{dl} 均用常相位角(CPE)代替。其中，$CPE=Y_0^{-1}(j\omega)^{-n}$，$Y_0$ 为导纳常数，$j=(-1)^{1/2}$，ω 为角频率[4,5]。

$$Z = R_s + \cfrac{1}{j\omega C_f + \cfrac{1}{R_f} + \cfrac{1}{j\omega C_{dl} + \cfrac{1}{R_t + Z_w}}} \tag{6-1}$$

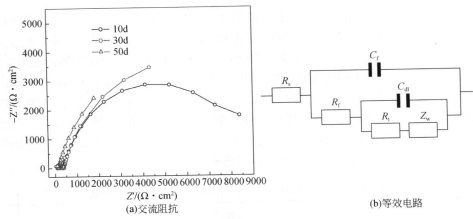

图 6-2　X80 管线钢在洛阳水饱和土壤中腐蚀不同时间后的交流阻抗及其等效电路

　　表 6-2 为 X80 管线钢在洛阳水饱和土壤中不同腐蚀时间下的 EIS 拟合结果。由表可知，R_t 随腐蚀时间的增加而增大，其主要原因是反应开始时，在试样新鲜表面上 R_t 较小，随着反应的进行，腐蚀产物逐渐增多增厚，由于其在土壤中扩散速度缓慢，在试样表面形成较大的浓度梯度，阳极反应中的扩散步骤成为腐蚀过程的控制步骤，因此 R_t 逐渐增大。Warburg 阻抗 Z_w 随时间延长而增大，这是由于在埋样初期，扰动土中氧含量较高，因此电极表面附近氧浓度较大。随着反应的进行，其浓度逐渐下降，氧扩散控制作用越来越明显，表现为 Z_w 在反应初期较小，随反应的进行而明显增大。而结合层电阻 R_f 随腐蚀延长而减小，R_f 实际反映离子穿越腐蚀区域腐蚀产物和沙粒结合层的阻力，腐蚀初期该结合层疏松多孔，产生的阻力并不大。当反应进行到一定程度后，随着结合层面积的增加，腐蚀性离子具有更多的途径穿越该结合层，参与腐蚀的面积逐渐增大，引起试样表面蚀坑面积和深度的增加，造成金属局部腐蚀加剧，从而导致 R_f 明显减小[1-3]。这一结论与极化曲线的分析结果是一致的。

表 6-2　X80 管线钢在洛阳水饱和土壤中不同腐蚀时间下的 EIS 拟合结果

浸泡时间/d	R_s /($\Omega \cdot cm^2$)	$Y_{0\text{-}f}$ /($\Omega^{-1} \cdot cm^{-2} \cdot s^{-n}$)	n_f	R_f /($\Omega \cdot cm^2$)	$Y_{0\text{-}dl}$ /($\Omega^{-1} \cdot cm^{-2} \cdot s^{-n}$)	n_{dl}	R_t /($\Omega \cdot cm^2$)	Z_w/Ω^{-1}
10	1.0×10^{-7}	8.90×10^{-10}	1.00	441.5	5.35×10^{-4}	0.77	8880	3.03×10^{-12}
30	1.0×10^{-7}	1.42×10^{-5}	0.49	389.4	2.08×10^{-3}	0.81	9431	9.75×10^{9}
50	1.4×10^{-7}	6.93×10^{-9}	1.00	138.1	4.64×10^{-3}	0.79	10540	4.04×10^{13}

6.2.2　腐蚀形貌观察及分析

　　图 6-3 和图 6-4 分别为 X80 管线钢试样在洛阳水饱和土壤中经 50d 腐蚀后的

腐蚀产物形貌和 EDS 分析结果。由图 6-3 可以看出，X80 管线钢表面被腐蚀产物完全覆盖，紧贴钢基体表面处的锈层分布较为均匀且致密，与基体结合很牢，这层腐蚀产物对腐蚀性介质渗入到基体起到了一定的阻碍作用，对钢基体具有一定的保护性，外层锈层为大小不等的疏松多孔的块状和圆片状锈层，其上存在许多孔洞和相互交错的裂缝，腐蚀性离子可以通过其间隙浸入，诱发局部腐蚀，说明外层锈层对基体没有保护作用。从 EDS 分析可知，该样品外表面含有较多的 O、Fe、C、Ca、S、Si、Al 和 K 元素，其中 Si 和 Al 的含量远高于其在管线钢中的含量，说明腐蚀产物中 Si、Al 和 Ca 主要来自于土壤中的盐类成分，且主要起导电作用，对土壤腐蚀性影响不大[15](图 6-4)。另外该样品外表面中的 S 含量也远大于管线钢中，说明土壤腐蚀环境中含有很高的 S。由此可知，X80 管线钢外表面为腐蚀产物(Fe 的氧化物 Fe_3O_4 和 Fe 的硫化物 FeS)与土壤中盐类(主要为 $CaCO_3$、SiO_2 和 Al_2O_3 等)的混合物。

对于 X80 管线钢在洛阳土壤中的腐蚀过程而言，其阳极过程 Fe 的溶解，阴极过程为氧的去极化反应，具体反应参考文献[7]。综上所述，X80 管线钢局部腐蚀发生与发展的机理为局部腐蚀自催化效应和氧浓差腐蚀电池，腐蚀速率主要受氧扩散过程控制[8, 9]。

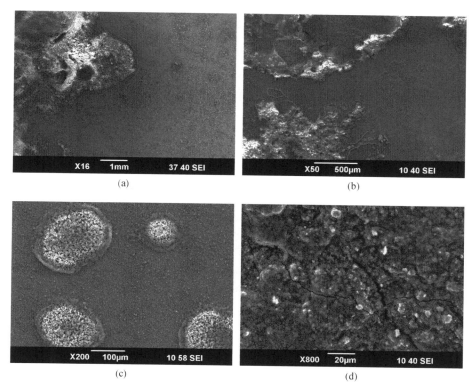

(a)　(b)　(c)　(d)

图 6-3　X80 管线钢在洛阳水饱和土壤中腐蚀 50d 后的 SEM 形貌

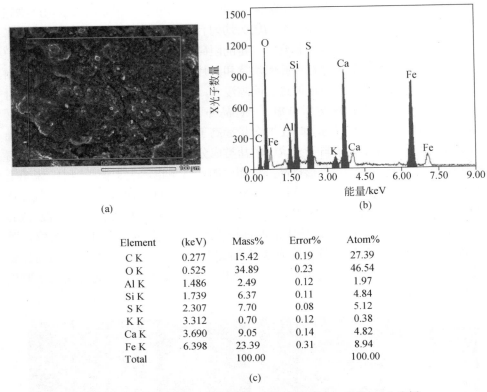

Element	(keV)	Mass%	Error%	Atom%
C K	0.277	15.42	0.19	27.39
O K	0.525	34.89	0.23	46.54
Al K	1.486	2.49	0.12	1.97
Si K	1.739	6.37	0.11	4.84
S K	2.307	7.70	0.08	5.12
K K	3.312	0.70	0.12	0.38
Ca K	3.690	9.05	0.14	4.82
Fe K	6.398	23.39	0.31	8.94
Total		100.00		100.00

(c)

图 6-4　X80 管线钢在水饱和洛阳土壤中腐蚀 50d 后的 EDS 分析

6.3　本 章 结 论

(1) 在洛阳水饱和土壤中，随腐蚀时间的延长，X80 管线钢的腐蚀趋势和腐蚀速率均增加；表面的局部腐蚀面积和深度也在不断增加，腐蚀程度加剧；腐蚀产物主要为 Fe 的氧化物、Fe 的硫化物与土壤中盐类的混合物。

(2) 腐蚀 10d 后的 EIS 在高频段、中频区为一容抗弧，低频区表现为有限扩散层厚度的扩散阻抗；随腐蚀时间延长，高频、中频区的容抗弧明显减小，低频区表现为明显扩散阻抗，表明腐蚀反应转变为以扩散过程控制为主。EIS 解析结果显示，随腐蚀时间延长，结合层电阻明显减小，而电荷转移电阻及扩散阻抗均明显增大。

(3) X80 管线钢的局部腐蚀发生与发展的机理为局部腐蚀自催化效应和氧浓差腐蚀电池，腐蚀速率主要受氧扩散过程控制。

参 考 文 献

[1] 李谋成, 林海潮, 曹楚南. 碳钢在土壤中腐蚀的电化学阻抗谱特征[J]. 中国腐蚀与防护学报, 2000, 20(2): 111-117.

[2] 聂向晖, 李晓刚, 杜翠薇. Q235 在不同含水量滨海盐土中腐蚀的电化学阻抗谱分析[J]. 材料工程, 2009, (6): 15-19.

[3] 王文杰, 邱于兵, 金名惠. X70 钢在库尔勒土中腐蚀初期的电化学阻抗谱特征[J]. 材料保护, 2007, 40(12): 18-21.

[4] 费小丹, 李明齐, 许红梅, 等. 湿度对 X70 钢在卵石黄泥土中腐蚀行为影响的电化学研究[J]. 腐蚀科学与防护技术, 2007, 19(1): 35-37.

[5] XU C M, ZHANG Y H, CHENG G X, et al. Pitting corrosion behavior of 316L stainless steel in the media of sulphate-reducing and iron-oxidizing bacteria[J]. Materials Characterization, 2008, 59(3): 245-255.

[6] 赵麦群, 雷阿丽. 金属的腐蚀与防护[M]. 北京: 国防工业出版社, 2004.

[7] 胥聪敏, 戚东涛. X80 管线钢在模拟西北盐渍土壤环境中的电化学腐蚀行为[J]. 机械工程材料, 2009, 33(8): 60-64.

[8] 曹楚南. 腐蚀电化学原理[M]. 北京: 化学工业出版社, 1985.

[9] GARDINER C P, MELCHERS R E. Corrosion of mild steel in porous media[J]. Corrosion Science, 2002, 44: 2459-2478.

第 7 章　X80 管线钢在重庆水饱和土壤中的腐蚀行为研究

埋地管道易遭受土壤介质的腐蚀,而不同地区的土壤环境其腐蚀性也不同。重庆市地处四川盆地东南部,辖区内多山,岩石纵横,地形地貌复杂,地貌以丘陵、山地为主,坡地面积大,气候属于亚热带湿润季风气候区,无霜期长,雨量充沛,空气湿润且多阴天,境内江河众多,长江自西南向东北横贯全境,嘉陵江、渠江、涪江、乌江、大宁河等五大支流以及上百条小河流汇集,导致重庆土壤常年湿润肥沃,属典型的山丘地区,多水多雾多雨,空气湿度较大,土壤含水量较高,电阻率较低。该地区土壤使得埋地金属系统腐蚀情况严重,特别是天然气埋地管道,因此该环境中埋地管道的腐蚀与防腐有其特殊性[1, 2]。

西气东输工程除主体工程外,还包括从四川省、重庆市到湖北省、湖南省等的天然气输送工程。由于西气东输二线工程中首次使用 X80 管线钢,因此对 X80 管线钢在西南地区土壤中的耐腐蚀性能还不太清楚。本章以重庆土壤为腐蚀介质,采用电化学技术结合表面分析方法,对 X80 管线钢在重庆水饱和土壤中的电化学腐蚀行为进行研究,以探索 X80 管线钢发生局部腐蚀的敏感性及其腐蚀规律。

7.1　实验材料与方法

7.1.1　实验材料与试样制备

实验材料为 X80 管线钢,室温力学性能为:抗拉强度为 703MPa,屈服强度为 664MPa,屈强比为 0.94,延伸率为 26%。X80 管线钢的金相组织由典型的针状铁素体(由粒状贝氏体+多边形铁素体+珠光体)组成,试样直接取自壁厚为 22mm 的直缝焊管,通过线切割加工成 10mm×10mm×2mm 的正方形试样和 40mm×20mm×3mm 的片状试样。正方形试样用于电化学测量,片状试样用于腐蚀形貌观察。

7.1.2　实验介质

选用西南地区重庆市的土壤为腐蚀介质,取土点按等边三角形(60cm)取样,3 次取样混合为最终土壤样品,土壤取样深度固定为 1m。实验土壤直接采用原土,只取出了土中的大石块，未进行其他处理，水饱和土壤是在原土中添加定量的蒸馏水制得。实验温度为室温，为了避免实验过程中含水量的过大变化，对实验容器进行了密闭处理，但仍留有少量透气孔。

7.1.3　电化学测量

电化学测量采用美国 EG&G 公司的 M2273 电化学测试系统，实验采用三电极体系，X80 管线钢为工作电极，饱和甘汞电极为参比电极，铂片为辅助电极，对腐蚀了不同时间的 X80 管线钢试样进行极化曲线测量，扫描速度为 0.5mV/s，依据 Tafel 曲线外推法比较 i_{corr}，观察其变化规律；交流阻抗谱测试所用频率范围为 10mHz～100kHz，施加的正弦波幅值为 10mV，采用 ZSimpWin 软件进行交流阻抗谱分析。

7.1.4　腐蚀形貌观察

将 X80 管线钢试样腐蚀到一定时间后取出，用去离子水洗去试样表面附着的泥土，保留完整的锈层，用 SEM 观察微观表面腐蚀形貌，EDS 分析腐蚀产物的成分和各种元素的含量。

7.2　实验结果分析与讨论

7.2.1　电化学分析

图 7-1 为 X80 管线钢在重庆水饱和土壤中腐蚀不同时间后的极化曲线图，图中的纵坐标 E_{SCE} 表示该电位是以饱和甘汞电极为参比电极所测得的电位值。由图 7-1 可以看出，X80 管线钢在整个腐蚀实验期间的阳极极化曲线都很平滑，不存在钝化区，说明 X80 管线钢一直处于活化状态，没有钝态出现，并且随腐蚀时间延长，X80 管线钢的阳极极化曲线与阴极极化曲线极为相似，均为发生明显的右移。以上分析说明随着腐蚀时间的增加，X80 管线钢的腐蚀程度没有明显变化。

表 7-1 为 X80 管线钢在重庆水饱和土壤中腐蚀不同时间后的极化曲线拟合结果。由表 7-1 可以看出，随着腐蚀时间增加，E_{corr} 基本上保持不变，说明 X80 管线钢的腐蚀处于一个稳定阶段；X80 管线钢的 i_{corr} 增加幅度很小，仅由 1.668μA/cm² 增加到 2.978μA/cm²。由 Farady 第二定律可知，i_{corr} 与腐蚀速率之间存在一一对应关系，i_{corr} 越大，腐蚀速率越大，这说明 X80 管线钢的腐蚀速率增加缓慢。

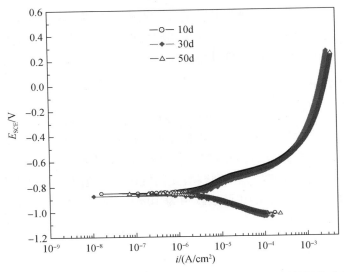

图 7-1　X80 管线钢在重庆水饱和土壤中腐蚀不同时间后的极化曲线

表 7-1　X80 管线钢在重庆水饱和土壤中不同腐蚀时间下的极化曲线拟合结果

浸泡时间/d	$i_{corr}/(\mu A/cm^2)$	E_{corr}/mV
10	1.668	−851
30	2.109	−852
50	2.978	−858

　　为进一步监测腐蚀过程中不同腐蚀时间后各试样表面腐蚀产物的变化情况，进行了交流阻抗测试，其 Nyquist 图谱见图 7-2，图中的 Z' 表示交流阻抗谱的实部，Z'' 表示交流阻抗谱的虚部。从图 7-2(a)中可知，腐蚀 10d 后的阻抗谱表现为双容抗弧；腐蚀 30d 后的阻抗谱在高频区和中频区各有一段较小的容抗弧，低频区显示出有限扩散层厚度的扩散阻抗，随着腐蚀时间的进一步增加，高频区和中频区变为很小的容抗弧，并逐渐变得不明显，低频区仍表现为有限扩散层厚度的扩散阻抗，以上分析表明试样的土壤腐蚀反应逐渐转变为以氧扩散过程控制为主[3-5]。

　　采用图 7-2(b)的等效电路对阻抗数据进行数值拟合，腐蚀 10d 后的阻抗表达式见式(7-1)，腐蚀 30d 和 50d 后的阻抗表达式见式(7-2)，其中引入的 Warburg 阻抗表示了金属/介质表面的扩散过程。式中，R_s 表示介质电阻，R_f 表示电极表面腐蚀产物和土粒组成的结合层的电阻，C_f 表示电极表面结合层电容，R_t 表示电荷转移电阻，C_{dl} 表示双电层电容，Z_w 表示 Warburg 阻抗。由于土壤腐蚀的 EIS 弥散效应很强，因此 C_f 和 C_{dl} 均用常相位角(CPE)代替。其中，$CPE = Y_0^{-1}(j\omega)^{-n}$，$Y_0$ 为导纳常数，$j = (-1)^{1/2}$，ω 为角频率[6, 7]。

$$Z = R_\text{s} + \cfrac{1}{j\omega C_\text{f} + \cfrac{1}{R_\text{f}} + \cfrac{1}{j\omega C_\text{dl} + \cfrac{1}{R_\text{t}}}} \tag{7-1}$$

$$Z = R_\text{s} + \cfrac{1}{j\omega C_\text{f} + \cfrac{1}{R_\text{f}} + \cfrac{1}{j\omega C_\text{dl} + \cfrac{1}{R_\text{t} + Z_\text{w}}}} \tag{7-2}$$

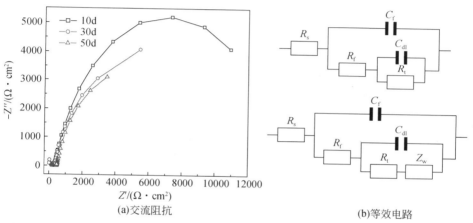

(a)交流阻抗　　　　　　　　　　　　(b)等效电路

图 7-2　X80 管线钢在重庆水饱和土壤中腐蚀不同时间后的交流阻抗及其等效电路图

表 7-2 为 X80 管线钢在重庆水饱和土壤中不同腐蚀时间下的 EIS 拟合结果。本体系中将极化电阻 R_p 定义为 $R_\text{p}=R_\text{t}+R_\text{f}$，$R_\text{p}$ 可以反映出 X80 管线钢腐蚀速率的大小，R_p 越大，腐蚀速率越小。由表 7-2 可知，R_f 和 R_t 均随时间延长而减小，因此 R_p 随时间延长而减小，这说明 X80 管线钢腐蚀速率随时间而增大。这一结论与极化曲线的分析结果一致。

表 7-2　X80 管线钢在重庆水饱和土壤中不同腐蚀时间下的 EIS 拟合结果

浸泡时间/d	$R_\text{s}/(\Omega \cdot \text{cm}^2)$	$R_\text{f}/(\Omega \cdot \text{cm}^2)$	$R_\text{t}/(\Omega \cdot \text{cm}^2)$
10	28.60	965.5	13260
30	0.01	286.3	1609
50	0.01	272.7	588

7.2.2　腐蚀形貌观察及分析

图 7-3 和图 7-4 分别为 X80 管线钢试样在重庆水饱和土壤中经 50d 腐蚀后的

腐蚀产物 SEM 形貌和 EDS 分析结果。由图 7-3 可以看出，X80 管线钢表面被腐蚀产物完全覆盖，紧贴钢基体表面处的锈层分布较为均匀且致密，与基体结合很牢，这层腐蚀产物对腐蚀性介质渗入到基体起到了一定的阻碍作用，对钢基体具有一定的保护性，外层锈层由疏松多孔的团簇状和颗粒状的腐蚀产物组成，其边缘被一圈白色物质所包围，腐蚀性离子可以通过其间隙侵入，对基体没有保护作用。从 EDS 分析可知，该样品外表面含有较多的 O、Fe、C、Si 和 Al 元素，其中 Si 和 Al 的含量远高于其在管线钢中的含量，说明腐蚀产物中 Si 和 Al 主要来自于土壤中的盐类成分，且主要起导电作用，对土壤腐蚀性影响不大[8]。由此可知，X80 管线钢外表面为腐蚀产物(Fe 的氧化物)与土壤中盐类(主要为 SiO_2 和 Al_2O_3 等)的混合物。

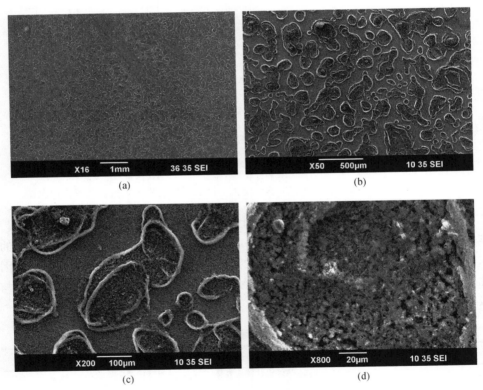

图 7-3　X80 管线钢在重庆水饱和土壤中腐蚀 50d 后的 SEM 形貌

综上所述，对于 X80 管线钢在重庆土壤中的腐蚀过程而言，其阳极过程为铁的溶解，阴极过程为氧的去极化反应，腐蚀速率主要受氧扩散过程控制[9-11]。

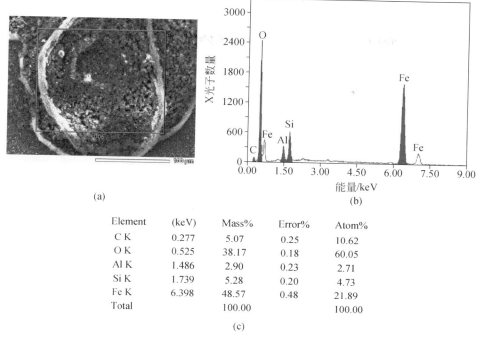

Element	(keV)	Mass%	Error%	Atom%
C K	0.277	5.07	0.25	10.62
O K	0.525	38.17	0.18	60.05
Al K	1.486	2.90	0.23	2.71
Si K	1.739	5.28	0.20	4.73
Fe K	6.398	48.57	0.48	21.89
Total		100.00		100.00

(c)

图 7-4　X80 管线钢在重庆水饱和土壤中腐蚀 50d 后的 EDS 分析

7.3　本　章　结　论

(1) 极化曲线分析表明：在重庆水饱和土壤中，随腐蚀时间的延长，X80 管线钢的 i_{corr} 缓慢增加，说明腐蚀速率缓慢增加。

(2) 电化学阻抗谱分析表明：腐蚀 10d 后的 EIS 表现为双容抗弧；随腐蚀时间延长，在高频区和中频区各有一段较小的容抗弧，并逐渐变得不明显，低频区显示出有限扩散层厚度的扩散阻抗，表明土壤腐蚀反应逐渐转变为以氧扩散过程控制为主。

(3) 腐蚀形貌分析表明：腐蚀 50d 后，紧贴 X80 管线钢基体表面的锈层分布较为均匀且致密，对钢基体具有一定的保护性，外层锈层疏松多孔，对基体没有保护作用，腐蚀产物为 Fe 的氧化物与土壤中盐类的混合物。

参 考 文 献

[1] 董宁, 赵小兵, 程明山, 等. 重庆市埋地管道的腐蚀环境及阴极保护[J]. 材料开发与应用, 2000, 15(4): 22-25.

[2] 刘静. 重庆市 20#钢质燃气埋地管道的土壤腐蚀研究[D]. 重庆: 重庆大学, 2013.

[3] 李谋成, 林海潮, 曹楚南. 碳钢在土壤中腐蚀的电化学阻抗谱特征[J]. 中国腐蚀与防护学报, 2000, 20(2): 111-117.

[4] 聂向晖, 李晓刚, 杜翠薇. Q235 在不同含水量滨海盐土中腐蚀的电化学阻抗谱分析[J]. 材料工程, 2009, (6): 15-19.

[5] 王文杰, 邱于兵, 金名惠. X70 钢在库尔勒土中腐蚀初期的电化学阻抗谱特征[J]. 材料保护, 2007, 40(12): 18-21.

[6] 费小丹, 李明齐, 许红梅, 等. 湿度对 X70 钢在卵石黄泥土中腐蚀行为影响的电化学研究[J]. 腐蚀科学与防护技术, 2007, 19(1): 35-37.

[7] XU C M, ZHANG Y H, CHENG G X, et al. Pitting corrosion behavior of 316L stainless steel in the media of sulphate-reducing and iron-oxidizing bacteria[J]. Materials Characterization, 2008, 59(3): 245-255.

[8] 赵麦群, 雷阿丽. 金属的腐蚀与防护[M]. 北京: 国防工业出版社, 2004.

[9] 胥聪敏, 戚东涛. X80 管线钢在模拟西北盐渍土壤环境中的电化学腐蚀行为[J]. 机械工程材料, 2009, 33(8): 60-64.

[10] 曹楚南. 腐蚀电化学原理[M]. 北京: 化学工业出版社, 1985.

[11] GARDINER C P, MELCHERS R E. Corrosion of mild steel in porous media[J]. Corrosion Science, 2002, 44: 2459-2478.

第8章 X80管线钢在东南酸性土壤 模拟溶液中的腐蚀行为研究

西气东输二线工程采用 X80 管线钢作为主要管线用钢，该工程途经东南酸性土壤地区，东南地区的红壤是典型的酸性土壤[1,2]。该地区温度较高、土壤致密、含水量高、含氧量低，pH 为 3～5，对材料的腐蚀性极大，是管线钢发生点蚀最可能的土壤环境之一。因此，开展我国典型酸性土壤环境中的腐蚀行为与机理研究具有重要意义，这些酸性红壤中的材料腐蚀数据与土壤环境因素数据资源，对这一地区重大建设工程的设计、选材、寿命预测等可提供大量的数据支持和科学依据，避免失误，这对酸性土壤地区的经济发展是非常重要和必要的。

我国土壤站埋片数据表明，埋片试样在以东南地区江西省鹰潭市为代表的酸性土壤中表现出较高的腐蚀性，因此本章采用电化学技术结合表面分析方法对 X80 管线钢在我国典型的酸性土壤——鹰潭土壤环境中的腐蚀行为与机理进行模拟研究，以探索 X80 管线钢在酸性土壤环境中发生点蚀的敏感性及其腐蚀规律。

8.1 实验材料与方法

8.1.1 实验材料与试样制备

实验采用 X80 管线钢作为研究电极。试样直接取自壁厚为 18.4mm 的直缝焊管，通过线切割加工成 40mm×20mm×3mm 的片状和 10mm×10mm×2mm 的正方形试样。片状试样用于腐蚀形貌观察，正方形试样用于电化学测量。将 X80 电极的一面与导线焊接后，用环氧树脂密封绝缘，另一面作为实验工作面。试样用砂纸打磨至 1000 目，经无水乙醇清洗烘干后备用。试样状态分为原始态和热处理态两种，热处理工艺为 650℃+3h 随炉冷却,热处理目的是消除管材中的残余应力。两种状态 X80 管线钢力学性能见表 8-1。X80 管线钢的金相组织见图 8-1，原始态组织为典型的针状铁素体(由贝氏体+多边形铁素体+珠光体)，热处理后组织中已开始出现块状铁素体和珠光体组织，粒状贝氏体消失，珠光体主要分布在晶界上，而铁素体晶粒较原始组织粗大，晶粒大小不一，晶界清晰，致使 X80 管线钢力学性能下降。

表 8-1　　X80 管线钢力学性能

状态	屈服强度/MPa	抗拉强度/MPa	屈强比	延伸率/%
原始态	664	703	0.94	26
热处理态	594	622	0.96	27

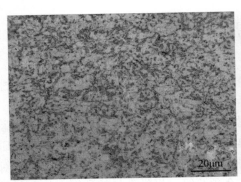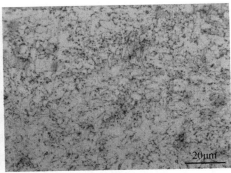

(a)原始态　　　　　　　　　　　　　　　(b)热处理态

图 8-1　　X80 管线钢金相组织

8.1.2　实验溶液

选取我国典型东南酸性土壤——鹰潭土壤环境为模拟研究介质，依据鹰潭土壤的主要理化数据配制的模拟溶液成分为：0.0084% Cl^-，0.0054% SO_4^{2-}，0.0010% HCO_3^-，pH 为 4.36。实验溶液均用分析纯 NaCl、NaSO₄、NaHCO₃ 及去离子水配得。

8.1.3　电化学腐蚀实验

电化学测量采用美国 EG&G 公司的 M2273 电化学测试系统，以 X80 管线钢为研究电极，饱和甘汞电极为参比电极，铂片为辅助电极，对 X80 管线钢的新鲜表面、浸泡 30d、60d 和 90d 后的试样进行极化曲线测量，扫描速度为 0.5mV/s，依据 Tafel 曲线外推法比较 i_{corr}，观察其变化规律。

8.1.4　表面形貌观察与腐蚀产物分析

X80 管线钢试样腐蚀到一定时间后取出，用 SEM 观察表面腐蚀形貌，用 XRD 分析腐蚀产物的组成。用铲子将试样表面坚实、高低不平的腐蚀产物刮去，但应注意避免损伤试样金属基体，然后用除锈液(500mL 盐酸+500mL 去离子水+3.5g 六次甲基四胺)将余下产物去除。用蒸馏水冲洗，无水乙醇清洗并吹干后放置干燥器中充分干燥，用精度为 $10^{-4}g$ 的电子分析天平称量，计算试样质量损失及腐蚀速率。

8.2　实验结果分析与讨论

8.2.1　宏观形貌观察

图 8-2 为 X80 管线钢在东南酸性土壤模拟溶液中浸泡不同时间后的宏观腐蚀形貌。从图 8-2 可知，原始态和热处理态的 X80 管线钢试样，在浸泡了 30d 后试样表层被一薄层小团簇状松散的棕色锈层所覆盖，当试样从模拟溶液中取出时，表层的棕色腐蚀产物从锈层上脱落，内层被均匀且致密的黑色锈层所覆盖。60d 后钢基上的表面已被锈层完全覆盖，而且贴近金属基上的黑色锈层变厚，变致密，不同的是原始态的 X80 管线钢表面仅为一层黑色锈层所覆盖，而热处理后的钢表面锈层分为两层，贴近金属基的是黑色锈层，黑色锈层上方是小点状的棕红色腐蚀产物，并且分布比较疏松，且所占比例很小，对基体没有保护作用。随着浸泡时间的进一步增加，90d 后的锈层厚度进一步增加，也更致密，不同的是原始态的 X80 管线钢表面仅为一层黑色锈层所覆盖，而热处理后的钢表面的腐蚀产物主要分两层，表层为棕红色，分布比较松散，但是所占比例比 60d 时有所增加，但对基体仍起不到保护作用，估计为 Fe_2O_3；内层为黑色，与基体结合比较紧密，估计为 Fe_3O_4、FeS 或 $FeCl_2$。

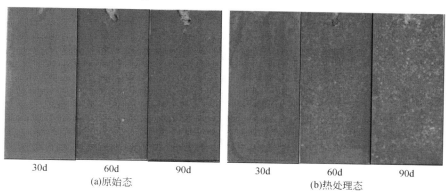

30d	60d	90d	30d	60d	90d
(a)原始态			(b)热处理态		

图 8-2　X80 管线钢在东南酸性土壤模拟溶液中浸泡不同时间后的宏观腐蚀形貌

8.2.2　微观 SEM 形貌观察和 EDS 分析

X80 管线钢在东南酸性土壤模拟液中经 30d 浸泡后，其 SEM 形貌和 EDS 分析结果见图 8-3。由图 8-3(a)可以看出，原始态时的 X80 管线钢表面的腐蚀产物比较薄，分布比较松散，腐蚀产物之间存在缝隙，说明腐蚀产物对基体没有保护作用，腐蚀性离子可以通过缝隙渗入基体表面发生反应，从而诱发腐蚀。EDS 分析表明，黑色的腐蚀产物主要为 Fe 的氧化物和硫化物。由图 8-3(b)可以看出，

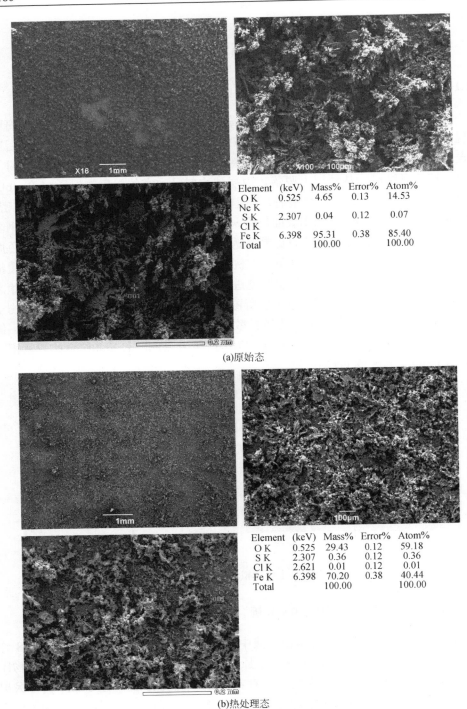

Element	(keV)	Mass%	Error%	Atom%
O K	0.525	4.65	0.13	14.53
Ne K				
S K	2.307	0.04	0.12	0.07
Cl K				
Fe K	6.398	95.31	0.38	85.40
Total		100.00		100.00

(a)原始态

Element	(keV)	Mass%	Error%	Atom%
O K	0.525	29.43	0.12	59.18
S K	2.307	0.36	0.12	0.36
Cl K	2.621	0.01	0.12	0.01
Fe K	6.398	70.20	0.38	40.44
Total		100.00		100.00

(b)热处理态

图 8-3　X80 管线钢在东南酸性土壤模拟溶液中浸泡 30d 后的 SEM 形貌和 EDS 分析

热处理状态时的 X80 管线钢表面的腐蚀产物成团絮状分布，比较松散，薄厚不一，形状不规则，腐蚀产物之间存在裸露的金属，说明该腐蚀产物起不到保护基体金属的作用。EDS 分析表明，腐蚀产物主要为 Fe 的氧化物、硫化物和氯化物。

图 8-4 和图 8-5 分别为 X80 管线钢在东南酸性土壤模拟液中浸泡 60d 后的 SEM 形貌及其 EDS 分析结果。由图 8-4(a)可知，原始态的 X80 管线钢表面已被腐蚀产物完全覆盖，该腐蚀产物分为两层，内层为薄且均匀致密、与基体结合紧密的锈层，但是在该锈层表面存在许多细长的裂纹，外层为松散的、厚度不均匀的团簇状的锈层，部分锈层顶部呈碎片状，孔洞很多，这说明腐蚀产物对基体没有保护作用，腐蚀性离子可以通过裂缝渗入基体表面发生反应，从而诱发腐蚀。从 EDS 分析可知，腐蚀产物中存在较高含量的 Fe(质量分数 63.84%)和 O(质量分数 32.11%)，表明该腐蚀产物主要为 Fe 的氧化物[图 8-5(a)]。热处理态的 X80 管线钢表面的腐蚀产物由两层组成，靠近基体的产物层均匀且致密，已覆盖整个金属表面，但是在该锈层表面存在大的裂缝，外层成团絮状分布，比较松散，薄厚不一，形状不规则，腐蚀产物之间存在大的空隙，说明该腐蚀产物起不到保护基体金属的作用，腐蚀性离子可以通过裂缝进入基体表面加速腐蚀[图 8-5(b)]。EDS 分析表明，腐蚀产物中 Fe(质量分数 74.95%)和 O(质量分数 24.99%)的含量很高，表明该腐蚀产物主要为 Fe 的氧化物[图 8-5(b)]。通过对比图 8-4(a)和(b)，可以看出热处理态试样的内层锈层比原始态更厚，表面上存在的裂缝更宽更深，根据表面形貌初步判断热处理态时 X80 管线钢的腐蚀速率大于原始态。取出在酸性土壤模拟溶液中浸泡 60d 后原始态和热处理态的 X80 管线钢试片，从表面刮取少量腐蚀产物进行 XRD 分析，分析结果表明腐蚀产物都主要有 FeO(OH)(表层)和 Fe_3O_4(内层)，FeO(OH)质地疏松起不到保护作用。

(a)原始态　　　　　　　　　　　　　　　(b)热处理态

图 8-4　X80 管线钢在东南酸性土壤模拟溶液中浸泡 60d 后的 SEM 形貌

EDS 与 XRD 分析表明，在浸泡过程中，没有发生硫酸盐还原反应，说明 SO_4^{2-} 基本不参与反应，文献[3]和[4]表明土壤中 pH 对金属的腐蚀影响不大，其他离子对腐蚀过程的影响也很小，因此在东南酸性土壤模拟溶液中，Cl⁻对 X80 管线钢的腐蚀起主导作用。

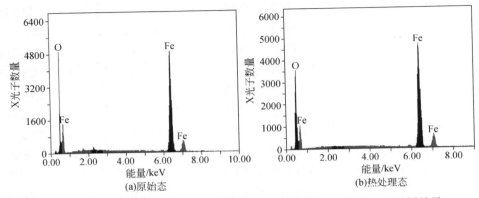

(a)原始态　　　　　　　　(b)热处理态

图 8-5　X80 管线钢在东南酸性土壤模拟溶液中浸泡 60d 后的 EDS 分析结果

8.2.3　腐蚀速率测定

　　试样表面通过机械和化学除锈后，用分析天平称重得出 X80 管线钢在东南酸性土壤模拟溶液中浸泡 30d 后平均腐蚀速率结果，如表 8-2 所示，通过对比可以发现 X80 管线钢在原始态时的平均腐蚀速率比热处理态时的高。

表 8-2　X80 管线钢在东南酸性土壤模拟溶液中浸泡 30d 后的失重实验结果

试样状态	腐蚀前试样质量/g	腐蚀后试样质量/g	失重质量/g	平均失重质量/g	平均腐蚀速率/[g/(dm² · a)]
原始态	18.0538	17.8734	0.1804	0.187667	11.4900
	17.9791	17.8003	0.1788		
	17.9728	17.7690	0.2038		
热处理态	18.1456	18.0079	0.1377	0.137533	8.4206
	18.1076	17.9749	0.1327		
	18.1493	18.0071	0.1422		

8.2.4　极化曲线测量

　　图 8-6 为 X80 管线钢在东南酸性土壤模拟溶液中浸泡不同时间下的极化曲线。表 8-3 为 X80 管线钢在东南酸性土壤模拟溶液中浸泡不同时间下的极化曲线拟合结果。由图 8-6 可以看出，X80 管线钢在原始态与热处理态下都不存在钝化区，说明在整个实验过程中，X80 管线钢在酸性土壤模拟溶液中没有钝态出现。从表 8-3 可以看出，原始态和热处理态的 X80 管线钢在模拟溶液中 i_{corr} 均随着浸泡时间的延长先增大后减小；E_{corr} 随着浸泡时间的延长而升高。以上分析表明，X80 管线钢的腐蚀趋势在减小，而腐蚀速率先增大后减小。这是由于在反应初期，钢

基表面电位较低的部位，如夹杂物周围、凹点内，会优先发生腐蚀，形成腐蚀产物。但是由于这些腐蚀产物薄而且不均匀，没有完全覆盖金属表面，对基体没有保护作用，腐蚀速率会逐渐增大。在反应中期，腐蚀产物膜厚度增加，并结成连续的具有保护性的膜，这层膜对钢基具有一定的保护性，因此可以观察到 X80 管线钢的自腐蚀电位随着时间的增加而逐渐升高，但是在这层产物膜的内层存在裂纹，这是由于最外层的锈层疏松多孔，以及在阴极的析氢反应中产生的氢气作用，锈层的最外层逐渐膨胀。当与贴近基体的锈层的结合力逐渐降低到一定程度时，锈层的最外层会脱离内层锈层，使得锈层厚度减小，表面出现裂纹，致使腐蚀性离子从裂纹进入基体表面加速局部腐蚀，导致自腐蚀电流进一步增大。随着浸泡时间的进一步延长，新生成的腐蚀产物又开始在锈层脱落的表面上沉积，锈层厚度再次增加，也更致密，具有了一定的保护性，腐蚀速率逐渐下降。

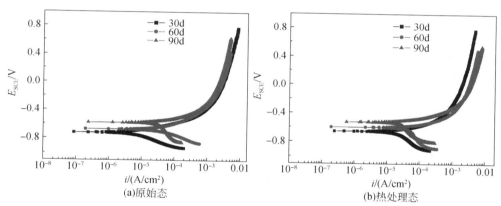

图 8-6　X80 管线钢在东南酸性土壤模拟溶液中浸泡不同时间下的极化曲线

表 8-3　X80 管线钢在东南酸性土壤模拟溶液中浸泡不同时间下的极化曲线拟合结果

参数		浸泡时间/d		
		30	60	90
原始态	$i_{corr}/(\times 10^{-6} A/cm^2)$	23.52	43.36	33.82
	E_{corr}/mV	−658.542	−598.554	−528.384
热处理态	$i_{corr}/(\times 10^{-6} A/cm^2)$	5.81	48.12	34.39
	E_{corr}/mV	−723.404	−676.681	−583.134

由表 8-3 还可以看出，在浸泡 30d 后，原始态时的 X80 管线钢的腐蚀速率高于热处理态，随着浸泡时间的增加，原始态的腐蚀速率低于热处理态，说明热处理态时 X80 管线钢的耐蚀性低于原始态。这是由于经热处理后 X80 管线钢组织内出现的块状铁素体+珠光体组织部分代替了针状铁素体，导致材料性能恶化，致使 X80 管线钢耐蚀性降低。这一结论与腐蚀产物分析结果一致。

综上所述，可以得出 X80 管线钢在酸性土壤模拟溶液中的腐蚀机理如下。

阴极反应过程为：

$$2H^+ + 2e \longrightarrow H_2$$

这是锈层外层与内层剥离的原因之一。

$$2H_2O + O_2 + 4e \longrightarrow 4OH^-$$

这是锈层增厚、颜色加深的原因。pH 低(为 4.36)导致阴极反应 $2H^+ + 2e \longrightarrow H_2$ 在阴极反应过程中占较大比重，因此使得锈层较薄。

阳极反应过程为：

$$Fe - 2e \longrightarrow Fe^{2+}$$

$$Fe^{2+} - 2OH^- \longrightarrow Fe(OH)_2$$

$$4Fe(OH)_2 + O_2 + 2H_2O \longrightarrow 4Fe(OH)_3$$

$$Fe(OH)_3 \longrightarrow FeO(OH) + H_2O$$

Fe 的氢氧化物极不稳定，会进一步发生转变，$Fe(OH)_3$ 与 $Fe(OH)_2$ 作用可形成 Fe_3O_4。

8.3　本 章 结 论

(1) 原始态和热处理态的 X80 管线钢在东南酸性土壤模拟溶液中所得锈层主要由 FeO(OH) (表层)和 Fe_3O_4(内层)组成。依据锈层对钢基的保护性大致可分为三个过程：腐蚀初期，锈层不连续、不致密，对钢基起不到保护作用；腐蚀中期，锈层虽连续且具有一定的厚度和致密性，但是锈层表面存在大量裂缝，不具有保护性，腐蚀性离子可以通过裂缝进入基体表面加速腐蚀；随着腐蚀时间的延长，锈层有足够的厚度和致密性，对钢基具有一定的保护性。

(2) X80 管线钢经热处理后组织内出现的块状铁素体+珠光体组织部分代替了针状铁素体，导致材料性能恶化，致使热处理态的 X80 管线钢耐蚀性低于原始态。

(3) 随着浸泡时间的延长，原始态与热处理态的 X80 管线钢在东南酸性土壤模拟溶液中腐蚀趋势均减小，而腐蚀速率先增大后减小；其阴极过程受析氢腐蚀和吸氧腐蚀联合控制，但析氢腐蚀占有较大比重。吸氧反应产生的腐蚀产物使锈层不断增厚，析氢反应产生的气体使锈层变得更加疏松多孔，这是外锈层剥离内锈层的原因之一。Cl⁻对 X80 管线钢的腐蚀起主导作用。

参 考 文 献

[1] 李晓刚, 杜翠微, 董超芳. X70 钢的腐蚀行为与实验研究[M]. 北京: 科学出版社, 2006.

[2] 刘智勇, 翟国丽, 杜翠微, 等. X70 钢在酸性土壤模拟溶液中的应力腐蚀行为[J]. 金属学报, 2008, 44(2): 209-214.

[3] 王光雍, 王海红, 李兴濂, 等. 自然环境的腐蚀与防护[M]. 北京: 化学工业出版社, 1997.

[4] 许淳淳, 王紫色, 王菊琳. 模拟土壤介质中仿古铸铁腐蚀产物的形貌及其生长工程[J]. 化工学报, 2005, 56(12): 2373-2379.

第9章　X80管线钢在海滨盐碱土壤模拟溶液中的腐蚀行为研究

土壤腐蚀体系是一种高度分散的多孔腐蚀体系，该结构特征决定了土壤中的液相(电解质液)因细小土壤颗粒的分散作用而在金属表面以非连续状态分布，因此金属表面在土壤介质中常常形成厚度不均匀的电解质液膜。由此可见，液相状态是影响埋地金属构件腐蚀演变过程的重要因素[1, 2]。

根据沿海地区经济发展和基本建设的需要，"七五"期间在天津大港、浙江舟山建立了两个海滨盐土实验站。研究表明，海滨盐碱土壤对材料具有很强的腐蚀性，沿海一带的土壤类属海滨盐碱土，海滨盐碱土中的盐分组成主要是氯盐和硫酸盐，pH一般为7.5~8.5，土壤中还含有大量的碳酸盐和镁盐等强腐蚀性介质，是埋地管线发生点蚀最可能的土壤环境之一[3, 4]。因此，有必要开展X80管线钢在海滨盐碱土壤环境中的腐蚀行为研究。本章采用电化学技术结合表面分析方法，对X80管线钢在国内典型海滨盐碱土壤介质中的电化学腐蚀行为进行了模拟研究，以探索X80管线钢在盐碱土壤环境中发生点蚀的敏感性及其腐蚀规律。

9.1　实验材料与方法

9.1.1　实验材料与试样制备

同8.1.1小节。

9.1.2　实验溶液

选取我国典型海滨盐碱土壤环境为模拟研究介质，依据海滨盐碱土壤的主要理化数据配制的模拟溶液成分如下：0.426% Cl^-，0.1594% SO_4^{2-}，0.0439% HCO_3^-，pH为7.76。实验溶液均用分析纯NaCl、NaSO₄、NaHCO₃及去离子水配得。

9.1.3　电化学腐蚀实验

电化学测量采用美国EG&G公司的M2273电化学测试系统，以X80管线钢为研究电极，饱和甘汞电极为参比电极，铂片为辅助电极，对X80管线钢的新鲜表面、浸泡 30d、60d 和 90d 后的试样进行极化曲线测量,扫描速度为 0.5mV/s,依据 Tafel 曲线外推法比较 i_{corr},观察其变化规律。

9.1.4　表面形貌观察与腐蚀产物分析

X80 管线钢试样腐蚀到一定时间后取出,用 SEM 观察表面腐蚀形貌,用 XRD 分析腐蚀产物的组成。用铲子将试样表面坚实、高低不平的腐蚀产物刮去,但应注意避免损伤试样金属基体,然后用除锈液(500mL 盐酸+500mL 去离子水+3.5g 六次甲基四胺)将余下产物去除。用蒸馏水冲洗,无水乙醇清洗并吹干后放置干燥器中充分干燥,用精度为 10^{-4}g 的电子分析天平称量,计算试样质量损失及腐蚀速率。

9.2　实验结果分析与讨论

9.2.1　宏观形貌观察

在浸泡的第 1 天,X80 管线钢原始态和热处理态的所有试样在挂上去不足 0.5h 后,表面出现黑色小点,之后慢慢扩大,成为片状,挂试样的广口瓶底部均出现了棕红色沉淀物。浸泡实验进行 30d 后,在模拟溶液中挂试样的广口瓶底部均出现较厚的棕红色腐蚀产物。

图 9-1 是 X80 管线钢在海滨盐碱土壤模拟溶液中浸泡不同时间后的宏观腐蚀形貌。从图 9-1 可知,原始态和热处理态的 X80 管线钢试样,在浸泡了 30d 后的锈层均不致密,大部分钢基体上已被锈层所覆盖,有锈层的部位,贴近金属基的是均匀致密黑色锈层,黑色锈层上方是松散的、厚度不均匀的团簇状的棕红色锈层。60d 后的锈层比 30d 后的锈层致密,贴近金属基的是黑色锈层,黑色锈层上方是棕褐色锈层。随着浸泡时间的进一步增加,90d 后钢基上的大部分表面已被锈层所覆盖,且锈层越来越厚,越来越致密,仔细观察 X80 管线钢表面的腐蚀形貌可以发现,腐蚀产物主要分三层,表层为棕红色,容易去除,估计为 Fe_2O_3;第二层为棕褐色,非常坚硬很难去除;最内层为黑色,很薄,与基体结合牢固。

9.2.2　微观 SEM 形貌观察和 EDS 分析

X80 管线钢试样在海滨盐碱土壤模拟溶液中经 30d 浸泡后,其微观形貌和 EDS 分析结果见图 9-2。由图 9-2(a)可以看出,原始态时的 X80 管线钢表面的腐蚀产物为松散的片状和团絮状,腐蚀产物之间存在缝隙,说明腐蚀产物对基体没有保护作用,腐蚀性离子可以通过缝隙渗入基体表面发生反应,从而诱发腐蚀。

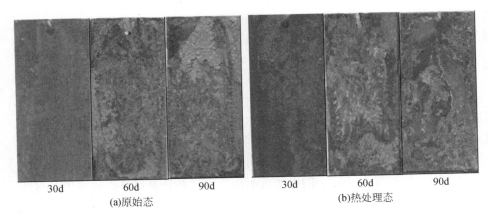

(a)原始态　　　　　　　　　　　　　　　　　　　(b)热处理态

图 9-1　X80 管线钢在海滨盐碱土壤模拟溶液中浸泡不同时间的宏观形貌

由图 9-2(b)可以看出，热处理态时的 X80 管线钢表面的腐蚀产物成块状和团絮状分布，比较松散，薄厚不一，形状不规则，腐蚀产物之间存在裸露的金属，说明腐蚀产物起不到保护基体金属的作用。EDS 分析表明，原始态与热处理态的腐蚀产物均为 Fe 的氧化物、硫化物和氯化物。

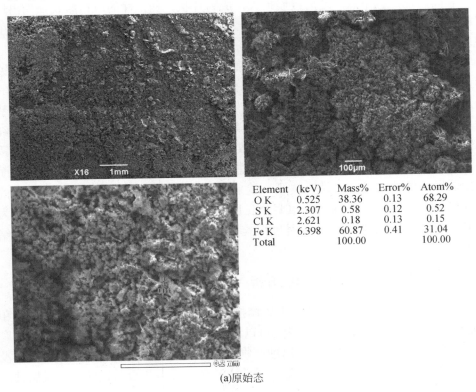

Element	(keV)	Mass%	Error%	Atom%
O K	0.525	38.36	0.13	68.29
S K	2.307	0.58	0.12	0.52
Cl K	2.621	0.18	0.13	0.15
Fe K	6.398	60.87	0.41	31.04
Total		100.00		100.00

(a)原始态

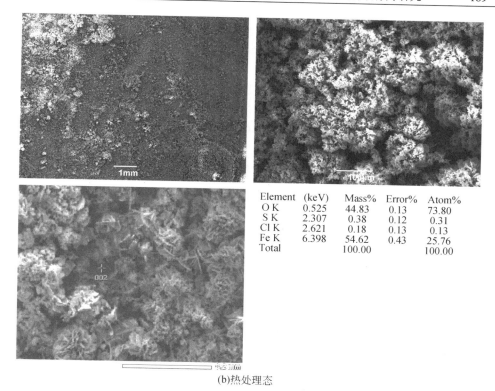

Element	(keV)	Mass%	Error%	Atom%
O K	0.525	44.83	0.13	73.80
S K	2.307	0.38	0.12	0.31
Cl K	2.621	0.18	0.13	0.13
Fe K	6.398	54.62	0.43	25.76
Total		100.00		100.00

(b)热处理态

图 9-2   X80 管线钢在海滨盐碱土壤模拟溶液中浸泡 30d 后的 SEM 形貌和 EDS 分析

图 9-3～图 9-5 分别为 X80 管线钢试样在海滨盐碱土壤模拟溶液中浸泡 90d 后的腐蚀产物 SEM 形貌及其 EDS 与 XRD 分析结果。由图 9-3 可以看出，原始态与热处理态的 X80 管线钢表层为疏松多孔的团簇状锈层，比较松散，相当一部分已经脱落，不具有保护性，腐蚀性离子可以通过其间隙浸入；内锈层均匀致密，与基体结合紧密，对钢基具有一定的保护性，但是在该锈层表面存在许多裂缝，腐蚀性离子可以通过裂缝渗入基体表面发生反应，从而诱发局部腐蚀。由 EDS 分析可知，原始态与热处理态的 X80 管线钢表面腐蚀产物中存在较高含量的 Fe 和 O，表明该腐蚀产物主要为 Fe 的氧化物(图 9-4)。取出在海滨盐碱土壤模拟溶液中浸泡 90d 后原始态和热处理态的 X80 管线钢试片，从表面刮取少量腐蚀产物进行 XRD 分析，分析结果表明表层腐蚀产物主要有 α-FeO(OH) 和 γ-FeO(OH)，FeO(OH) 质地疏松起不到保护作用，内层主要为 Fe_3O_4，比较致密，可起一定的保护作用(图 9-5)。EDS 与 XRD 分析表明，试样在浸泡过程中，没有发生硫酸盐还原反应，说明 SO_4^{2-} 基本上不参与反应，文献[11]和[12]表明土壤中 pH 对金属的腐蚀影响不大，其他离子对腐蚀过程的影响也很小，因此在海滨盐碱土模拟溶液中，Cl⁻ 对 X80 管线钢的腐蚀起主导作用。通过对比图 9-3(a)和(b)，可以看出原始态试样的内层锈

层表面上存在大量的龟裂状裂纹，一部分细裂纹已经发展成更宽更深的裂缝，热处理态试样表面上存在的裂纹比较细小，数量不多，根据表面形貌初步判断热处理态试样的腐蚀速率小于原始态。

(a)原始态　　　　　　　　　　　　　(b)热处理态

图 9-3　X80 管线钢在海滨盐碱土壤模拟溶液中浸泡 90d 后的 SEM 形貌

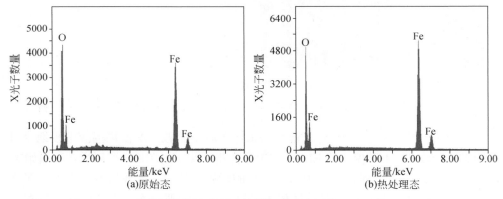

(a)原始态　　　　　　　　　　　　　(b)热处理态

图 9-4　X80 管线钢在海滨盐碱土壤模拟溶液中浸泡 90d 后的 EDS 分析

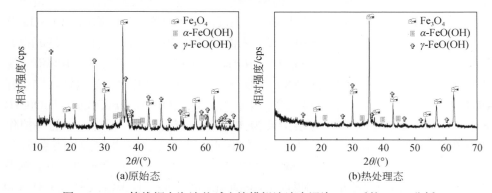

(a)原始态　　　　　　　　　　　　　(b)热处理态

图 9-5　X80 管线钢在海滨盐碱土壤模拟溶液中浸泡 90d 后的 XRD 分析

9.2.3　腐蚀速率测定

将 X80 管线钢试样表面通过机械和化学除锈后,用分析天平称重得出 X80 管线钢在海滨盐碱土壤模拟溶液中浸泡 30d 后平均腐蚀速率结果如表 9-1 所示,通过对比可以发现 X80 管线钢在原始态时的平均腐蚀速率比热处理态时的高。

表 9-1　X80 管线钢在海滨盐碱土壤模拟溶液中浸泡 30d 后的失重实验结果

状态	腐蚀前试样质量/g	腐蚀后试样质量/g	失重质量/g	平均失重质量/g	平均腐蚀速率/[g /(dm² · a)]
原始态	18.0333	17.8271	0.2062		
	17.9969	17.7916	0.2053	0.207267	12.6901
	18.0507	17.8404	0.2103		
热处理态	18.1032	17.9204	0.1828		
	18.1686	17.9889	0.1797	0.183367	11.2268
	18.1650	17.9774	0.1876		

9.2.4　极化曲线测量

图 9-6 为 X80 管线钢在海滨盐碱土壤模拟溶液中浸泡不同时间后的极化曲线图。由图 9-6 可以看出,在整个实验期间,X80 管线钢在两种状态下自腐蚀电位的变化范围较小。在两种状态下 X80 管线钢的阳极极化曲线都很平滑,不存在钝化区,说明 X80 管线钢在海滨盐碱土壤模拟溶液中一直处于活化状态,没有钝态出现,腐蚀过程的阳极反应主要为铁原子的氧化;X80 管线钢的阴极过程均为活化控制,阴极反应均为氧的去极化反应。

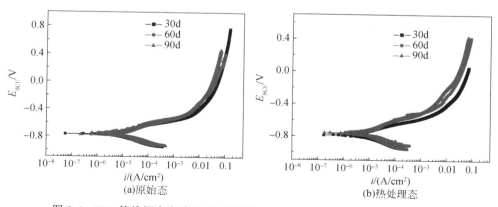

图 9-6　X80 管线钢在海滨盐碱土壤模拟溶液中浸泡不同时间后的极化曲线

　　表 9-2 为 X80 管线钢在海滨盐碱土壤模拟溶液中浸泡不同时间下的极化曲线拟合结果。由表可以看出，原始态的 X80 管线钢在模拟溶液中 i_{corr} 随着浸泡时间的增加呈增大的趋势。由 Farady 第二定律可知，i_{corr} 与腐蚀速率之间存在一一对应关系，i_{corr} 越大，腐蚀速率越大，这说明 X80 管线钢的腐蚀趋势在增大。热处理态的 X80 管线钢的 i_{corr} 随浸泡时间的增加先增大后减小，表明腐蚀速率先增大后减小，但 90d 时的腐蚀速率高于 30d 时的腐蚀速率，说明热处理态 X80 管线钢的总的腐蚀速率呈增大趋势。以上分析表明，在反应初期，钢基表面电位较低的部位，如夹杂物周围、凹点内，会优先发生腐蚀，形成腐蚀产物。但是由于这些腐蚀产物薄且不均匀，没有完全覆盖金属表面，对基体没有保护作用，腐蚀速率会逐渐增大；在反应中期，腐蚀产物膜厚度虽增加，但是在这层产物膜之间存在裂纹，对钢基不具有一定的保护性，腐蚀性离子可以通过裂纹进入基体表面加速局部腐蚀，因此可以观察到 X80 管线钢的自腐蚀电流随着时间的增加而增加；在反应后期，新生成的腐蚀产物又开始在锈层表面上沉积，锈层厚度再次增加，也更致密，具有了一定的保护性，因此热处理态时的 X80 管线钢腐蚀速率有所下降，但是高于腐蚀初期的腐蚀速率。然而最外层锈层由于疏松多孔从内层大量脱落，锈层厚度减小，致密性降低，而内层腐蚀产物膜之间进一步出现裂缝，并且裂缝随时间的增加而变宽变深，因此原始态时的 X80 管线钢腐蚀速率进一步增大。

表 9-2　X80 管线钢在海滨盐碱土壤模拟溶液中浸泡不同时间下的极化曲线拟合结果

状态	参数	浸泡时间/d		
		30	60	90
原始态	$i_{corr}/(\times 10^{-6} A/cm^2)$	3.211	4.672	8.214
	E_{corr}/mV	−769.388	−753.271	−778.522
热处理态	$i_{corr}/(\times 10^{-6} A/cm^2)$	3.721	12.600	5.985
	E_{corr}/mV	−786.244	−770.192	−759.654

　　由表 9-2 还可分析，试样在浸泡初期与中期，热处理态时的 X80 管线钢的腐蚀速率均高于原始态，说明热处理态时 X80 管线钢的耐蚀性低于原始态。这是由于经热处理后 X80 管线钢组织内出现的块状铁素体+珠光体组织部分代替了针状铁素体，导致材料性能恶化，致使 X80 管线钢耐蚀性降低。在浸泡后期，热处理态时的 X80 管线钢的腐蚀速率低于原始态，这与 X80 管线钢表面生成的腐蚀产物膜的完整性和致密性有关。这一结论与 X80 管线钢的腐蚀形貌分析结果一致。

　　综上所述，可以得出 X80 管线钢在海滨盐碱土壤模拟溶液中的腐蚀机理如下。

　　阴极反应过程为：

$$2H_2O + O_2 + 4e \longrightarrow 4OH^-$$

这是锈层增厚、颜色加深的原因。

阳极反应过程为：

$$Fe - 2e \longrightarrow Fe^{2+}$$

$$Fe^{2+} - 2OH^- \longrightarrow Fe(OH)_2$$

$$4Fe(OH)_2 + O_2 + 2H_2O \longrightarrow 4Fe(OH)_3$$

$$Fe(OH)_3 \longrightarrow FeO(OH) + H_2O$$

$$8FeO(OH) + Fe^{2+} + 2e \longrightarrow 3Fe_3O_4 + 4H_2O$$

$$3Fe(OH)_2 + \frac{1}{2}O_2 \longrightarrow Fe_3O_4 + 3H_2O$$

一方面，$Fe(OH)_2$ 会被继续缓慢氧化为更稳定的 Fe_3O_4；另一方面，$FeO(OH)$ 可以与 X80 管线钢表面的 Fe^{2+} 结合形成 Fe_3O_4，这就是内层 Fe_3O_4 含量较高且具有保护性的原因。

9.3　本章结论

(1) 在海滨盐碱土壤模拟溶液中，X80 管线钢经热处理后组织内出现的块状铁素体+珠光体组织部分代替了针状铁素体，导致材料性能恶化，致使热处理态的 X80 管线钢耐蚀性低于原始态。

(2) 原始态和热处理态的 X80 管线钢在盐碱土壤模拟溶液中浸泡 90d 后，其腐蚀产物主要为 α-FeO(OH) 和 γ-FeO(OH)(表层)以及 Fe_3O_4(内层)。依据锈层对钢基的保护性大致可分为三个过程：腐蚀初期，锈层不连续、不致密，对钢基起不到保护作用；腐蚀中期，锈层有足够的厚度和致密性，具有一定保护性，但是锈层表面存在的裂纹可以使腐蚀性离子通过，并进入基体表面加速腐蚀；腐蚀后期，外锈层从内锈层脱落，对钢基的保护性降低，腐蚀速率进一步增大。

(3) 在盐碱土壤模拟溶液中，随浸泡时间增加，原始态与热处理态的 X80 管线钢阴极过程均为氧的活化控制，两种状态 X80 管线钢总的腐蚀速率均呈增大趋势，点蚀敏感性增加；Cl^- 对 X80 管线钢腐蚀起主导作用。

参 考 文 献

[1] 姜晶, 王佳. 液相分散程度对气/液/固多相体系腐蚀行为的影响[J]. 电化学, 2009, 15(2): 132-140.

[2] 王莹, 俞宏英, 程远, 等. X80 管线钢在西气东输二线沿线典型土壤环境中的腐蚀行为[J]. 油气管道安全, 2012, 专刊: 319-324.

[3] 马孝轩. 我国主要土壤对混凝土材料腐蚀性分类[J]. 混凝土与水泥制品, 2003, (6): 6-7.

[4] 苗承武, 卢绮敏. 西气东输管道规划及其防腐蚀措施[J]. 全面腐蚀控制, 2000, 14(6): 27-30.

第 10 章 X80 管线钢在库尔勒土壤中的 微生物腐蚀规律研究

10.1 微生物腐蚀研究进展

10.1.1 微生物腐蚀研究意义

石油工业中的管线腐蚀相当一部分是由微生物造成的。微生物生命活动改变了基体材料的表面状况，形成生物膜，并在膜内形成 pH、SO_4^{2-}，O_2 和 Cl^- 等浓度梯度，常导致点蚀、缝隙腐蚀、选择性溶解、应力腐蚀或垢下腐蚀等。石油工业中由于金属结构的微生物腐蚀(MIC)而遭受大量损失，这常常与硫酸盐还原菌(SRB)、腐生菌(total growth bactericide，TGB)和铁细菌(IB)有关，而 SRB 是引起MIC 最严重的菌种，其中主要原因就是还原性的环境促进了 SRB 产生 H_2S 气体。这种气体是电化学腐蚀的开端，将会快速腐蚀钢铁。

大量管线腐蚀调查研究表明，由于管线周围的回填土提供了一个比未动土更有利于微生物生长的环境，而管线涂层提供的营养物质和阴极极化促进了微生物在管线表面的聚集，导致大多数管道外表面的剥离涂层下都存在 MIC。大量的样品分析表明，剥离涂层下管线钢的微生物腐蚀多与 SRB 有关。Pikas[1]曾提及剥离的煤焦油磁漆及沥青防腐层下的腐蚀。在条形腐蚀坑中发现了硫化物和硫，经过分析，腐蚀为厌氧 SRB 造成。Li 等[2]在阴极保护电位比-0.85V 负得多的情况下，在韩国的天然气管道剥离的热收缩聚乙烯套下，发现管线表面覆盖一层厚厚的黑色硫化物，缝隙内介质 pH 为 6～8，最大点蚀深度达 7mm，现场测试说明阴极保护电流没有进入剥离聚乙烯下面，由 SRB 造成了严重的微生物腐蚀。因此，研究土壤条件下管线钢的 SRB 活性规律及腐蚀机理就显得十分重要。

目前，X80 管线钢在我国刚投入使用十多年，其应用量很大且应用前景广阔，然而在其服役耐土壤微生物腐蚀性能方面的研究及评估方面基本处于起步阶段，尚未进行系统的研究和数据积累工作，因此极有必要系统开展 X80 管线钢土壤微生物腐蚀行为研究以及在我国典型环境条件下的服役安全性研究和数据积累工作。

针对上述问题，本章主要针对 SRB 在 X80 管线钢表面的附着情况与金属的电化学腐蚀行为、腐蚀机理及土壤中腐蚀性阴离子之间的相互作用规律进行基础性研究。研究结果将有助于厘清土壤微生物环境中高强度管线钢的微生物腐蚀机理，为埋地管线的腐蚀控制和寿命预测提供理论依据，为保障长输管线的长周期安全、稳定、经济运行奠定理论基础。该研究具有重要的科学理论研究意义和工程应用价值，符合国家能源发展重大需求。

10.1.2　微生物腐蚀研究现状

金属的微生物腐蚀，是指微生物自身生命活动及其代谢产物直接或间接地加速金属材料腐蚀过程。由于涉及生物体的参与，其作用机理及影响较其他腐蚀更为复杂。金属表面存在的微生物经常可以导致局部位置的电解质成分、pH 和氧浓度的较大改变。微生物及其代谢活动严重影响了金属的腐蚀过程，促使局部腐蚀的形成。微生物腐蚀可以引起材料的大范围降级。大多数金属及其合金都会被某些微生物所侵蚀。

人们对 MIC 的研究已经有很长历史，1891 年，Garrett 首次报道了微生物腐蚀的例子[3]。但是，直到 20 世纪 80 年代，有关金属材料在各种环境下的 MIC 研究报道不断增加，人们才对 MIC 引起足够重视。最近 20 年，MIC 已成为金属腐蚀的一个研究热点。由于缺乏对 MIC 机理的深入了解和认识，人们甚至认为 MIC 是腐蚀领域中的一个"谜"，因此迫切需要了解 MIC 的发生机理。

关于 SRB 的厌氧腐蚀机理主要有以下几种观点。一种是氢化酶的阴极去极化理论[4]。该理论认为，一方面，SRB 对腐蚀的阴极过程起促进作用，在潮湿的缺氧土壤中金属腐蚀的阴极反应是氢离子的还原，但氢活化电位过高，阴极表面只是被一部分氢原子覆盖，而 SRB 却把氢原子消耗掉，从而使去极化反应得以顺利进行；另一方面，SRB 的活动提供硫化物，由于硫化物的作用加速了管线钢腐蚀，即随着硫化物和介质中碳酸等作用生成 H_2S，而 H_2S 又与 Fe 生成 FeS。可见细菌为腐蚀提供活性硫化物，而活性硫化物可以加速管线钢的腐蚀。Iverson[5]提出了磷化合物去极化理论，他认为 MIC 是代谢产物磷化物作用的结果。在厌氧条件下，SRB 活动产生具有较高活性及挥发性的磷化物并与基体管线钢反应生成磷化铁 (Fe_2P)。另外，由 SRB 产生的 H_2S 与无机磷化物、磷酸盐、亚磷酸盐、次磷酸盐作用也可产生磷化物，在有基体管线钢存在时 H_2S 与次磷酸盐作用也可产生磷化铁，这些作用加剧了基体管线钢的腐蚀。

早期人们多采用电化学方法研究 MIC，但单纯从电化学角度研究微生物腐蚀金属可能只得到一些片面的结论，这些结论并不能客观完整地反映微生物腐蚀金属的真实过程。直到 20 世纪末期，随着表面分析技术的发展，人们对 MIC 的相界面过程有了更深的了解，随着对这一领域研究的不断深入，人们认识到必须结合生物能量学以及生物电化学方面的知识，才能更好地理解微生物影响金属腐蚀的进程，并逐渐意识到生物膜在 MIC 过程中所起的重要作用。目前，许多学者从生物能量学和生物电子传递方面着手，发现微生物能利用电子、通过氧化还原中间体传递电子或者通过纳米导线(pili，菌毛尺寸为纳米级)吸收电子进行代谢活动，从而腐蚀金属，维持自己的生命活动。最新研究表明，金属的微生物腐蚀在本质上是一个生物电化学过程。在微生物与金属并存的环境中，当电子供体(如碳源)不存在或消耗掉之后，微生物用金属代替碳源获取电子，导致金属发生微生物腐蚀。另外一种腐蚀机理是，微生物的代谢产物(如有机酸)导致金属腐蚀。腐蚀是一个能量释放的反应过程，微生物通过腐蚀金属得到维持其生命所必需的能量[6]。

有学者从生物能量学角度，提出了生物阴极催化硫酸盐还原(biocatalytic cathodic sulfate reduction，BCSR)机理[7-9]。该机理认为，当周围环境中有充足的碳源(如乳酸)时，SRB 优先利用有机物作为电子供体，同时 SRB 的生物膜分泌出细胞外多聚物(extracellular polymeric substances，EPS)[10-12]，其主要成分是蛋白质、DNA、脂质和多糖等[13]。由于受到扩散和顶层生物膜对碳源消耗的限制，碳源很难到达贴近金属表面的 SRB 生物膜，造成 MIC 受到扩散限制，易被腐蚀的金属(如 Fe)成为唯一电子供体，因此金属 Fe 完全可以充当 SRB 的电子供体，并且由 MIC 而产生的能量足够维持 SRB 的生命代谢活动[14,15]。

Aulenta 等[16]和 Usher[17]通过对微生物燃料电池(microbial fuel cell，MFC)中细胞内电子的导出机制的研究发现，直接电子传递是微生物电子传导的重要途径。Torres 等[18]指出，MFC 中细胞外电子传递(extracellular electron transfer，EET)的主要途径有：①直接电子传递；②基于可溶性介体的电子穿梭；③细菌纳米导线。其中①和③属于直接电子转移(direct electron transfer，DET)，②属于中介电子转移(mediated electron transfer，MET)。

Reguera 等[19]在 2005 年首次提出纳米导线(pili)的概念，通过导电原子力显微镜发现硫还原地杆菌的"菌毛蛋白"(geopili)。这种具有导电性的细丝把电子传递给金属氧化物，将与内膜、周质或者外膜相关的蛋白电子导出到胞外空间，通过这种渠道多血红素细胞色素能够将电子传递到菌毛上。但是，电子流入/流出的相关机制还不是很清楚。Gorby 等[20]发现，细胞外膜色素[如十亚铁血红素细胞色素(Mtr C)和细胞外膜蛋白质色素 A(Omc A)]被敲除后 pili 就失去导电能力。因此可认为，pili 是由菌毛蛋白和细胞色素 C 的结构部分组装而成。pili 的潜在功能有：①作为高级细胞传递信号系统的一部分；②促进胞间或中间的电子转移；③与细胞的生物能量学有关[21-25]。上述三种 EET 传递方式并不是单一存在的，它们有很好的互补与协调作用，至于哪种传递方式发挥主导作用，要视具体微生物环境来定。人们对胞外电子如何导入细胞的机制知之甚少，但是可从微生物导出电子的途径中得到启示，据此推断电子导入细胞的主要方式亦是通过上述三种方式。

10.1.3　生物膜与生物附着

在材料表面上生长的微生物所构成的膜称为微生物膜。据估计，有 90%以上微生物的活性是发生在生物膜内。在材料腐蚀中，生物膜中的微生物比溶液中自由运动的微生物更具重要性[26]。

1. 生物膜本质

20 世纪 70 年代后期，先进显微术取得进展，微生物学家惊奇地发现在几乎所有水生系统中，生物膜是细菌生长的主要形式。生物膜由微生物(海藻、真菌或细菌)的细胞和它们产生的细胞外的生物聚合物组成。通常，工业水系统中最关心的是造成传热设备结污与腐蚀的细菌生物膜，部分归因于许多微生物生长只需要最少的营养。

微生物本身占生物膜体积的 5%～25%，剩余 75%～95%的体积为生物膜基体，生物膜基体实际含有 95%～99%的水分。微生物通常必须与腐蚀表面紧密地结合，以影响现场腐蚀的发生和腐蚀速率。在大多数情况下，它们或者以薄、分散膜，或者以分离的生物沉积形式附在金属表面上。生物膜在最初的浸泡的 2～4h 开始形成，但通常需要数周才完成。这些膜通常是不规则的而不是连续的，但无论如何它们将覆盖金属表面的很大一部分[26]。在水处理过程中，由于生物膜中致病的生物体降低热传导、增加摩擦或阻塞管道、加速腐蚀，因此生物膜是有害的[27]。

2. 生物膜形成

工业系统中，直接或间接的生物矿化过程会对生物膜垢的形成与矿物质沉积产生影响。黏土颗粒和其他碎屑被包裹于细胞外黏液中，增加生物膜的厚度和不均匀性。矿物沉积和离子交换作用通常会使生物膜中的 Fe、Mn、Si 含量升高[28]。在水系统中发现好氧铁氧化菌情况下，金属氧化物是生物膜的重要成分[29]。钢铁材料在厌氧条件下应用时，钢表面通过腐蚀作用释放出的亚铁离子与生物膜中的细菌(如 SRB 等)产生的硫化物发生沉积反应形成铁的硫化物[30]。

菌落在完全洁净的表面上出现之前存在一诱导期。洁净表面上出现菌落后，膜厚阻碍营养物质向内部生物体的扩散过程或水流作用使得基体表面材料剥落速度等于其生长速度之前，生物膜呈指数规律增长。当冷却水中不添加抗菌剂时，生物膜通常在 10～14d 达到平衡。冷却水中平衡生物膜厚度不均匀，一般在 500～1000μm。

生物膜的生长主要归因于生物膜内部复制过程，而非浮游生物的黏着作用[31]。随着生物膜充分发展，酶与其他蛋白质也积聚起来，并与多聚糖反应生成复杂的生物高聚物。生物高聚物发生选择性反应，即其中在环境条件下最稳定的部分不变，而次稳定的部分剥落，因此充分发展的生物膜比新生物膜更难剥离。

水生环境中，微生物可能自由悬浮在本体水中(以浮游形式存在)或附着在静止的基础或表面上(以固着形式存在)。微生物既可以单生个体存在，也可以在数量从几个到超过百万个个体的菌落中存在。在浮游的和固着的微生物群体中都存在各物种复杂的集合体。微生物是以浮游形式存在还是以固着形式存在取决于环境条件。固着微生物不是直接附着在基层表面上，而是附着在吸附于表面的有机薄层(调节膜)上[图 10-1(a)和(b)]。当微生物在基层附着或复制时在表面形成生物膜，生物膜由不动的细胞及其细胞外聚合物组成。

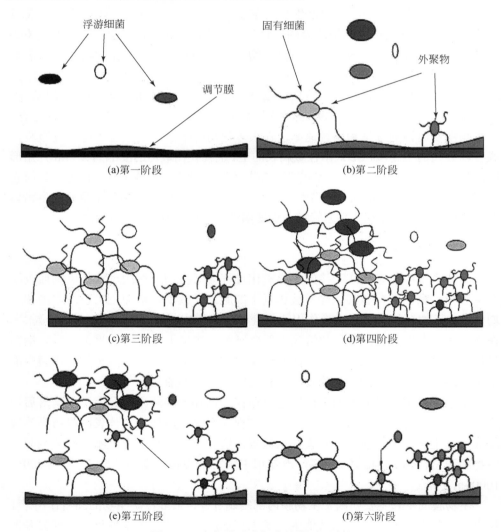

图 10-1　生物膜形成与生长的不同阶段

生物膜的特性可能随时间改变。在生长初期,生物膜由最早的在表面上不均匀分布的单个细胞微生物物种组成。几分钟后,一些附着物种产生黏性的外聚物,将细胞包裹起来,并从细胞表面延伸到基层和主体溶液中[图 10-1(b)]。带黏性的外聚物在表面的复制抑制了微生物细胞的散布[图 10-1(c)]。在这一发展阶段,生物膜的厚度小于 10μm,并作为插入细胞外聚物不连续基体存在。

随着这些固定的细胞继续进行复制并分泌出更多外聚物,生物膜在表面不断变厚且连续分布[图 10-1(d)]。细菌通过称为菌毛的蛋白质附属物附着于表面,一旦许多菌毛将细胞"黏附"表面之上,就很难将生物体从表面上剥离。细菌喜爱附着于表面的原因之一为被吸附的有机分子可作为养料,一旦被吸附,生物体就开始产生细胞外生物聚合物或黏液。产生生物高聚物量可超过细菌细胞质量的 100 倍或更多,生成的细胞外聚合物可为生物体的存活创造一个更适宜的保护环境。

细胞外生物聚合物主要有多聚糖和水组成,不同物种产生的多聚糖不同,但一般均为重复低聚糖,如葡萄糖、甘露糖、半乳糖、木糖等。其中细菌产生的生物聚合物的一个典型例子为黄原胶,它由野生黄单孢菌产生。二价阳离子如 Ca^{2+}、Mg^{2+} 的添加会使一些高聚物产生凝胶。多聚糖的羧酸盐官能团与二价阳离子的静电互相作用导致聚合物链间的桥联作用。聚合物的桥联和胶联有助于生物膜的稳定化,提高其抗剪切能力。

浮游细菌和无生命的颗粒等被逐渐地包裹于生物膜中,形成复杂的菌落。在这一阶段,可以明显看到成熟的生物膜,其形貌和稳定性随存在的微生物物种和周围本体溶液的条件而变化,到达这一阶段的时间可以是几天或几个星期。

生物膜不断变厚阻碍了溶解气体和其他养分从主体溶液向基层扩散,生物膜下部的环境条件越来越不利于一些微生物的生长,最终导致微生物细胞的死亡。随着生物膜根基的弱化,在流体产生的剪切应力作用下细胞集合脱落,同时局部裸表面暴露于主体溶液中[图 10-1(e)]。随后,在裸露表面上繁殖新的菌落,新微生物及其外聚物交织与原有生物膜组织之中[图 10-1(f)]。生物膜经常处于不断变化的状态,即使在主体溶液物理性质保持不变的条件下,也存在生物膜的不稳定性[32]。

3. 生物附着

在开放水域或潮湿的自然环境以及工业环境中,经常可以看到微生物附着在无生命的或有生命(组织)的物质表面[33-36]。金属表面上的生物附着可以改变金属的电化学特征。由于在生物活动区所形成的生物菌落附近存在贫氧区,导致形成的生物膜引起阴极去极化,另外,生物膜还可以增加生物菌落周围的酸度。在任何表面上的生物膜群落的化学成分都是异质的[37],而化学成分则反映了局部环境，营养条件和压力的改变[38]。生物附着对腐蚀的产生及金属表面钝化至关重要，只有了解了生物附着过程和生物膜特征，才能更好地了解腐蚀的产生与控制[39]。

生物膜通过以下一种或几种方式来影响材料的腐蚀过程：①直接影响阴极或阳极过程；②通过微生物代谢物和胞外聚合物改变表面膜的电阻系数；③通过产生低的氧浓度条件和酸化的微环境来促进腐蚀；④建立氧浓差电池影响腐蚀。由于生物膜可以在一个很宽的环境范围内存在，因此他们对材料的影响也覆盖了一个比较宽的温度、湿度、含盐量、酸度、碱度和大气压力条件范围。在有些情况下，生物膜可以减缓腐蚀[40]。

10.1.4　微生物腐蚀形成的表面膜层对腐蚀动力学的影响

当金属处于微生物环境中时，金属表面因微生物的附着而生成一层生物膜。从生态学的角度来看，微生物通过生物膜腐蚀金属，是为了更好地适应环境[41]。Castaneda 等[12]研究了 SRB 腐蚀不锈钢后所形成膜层的表面形态和电化学特征，发现金属受到 SRB 腐蚀后表面膜层由腐蚀产物膜和含有大量 EPS 的生物膜构成。

Dong 等[42]用原子力显微镜(atomic force microscopy，AFM)和 SEM 观察金属被 SRB 腐蚀后的表面形貌，发现金属外覆盖着一层多相不均匀膜层，该膜层由较松散的外膜和紧密的内膜组成。生物膜中内嵌导电的 Fe 的硫化物，使微孔具有良好的导电性，从而使生物膜表现出良好的电容特性。同时，生物膜的厚度也影响电容的大小，使生物膜的导电性随着 SRB 的生长代谢而不断变化。

许多学者分析了生物膜的化学成分。刘彬等[43]分析了浸泡在天然海水中 14d 后，不锈钢表面的生物膜成分，发现 C、O、S、Si、Mn 等元素含量明显增加，表明生物膜主要由微生物胞内物质及其有机代谢产物构成。段冶等[44]用傅里叶变换红外(Fourier transform infrared，FTIR)光谱仪分析了 Q235 钢在假单胞细菌和铁细菌混合作用下的表面生物膜成分，发现主要的吸收峰都是由聚酯糖类、脂蛋白类、细菌表面蛋白及其他细胞外聚合物官能团等引起。他们还根据能谱分析在混合体系中浸泡 21d 后 Q235 钢表面的腐蚀产物，能谱图上只显示出明显的 Fe 峰，表明此时的腐蚀产物主要是 Fe 的化合物。Moradi 等[45]分析了 *Pseudoalteromonas* sp.腐蚀双相不锈钢后表面生物膜的化学成分，发现 K、Cl 和 Na 大量富集在生物膜上，这是由于 K、Cl 和 Na 是构成生物膜中酶的活性元素。

生物膜的结构和形态是由周围环境因素和微生物的特性决定的。Flemming 等[41]认为，生物膜是异相不均匀的，溶液通过生物膜的多孔结构进入生物膜底部与金属直接接触。Dong 等[42]研究了多电极在 SRB 下的腐蚀行为，发现金属电极表面的电流分布是不均匀的，这进一步验证了 Flemming 等[41]的观点。Xu 等[46]研究了 Q235 钢在涂层保护下的微生物腐蚀行为，结果也表明生物膜是异相不均匀的，且内层的腐蚀产物层有很多裂纹。生物膜的这种异相不均匀性导致金属表面存在浓度梯度，且其浓度梯度随着生物膜的形成、发展、成熟、死亡和脱落而变化。许多学者研究发现，位于生物膜下的金属与位于无菌环境中的金属相比，更易形成点蚀和缝隙腐蚀[45, 47, 48]。其原因是生物膜的多相异性使金属表面所处的环境各不相同，造成金属阳极曲线的不一致，从而发生"自催化效应"，发生小孔腐蚀[49]。但是 Little 等[50]却认为，生物膜具有催化效应，能增大阴极电流密度，从而促进金属表面自钝化。Lai 等[51]认为，生物膜中的酶能催化葡萄糖转化为葡萄糖酸和 H_2O_2。Washizu 等[52]的研究结果表明，H_2O_2 能增大阴极电流密度，提高金属的自钝化能力。这些结果与上述内容提到的生物膜会加速金属点蚀的观点相矛盾。前一种理论基于生物膜物理结构及其对扩散影响方面进行考虑的，而后一种理论考虑了生物膜对阴极的催化性能。这也进一步反映了生物膜对 MIC 影响的复杂性。

　　西气东输二线工程途经 13 个地区，其主干线所选钢种为 X80 管线钢，绝大部分管线都埋于土壤中，要与腐蚀性不同的数十种土壤接触。因此，需要根据不同土壤特点，制定相应的腐蚀实验方案。研究表明，西北盐渍土壤、东南酸性土壤和海滨盐碱土壤对材料有很强的腐蚀性。因此，本章以西北盐渍土壤模拟溶液为腐蚀介质，采用电化学方法结合表面分析技术，对 SRB 在 X80 管线钢表面的附着与金属的电化学腐蚀行为、腐蚀机理及土壤中腐蚀性阴离子之间的相互作用规律进行基础性研究，确定土壤中 X80 管线钢 SRB 腐蚀机理和腐蚀控制因素，建立土壤中高钢级管线钢的微生物腐蚀评价指标体系，为减缓和防止高钢级管线钢在土壤中的微生物腐蚀提供理论依据。

10.2　实验过程与方法

10.2.1　实验菌种

1. 菌种来源

　　实验所用的 SRB 菌种取自西气东输二线工程途经地区的土壤中，为保持细菌活性，尽量将无菌采样瓶内用土壤装满，使瓶内空气排尽；采好土样后盖紧瓶盖，将瓶口用无菌橡皮塞封好，以防空气和周围环境中的杂菌进入。

2.菌种的分离、培养和测定

　　通过对微生物的富集培养与纯培养技术从土壤中分离出 SRB。富集培养技术是利用一定的培养基和培养方法选择所需要的生物，而对不需要的生物进行反选择，其目的是达到纯培养。有许多方法可以达到纯培养，但最常使用的方法有平板划线法、琼脂振荡法和液体稀释法。微生物体在琼脂平板上生长得最好，因此平板划线法是普遍选择的方法。通过反复挑选和划线所分离的菌落，通常可以达到纯培养目的，然后把此纯培养菌落转到液体培养基中。在适当的培养条件下，通过划线平板法在琼脂平板上纯化厌氧的 SRB，进而达到分离 SRB 的目的。

根据《工业循环冷却水中菌藻的测定方法第 5 部分：硫酸盐还原菌的测定 MPN 法》GB/T 14643.5—2009 采用多试管发酵技术，在(29±1)℃培养 21d，如果试管内产生黑色沉淀并伴有 H_2S 臭味的表明阳性反应，说明形成了 FeS_x 沉淀。

1) 实验仪器和设备

无菌箱或超净工作台、蒸汽压力灭菌器、生化培养箱、电热干燥箱、电热恒温水浴锅、刻度吸管(1mL 和 5mL)、试管(150mm×15mm 并配上密封的塞子)、试管架、刻度三角瓶(500mL)、磨口三角瓶(100mL)、磨口试剂瓶(1000mL)和容量瓶(1000mL)。

2) 培养基的配制

使用修正的 Postgate'C 培养基对水样中 SRB 进行富集培养。培养基成分为每升去离子水中含有 0.5g KH_2PO_4、1g NH_4Cl、0.06g $CaCl_2 \cdot 6H_2O$、0.06g $MgSO_4 \cdot 7H_2O$、6mL 70%乳酸钠、1g 酵母膏、0.004g $FeSO_4 \cdot 7H_2O$ 和 0.3g 枸橼酸钠。用 1mol/L NaOH 调节 pH 为 7.2±0.2，并分装在 500mL 刻度三角瓶中，每瓶不超过 350mL，瓶口塞上棉塞，并用牛皮纸包好，用蒸汽压力灭菌器(121±1)℃灭菌 20min。

3) 测定步骤

(1) 水样的采集：用无菌采样瓶采集被测样品，在取样过程中，保护瓶口和颈部免受杂菌污染，瓶内要灌满水样。

(2) 无菌箱灭菌：把实验所用的无菌培养基、无菌稀释水、无菌吸管等用品放入无菌箱内，打开紫外线灯灭菌 30min。

(3) 水样的稀释和接种：用 10 倍稀释法稀释水样，即用 5mL 无菌吸管吸取 5mL 水样注入 45mL 空白稀释水中充分摇匀，此时稀释度为 10^{-1}；另取一支 5mL 无菌吸管吸取 5mL 稀释度为 10^{-1} 水样注入第二个稀释水中，充分摇匀，此时稀释度为 10^{-2}，依次类推，直至需要的稀释度为止。将水样(包括稀释水样)分别接种于无菌试管中，试管置试管架上，每个稀释度重复接种 3～5 管，每管接种 1mL，每接一个稀释度更换一支无菌吸管；另取一组试管不接水样作为空白。用事先在水浴上加热至 60℃并迅速冷却到 20℃的无菌培养基灌满试管，盖上密封塞子。

(4) 培养：在生化培养箱中，于(29±1)℃培养 21d。

10.2.2　实验过程

1. 试样制备

实验材料为高钢级 X80 管线钢。采用集中统一制备试样，通过线切割将 X80

管线钢加工成 50mm×25mm×2mm 的矩形(其中用于挂片的小孔直径为 4mm)与 12mm×12mm×2mm 的正方形两种试片。矩形试片用于生物膜观察实验，正方形试片用于电化学实验。在制备过程中尽可能避免对试片造成机械划伤。挂片试样表面还应进行除锈、除氧化皮，对边缘锋利棱角和毛刺应尽量锉平。然后按以下顺序准备：编号—打钢号—清洗干燥—称重测量—外观编号—记录表面积—备用。将用于电化学实验的正方形试片的一面焊接上铜导线，使用环氧树脂将其密封绝缘，另一面作为实验工作面，其示意图见图 10-2。将封好的电极工作面用 SiC 水磨砂纸进行打磨至 800 目，然后用灭菌蒸馏水冲洗，丙酮除油，无水乙醇脱脂后放置在干燥器内备用。

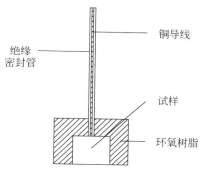

铜导线

绝缘
密封管

试样

环氧树脂

图 10-2　电化学试样剖面示意图

2. 实验土壤介质

实验选择西北盐渍土壤——库尔勒地区的典型土壤为模拟溶液，具体模拟溶液成分见表 10-1。将片状试样浸泡在土壤模拟溶液中，平行试样为 3 个，浸泡时间分别为 10d、30d 和 50d。实验结束后，用 SEM 观察微观表面形貌，EDS 分析腐蚀产物的成分和各种元素的含量，XRD 分析腐蚀产物构成。

表 10-1　土壤模拟溶液成分

土壤	pH	Cl⁻含量/%	SO₄²⁻含量/%
库尔勒土壤	9.00	0.23	0.08

3. 硫酸盐还原菌的培养与接种实验

实验用的 SRB 是通过富集培养的方式从西气东输二线途径地区的土壤中分离出来的。使用修正的 Postgate'C 培养基对土壤中的 SRB 进行富集培养，将 5g 某炼油厂土壤接种到 250mL SRB 培养基中，在 30℃的摇床上(150r/min)对其进行活化并培养 3d，然后放入 30℃恒温培养箱中进行富集培养。将富集培养的 SRB 菌液按质量浓度 5%比例接种到含有修正的 Postgate'C 培养基的电解池和细胞培养瓶中，用橡胶塞密封，以维持其自然状态，以便进行有关电化学实验和挂片实验。

4. 电化学实验

电化学测量采用密封的三电极体系，其示意图见图 10-3。容积为 0.5L。工作电极为 X80 管线钢试片，参比电极为饱和甘汞电极(SCE)，辅助电极为铂片。采用美国 EG&G 公司生产的 M2273 综合电化学测试系统，对 X80 管线钢电极进行动电位扫描极化曲线测量，扫描速度为 0.5mV/s，交流阻抗谱测试所用频率范围为 5mHz～100kHz，施加的正弦波幅值为 10mV。

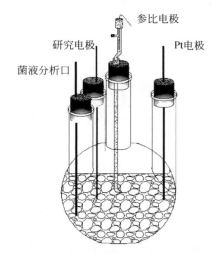

图 10-3　电化学实验所用的三电极体系示意图

5. 腐蚀形貌、腐蚀产物及附着的微生物膜的 SEM 观察和 EDS

使用 JEOL JSM-35C SEM 扫描电镜进行微生物膜形貌、腐蚀产物膜和腐蚀形貌分析，并使用与之配套的 EDS 进行元素分析。对浸泡在无菌溶液和含有 SRB 的腐蚀液中不同时间的试片上附着的生物膜、腐蚀产物和腐蚀形貌也进行了 SEM 观察和相关区域的 EDS 分析。SEM 观察前对用于生物膜观察的浸泡试样做如下处理：将附着有生物膜的试片先在 4%戊二醛溶液(用无菌蒸馏水配制)中固定 15min，然后分别用 25%、50%、75%和 100%的乙醇溶液进行逐级脱水 15min，干燥后用于 SEM 观察。SEM 观察前对用于观察腐蚀形貌的试样做如下处理：用 0.1%失水山梨醇单油酸酯聚氧乙烯醚试剂(用灭菌水配制)清洗试样，然后用乙醇脱水，干燥后用于 SEM 观察。

6. 试片表面清洗

采用除锈液(500mL 盐酸+500mL 去离子水+3.5g 六次甲基四胺)将试样表面的腐蚀产物去除，然后用蒸馏水冲洗，丙酮除油，无水乙醇脱脂后放置干燥器内备用。除净腐蚀产物后，拍摄实物照片，并用 SEM 观察试片表面腐蚀形貌。

10.3　实验结果分析与讨论

10.3.1　电化学分析

图 10-4 是 X80 管线钢在无菌库尔勒土壤模拟溶液中浸泡不同时间后的极化曲线。由图 10-4 可以看出，在整个实验期间，X80 管线钢的 E_{corr} 的变化范围较小。在浸泡 10d 之后，X80 管线钢的阳极极化曲线很平滑，不存在钝化区，说明 X80 管线钢在库尔勒土壤模拟溶液中处于活化状态，没有钝态出现；在浸泡了 30d 之后，阳极反应和阴极反应均得到加强，阳极曲线在-820~-520mV 开始出现一个小区域，在此区域内，电流密度随电位增加变化很小，当电位超过该区域后，电流密度再次大幅度增加，说明在此区域存在一个点蚀电位 E_{pit}，此时的 E_{pit} 为-520mV，高于此电位后，点蚀能很快地在 X80 管线钢表面发生、发展；在浸泡了 50d 之后，阳极反应与阴极反应均受到一定程度的抑制，阳极曲线的走势与浸泡 30d 时的相似，也存在一个钝化的区域和一个点蚀电位 E_{pit}，此时的 E_{pit} 为-400mV，高于此电位后，点蚀能很快地在 X80 管线钢表面发生、发展。以上分析表明，X80 管线钢在浸泡了 10d 之后，表面主要以全面腐蚀为主，浸泡 30d 和 50d 之后，钢基体表面以点蚀为主。

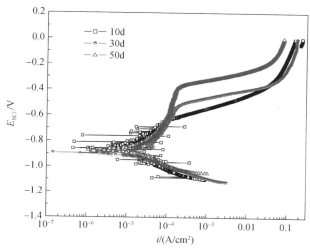

图 10-4　X80 管线钢在无菌库尔勒土壤模拟溶液中浸泡不同时间后的极化曲线

　　表 10-2 为 X80 管线钢在无菌库尔勒土壤模拟溶液中浸泡不同时间后的极化曲线拟合结果。从表 10-2 可以看出，X80 管线钢在模拟溶液中的 i_{corr} 随着浸泡时间的增加呈现出增大—减小—增大的发展趋势，而且 50d 后的 i_{corr} 大于 10 d 时的 i_{corr}。由 Farady 第二定律可知，i_{corr} 与腐蚀速率之间存在一一对应关系，i_{corr} 越大，腐蚀速率越大，这说明腐蚀速率变化趋势为增大—减小—增大，X80 管线钢总的腐蚀趋势在增大。这是由于在反应初期，钢基体表面电位较低的部位，如夹杂物周围、凹点内，会优先发生腐蚀，形成腐蚀产物。但是由于这些腐蚀产物薄而且不均匀，没有完全覆盖金属表面，对基体没有保护作用，腐蚀速率会逐渐增大。在反应中期，腐蚀产物膜厚度增加，并结成连续的具有保护性的膜，这层膜对钢基体具有一定的保护性，因此可以观察到 X80 管线钢的 i_{corr} 随着时间的增加而逐渐降低。在反应后期，生成的锈层进一步增厚，最外层锈层由于疏松多孔而从内层大量脱落，锈层厚度减小，致密性降低，因此腐蚀速率再次增大，而且此时的腐蚀速率高于初期的。

表 10-2　X80 管线钢在无菌库尔勒土壤模拟溶液中浸泡不同时间下的极化曲线拟合结果

参数	浸泡时间/d		
	10	30	50
$i_{corr}/(\times 10^{-6}A/cm^2)$	9.15	18.28	12.18
E_{corr}/mV	−855.264	−898.869	−872.140

　　图 10-5 是 X80 管线钢在含 SRB 的库尔勒土壤模拟溶液中浸泡不同时间的极化曲线。由图 10-5 可以看出，在整个实验期间，X80 管线钢的 E_{corr} 的变化范围较小。浸泡 10d 之后，X80 管线钢的阳极极化曲线分别在-800～-700mV、-650～-600mV 和-570～-480mV 三个电位区间出现了钝化，在-480mV 左右出现了点蚀；浸泡了 30d 之后，阳极曲线在-670～-550mV 开始出现一个小区域，在此区域内，电流密度随电位增加变化很小，当电位超过该区域后，电流密度再次大幅度增加，说明在此区域存在一个点蚀电位 E_{pit}，此时的 E_{pit} 为-550mV，高于此电位后，点蚀能很快地在 X80 管线钢表面发生、发展；浸泡了 50d 之后，阳极反应与阴极反应均受到一定程度的加强，阳极曲线的走势与浸泡 30d 时的相似，也存在一个钝化的区域和一个点蚀电位 E_{pit}，高于此电位后，点蚀能很快地在 X80 管线钢表面发生、发展。以上分析表明，X80 管线钢在整个实验期间，其阳极极化曲线均存在一定范围的钝化区和一个点蚀电位，说明 X80 管线钢基体表面均出现了点蚀。

　　表 10-3 为 X80 管线钢在含 SRB 的库尔勒土壤模拟溶液中浸泡不同时间的极化曲线拟合结果。从表 10-3 可以看出，X80 管线钢在模拟溶液中的 i_{corr} 随浸泡时间的增加而增大。由 Farady 第二定律可知，i_{corr} 与腐蚀速率之间存在一一对应关系，i_{corr} 越大，腐蚀速率越大，说明腐蚀速率呈增大趋势。这是由于 SRB 代谢活

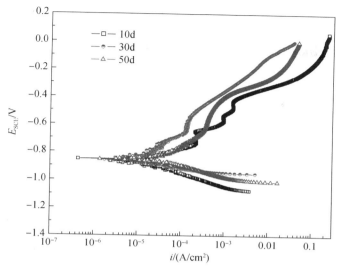

图 10-5　X80 管线钢在含 SRB 的库尔勒土壤模拟溶液中浸泡不同时间的极化曲线

动所产生的生物膜影响了 X80 电极表面的腐蚀过程,生物膜的存在对腐蚀有一定的加速作用,它可使管线钢表面的腐蚀破坏程度增加,耐蚀性降低,腐蚀速率增大。

表 10-3　X80 管线钢在含 SRB 的库尔勒土壤模拟溶液中浸泡不同时间的极化曲线拟合结果

参数	浸泡时间/d		
	10	30	50
$i_{corr}/(\times 10^{-6} A/cm^2)$	8.290	8.904	27.730
E_{corr}/mV	−915.344	−861.046	−853.221

通过对比表 10-2 和表 10-3 可以看出,在腐蚀相同时间(10d 和 30d)之后,X80 管线钢在不含 SRB 的无菌土壤中腐蚀速率高于其在含 SRB 土壤中的腐蚀速率,而在同样腐蚀了 50d 之后,X80 管线钢在无菌土壤中腐蚀速率远低于其在含 SRB 土壤中的腐蚀速率。以上分析表明,在腐蚀初期和中期(10d 和 30d),随着腐蚀时间的增加,SRB 代谢所产生的生物膜对钢基体具有一定的保护作用,随着腐蚀时间进一步增加,SRB 的危害作用充分体现出来,其繁殖和代谢作用明显加速了 X80 管线钢的腐蚀。

10.3.2　表面形貌观察与分析

图 10-6 是 X80 管线钢在含有 SRB 的库尔勒土壤模拟溶液中浸泡不同时间的宏观腐蚀形貌。由图 10-6 可知,X80 管线钢试样在浸泡 6d 后的锈层并不致密,

相当一部分钢基体上没有被锈层所覆盖，有锈层的部位，贴近金属基的是黑色锈层，黑色锈层上方是棕黄色锈层。浸泡 11d 后的锈层比 6d 的锈层致密，贴近金属基的是黑色锈层，黑色锈层上方是棕黄色锈层。随着浸泡时间的进一步增加，30d 后钢基上的大部分表面已被锈层所覆盖，且锈层越来越厚，越来越致密，颜色也越来越深，变为红褐色，仔细观察 X80 管线钢表面的腐蚀形貌可以发现，腐蚀产物主要分三层，表层为红褐色，容易去除；第二层为棕黄色，非常坚硬很难去除；最内层为黑色，很薄，与基体结合很牢。

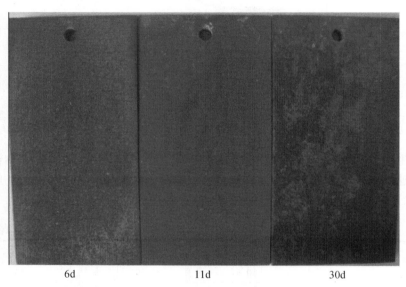

6d　　　　　　　　　　11d　　　　　　　　　　30d

图 10-6　X80 管线钢在含 SRB 的库尔勒土壤模拟溶液中的宏观腐蚀形貌

图 10-7 为 X80 管线钢在含 SRB 的库尔勒土壤模拟溶液中浸泡 6d 后的生物膜 SEM 形貌。由图 10-7(a)～(c)可以看出，X80 管线钢表面被腐蚀产物覆盖处的腐蚀产物可分为两层，内层为生物膜层，分布较为均匀且致密，与基体结合很牢，这层生物膜对腐蚀性介质渗入到基体起到了一定的阻碍作用，外层锈层为大小不等的比较分散的花状锈层，其上存在许多缝隙，说明表层腐蚀产物没有保护作用。由图 10-7(d)可以看出，紧贴 X80 管线钢表面处由许多长棒条状的 SRB 细胞以及其赖以生存的生物膜基体组成。图 10-7(e)和(f)是一些附着在 X80 管线钢表面的 SRB 细胞分泌出的黏性的细胞外聚合物，将细胞包裹起来，并从细胞表面延伸到基层和主体溶液中。

图 10-8 为 X80 管线钢在含 SRB 的库尔勒土壤模拟溶液中浸泡 6d 后的生物膜 EDS 分析。可以看出，X80 管线钢表面的生物膜是由 Fe 的氧化物、硫化物和氯化物组成。

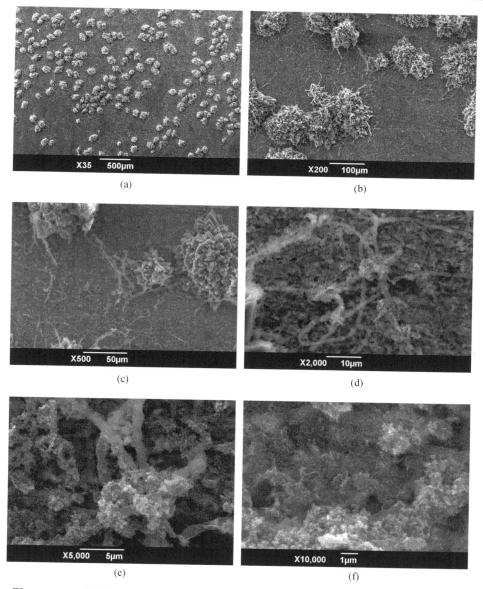

(a)　　　　　　　　　　　(b)

(c)　　　　　　　　　　　(d)

(e)　　　　　　　　　　　(f)

图 10-7　X80 管线钢在含 SRB 的库尔勒土壤模拟溶液中浸泡 6d 后的生物膜 SEM 形貌

　　图 10-9 为 X80 管线钢在含 SRB 的库尔勒土壤模拟溶液中浸泡 30d 后的 SEM 形貌。由图 10-9(a)～(c)可以看出，X80 管线钢表面被腐蚀产物覆盖处的腐蚀产物可分为两层，内层为团簇状的生物膜层，其上出现许多龟裂，对基体的保护性降低；外层锈层为大小不等的团簇状和花瓣状锈层，与浸泡 6d 时的相比，外层腐蚀产物的数量和密集程度明显增加，但其上存在许多缝隙，对基体没有保护作用，

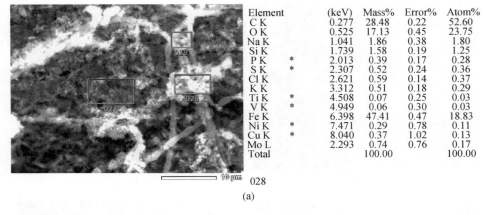

Element		(keV)	Mass%	Error%	Atom%
C K		0.277	28.48	0.22	52.60
O K		0.525	17.13	0.45	23.75
Na K		1.041	1.86	0.38	1.80
Si K		1.739	1.58	0.19	1.25
P K	*	2.013	0.39	0.17	0.28
S K	*	2.307	0.52	0.24	0.36
Cl K		2.621	0.59	0.14	0.37
K K		3.312	0.51	0.18	0.29
Ti K	*	4.508	0.07	0.25	0.03
V K	*	4.949	0.06	0.30	0.03
Fe K		6.398	47.41	0.47	18.83
Ni K	*	7.471	0.29	0.78	0.11
Cu K	*	8.040	0.37	1.02	0.13
Mo L		2.293	0.74	0.76	0.17
Total			100.00		100.00

(a)

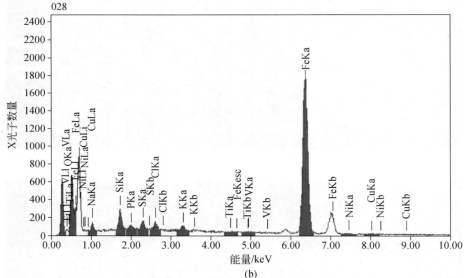

(b)

图 10-8　X80 管线钢在含 SRB 的库尔勒土壤模拟溶液中浸泡 6d 后的腐蚀产物 EDS 分析

腐蚀性离子可以通过裂纹进入内锈层加速腐蚀。图 10-9(d)为紧贴钢基体表面的放大倍数的生物膜层，可以看出，紧贴 X80 管线钢表面处主要由 SRB 细胞分泌出的黏性细胞外聚合物组成，长棒条状的 SRB 细胞数量明显减少。由包裹于生物膜中的浮游 SRB 和无生命的颗粒等形成的复杂菌落的生物膜不断变厚，阻碍了溶解气体和其他养分从腐蚀溶液向基层扩散。生物膜下部的环境条件越来越不利于 SRB 的生长，最终导致其细胞死亡。随着生物膜根基的弱化，在流体产生的剪切应力作用下细胞集合脱落，同时局部裸表面暴露于腐蚀溶液中，致使钢的腐蚀程度加剧，腐蚀速率增加。

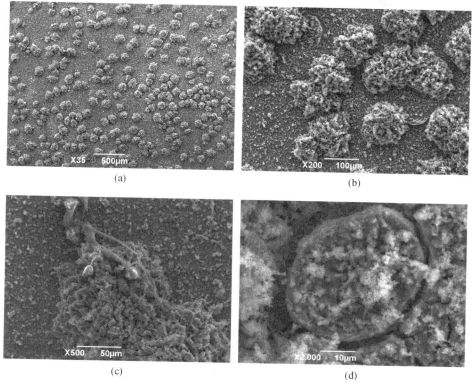

图 10-9　X80 管线钢在含 SRB 的库尔勒土壤模拟溶液中浸泡 30d 后的生物膜 SEM 形貌

图 10-10 为 X80 管线钢在含 SRB 的库尔勒土壤模拟溶液中浸泡 30d 后的外层腐蚀产物 EDS 分析，可以看出，X80 管线钢外层的腐蚀产物主要是 Fe 的氧化物、磷化物和硫化物。

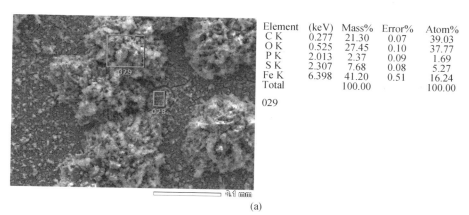

Element	(keV)	Mass%	Error%	Atom%
C K	0.277	21.30	0.07	39.03
O K	0.525	27.45	0.10	37.77
P K	2.013	2.37	0.09	1.69
S K	2.307	7.68	0.08	5.27
Fe K	6.398	41.20	0.51	16.24
Total		100.00		100.00

029

(a)

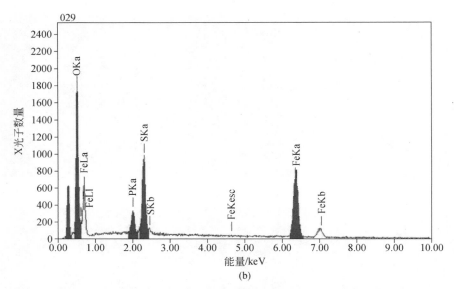

(b)

图 10-10　X80 管线钢在含 SRB 的库尔勒土壤模拟溶液中浸泡 30d 后外层腐蚀产物 EDS 分析

图 10-11 为 X80 管线钢在含 SRB 的库尔勒土壤模拟溶液中浸泡 30d 后内层生物膜的 EDS 分析,可以看出,X80 管线钢内层的生物膜是由 Fe 的氧化物和硫化物组成,且 Fe 的硫化物和氧化物含量均明显高于外层腐蚀产物中的。与图 10-8 对比发现,生物膜与腐蚀产物中的 S 元素的含量随着腐蚀时间的增加而急剧增加,说明 SRB 还原 SO_4^{2-} 的能力也随之增强。

图 10-12 为 X80 管线钢在无菌库尔勒土壤模拟溶液中浸泡 30d 后的 SEM 形貌。由图 10-12 可以看出,X80 管线钢表面已被腐蚀产物完全覆盖,且其腐蚀产物可分为两层,外部锈层呈龟裂的大块状分布,其上有许多交错的细长裂纹,腐蚀性离子可以通过其间隙浸入,因此其保护性较低;内锈层均匀致密,与基体结合紧密,对钢基具有一定的保护性,但是在该锈层表面存在许多细长的裂缝,腐蚀性离子可以通过裂缝渗入基体表面发生反应,从而诱发局部腐蚀。

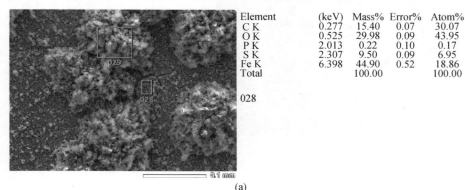

Element	(keV)	Mass%	Error%	Atom%
C K	0.277	15.40	0.07	30.07
O K	0.525	29.98	0.09	43.95
P K	2.013	0.22	0.10	0.17
S K	2.307	9.50	0.09	6.95
Fe K	6.398	44.90	0.52	18.86
Total		100.00		100.00

(a)

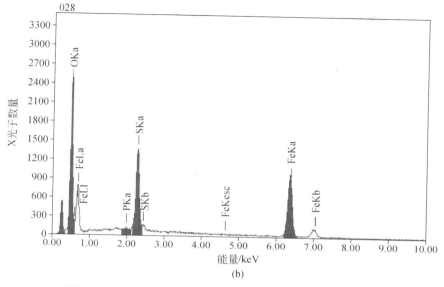

(b)

图 10-11　X80 管线钢在含 SRB 的库尔勒土壤模拟溶液中浸泡 30d 后内层生物膜的 EDS 分析

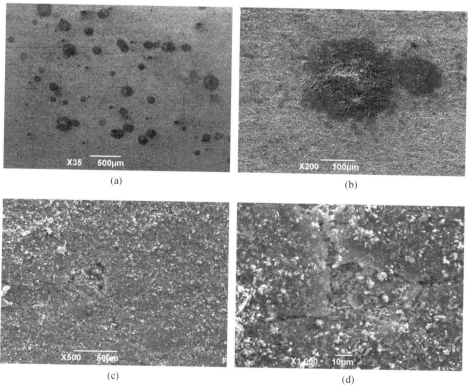

图 10-12　X80 管线钢在无菌库尔勒土壤模拟溶液中浸泡 30d 后的 SEM 形貌

    图 10-13 为 X80 管线钢在无菌库尔勒土壤模拟溶液中浸泡 30d 后的外层腐蚀产物 EDS 分析。可以看出，X80 管线钢外层的腐蚀产物主要是由大量 Fe 的氧化物和少量 Fe 的氯化物组成。

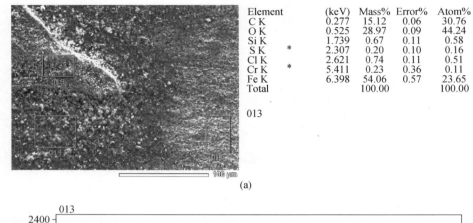

Element		(keV)	Mass%	Error%	Atom%
C K		0.277	15.12	0.06	30.76
O K		0.525	28.97	0.09	44.24
Si K		1.739	0.67	0.11	0.58
S K	*	2.307	0.20	0.10	0.16
Cl K		2.621	0.74	0.11	0.51
Cr K	*	5.411	0.23	0.36	0.11
Fe K		6.398	54.06	0.57	23.65
Total			100.00		100.00

(a)

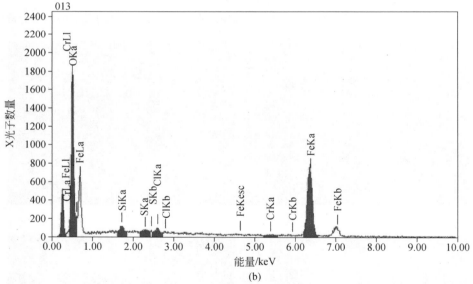

(b)

图 10-13　X80 管线钢在无菌库尔勒土壤模拟溶液中浸泡 30d 后的外层腐蚀产物 EDS 分析

    图 10-14 为 X80 管线钢在无菌的库尔勒土壤模拟溶液中浸泡 30d 后的内层腐蚀产物 EDS 分析。可以看出，X80 管线钢内层的腐蚀产物主要为 Fe 的氧化物，且其含量远远低于外层腐蚀产物中 Fe 的氧化物。与图 10-10 和图 10-11 对比发现，X80 管线钢在无菌的模拟溶液中，由于没有 SRB 的加速腐蚀作用，腐蚀产物中并没有 Fe 的硫化物出现。

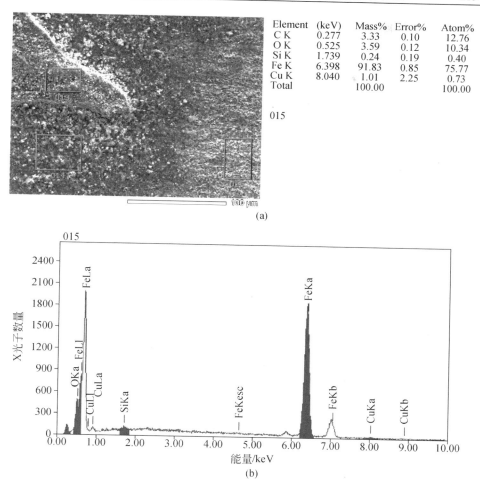

Element	(keV)	Mass%	Error%	Atom%
C K	0.277	3.33	0.10	12.76
O K	0.525	3.59	0.12	10.34
Si K	1.739	0.24	0.19	0.40
Fe K	6.398	91.83	0.85	75.77
Cu K	8.040	1.01	2.25	0.73
Total		100.00		100.00

(a)

(b)

图 10-14　X80 管线钢在无菌库尔勒土壤模拟溶液中浸泡 30d 后的内层腐蚀产物 EDS 分析

图 10-15 为 X80 管线钢在无菌库尔勒土壤模拟溶液中浸泡 30d 后去除腐蚀产物的 SEM 形貌。由图 10-15 可以看出，X80 管线钢在无菌的土壤溶液中腐蚀形貌为均匀腐蚀加点蚀，其点蚀坑的形状为大小不等的圆形，且在点蚀坑内部还存在一些不规则形状的腐蚀产物。

图 10-16 为 X80 管线钢在含 SRB 的库尔勒土壤模拟溶液中浸泡 30d 后去除腐蚀产物的 SEM 形貌。由图 10-16 可以看出，X80 管线钢在含 SRB 的库尔勒土壤模拟溶液中的腐蚀形貌为均匀腐蚀加点蚀，其点蚀孔是一些开口的、阶梯形的圆锥体，孔内侧则有很多同心圆环；清除了蚀孔内的黑色 FeS 腐蚀产物后，腐蚀产物下的金属表面是光亮的，且处于活化状态。

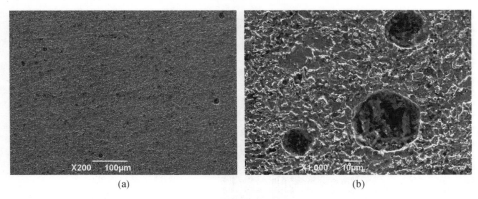

图 10-15　X80 管线钢在无菌库尔勒土壤模拟溶液中浸泡 30d 后去除腐蚀产物的 SEM 形貌

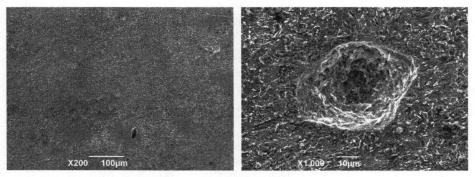

图 10-16　X80 管线钢在含 SRB 的库尔勒土壤模拟溶液中浸泡 30d 后去除腐蚀产物的 SEM 形貌

通过对比图 10-15 与图 10-16 可以发现，含 SRB 时产生的点蚀孔远大于无菌时的，表面 SRB 和土壤模拟溶液中腐蚀性离子的共同作用进一步加速了 X80 管线钢的局部腐蚀进程，促使蚀孔进一步长大，这是由 SRB 代谢产物 S^{2-} 对其钝化膜的破坏而引起的，而 S^{2-} 离子以 H_2S 及 HS^- 形式存在。在含有 SRB 溶液中，X80 管线钢表面形成的生物膜比较疏松，细菌可借助其结构疏松而在电极表面大量吸附，生物膜中 SRB 菌落的存在及其代谢产物(H_2S 与有机酸)的富集阻碍了氧向金属表面的扩散，从而营造一个厌氧的微环境，而 H_2S 可通过电离产生 HS^- 离子与 H^+ 离子，并在金属表面上吸附。一方面，H_2S 和 H^+ 能够影响金属 MIC 腐蚀机理；另一方面，H^+ 也能够影响 SRB 对 Fe^{2+} 的获得。由 SRB 的代谢产物的排泄物所产生的酸化作用能够增强硫化物(H_2S，HS^-)的腐蚀能力，提高 SRB 对 Fe^{2+} 的获得率，导致被破坏的不锈钢表面钝化膜因缺氧而无法自行修复，成为活性金属。此时钝化膜破损处的活性金属成为小阳极，而保持钝性的金属表面便成为大阴极，进一步加速了钝化膜破损处金属的腐蚀进程，形成腐蚀坑。在水中含有 SO_4^{2-} 时，SRB 的活动能够产生 $S_2O_3^{2-}$，而 $S_2O_3^{2-}$ 是一种公认的点蚀促进剂。SRB 将 SO_4^{2-} 还原为硫化物，硫化物又被溶液中的 O_2 氧化形成 $S_2O_3^{2-}$，加速电极表面点蚀的形成，其原理见图 10-17。由于 SRB 代谢产生的 S^{2-} 和有机酸的共同作用，促使蚀坑向深处发展。

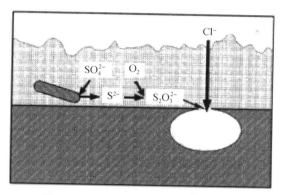

图 10-17　SRB 活动产生 $S_2O_3^{2-}$ 原理图

10.3.3　腐蚀机理分析

管线钢在土壤中的腐蚀过程，一般来说是氧的还原腐蚀过程。除了材料自身的因素外，凡是能够影响氧和电子传输的因素均能影响其腐蚀行为，尤其是土壤中存在 SRB，影响很明显。X80 管线钢在含 SRB 介质中腐蚀不同时间后，表面腐蚀产物经 EDS 分析都表明存在 FeS，说明试片表面 SRB 的代谢活动明显参与了腐蚀过程。由此，可以确定 X80 管线钢在含 SRB 土壤中腐蚀的阴极过程为 O_2 和 SO_4^{2-} 的去极化反应，阳极过程为 Fe 的溶解。

综上所述，可以得出 X80 管线钢的腐蚀机理如下。

阳极反应过程为：

$$Fe - 2e \longrightarrow Fe^{2+}$$

$$8H_2O \longrightarrow 8OH^- + 8H^+ \text{(水的电离)}$$

阴极反应过程为：

$$8H^+ + 8e \longrightarrow 8H$$

$$SO_4^{2-} + 8H \longrightarrow S^{2-} + 4H_2O \text{(SRB 阴极去极化)}$$

$$Fe^{2+} + S^{2-} \longrightarrow FeS \text{(腐蚀产物)}$$

$$2H_2O + O_2 + 4e \longrightarrow 4OH^-$$

这是锈层增厚、颜色加深的原因。

在稳定的碱性土壤中，由于 Fe^{2+} 和 OH^- 之间的次生反应而生成 $Fe(OH)_2$：

$$Fe^{2+} + 2OH^- \longrightarrow Fe(OH)_2$$

在阳极区有氧存在时，$Fe(OH)_2$ 能氧化成为溶解度很小的 $Fe(OH)_3$：

$$4Fe(OH)_2 + O_2 + 2H_2O \longrightarrow 4Fe(OH)_3$$

$Fe(OH)_3$ 产物不稳定，它会转变成更稳定的产物：

$$Fe(OH)_3 \longrightarrow FeO(OH) + H_2O$$

$$2Fe(OH)_3 \longrightarrow Fe_2O_3 \cdot 3H_2O \longrightarrow Fe_2O_3 + 3H_2O$$

$$8FeO(OH) + Fe^{2+} + 2e \longrightarrow 3Fe_3O_4 + 4H_2O$$

$$3Fe(OH)_2 + \frac{1}{2}O_2 \longrightarrow Fe_3O_4 + 3H_2O$$

10.4　本 章 结 论

(1) 在腐蚀相同时间(10d 和 30d)之后，X80 管线钢在不含 SRB 的无菌库尔勒土壤模拟溶液中腐蚀速率高于其在含 SRB 的土壤溶液中的腐蚀速率，而在同样腐蚀了 50d 之后，X80 管线钢在无菌土壤溶液中腐蚀速率远低于其在含 SRB 的土壤溶液中的腐蚀速率。以上分析表明，在腐蚀初期和中期(10d 和 30d)，随着腐蚀时间的增加，SRB 代谢所产生的生物膜对钢基体具有一定的保护作用，随着腐蚀时间进一步增加，SRB 危害作用充分体现出来，SRB 繁殖和代谢作用明显加速了 X80 管线钢的腐蚀。

(2) 宏观形貌观察表明，随着浸泡时间的增加，X80 管线钢的表面已基本被锈层所覆盖，且锈层越来越厚，越来越致密。仔细观察 X80 管线钢表面的腐蚀形貌可以发现，腐蚀产物主要分三层，表层为棕红色，容易去除；第二层为棕褐色，非常坚硬很难去除；最内层为黑色，很薄，与基体结合很牢。

(3) X80 管线钢在无菌库尔勒土壤模拟溶液中的腐蚀产物主要是由大量 Fe 的氧化物和少量 Fe 的氯化物组成。X80 管线钢在含 SRB 的库尔勒土壤模拟溶液中的生物膜和腐蚀产物主要是由 Fe 的氧化物和硫化物组成，且内层生物膜中 Fe 的硫化物和氧化物的含量均明显高于外层腐蚀产物中的。同时，随着腐蚀时间的增加，内层生物膜与外层腐蚀产物中 S 元素的含量急剧增加，说明 SRB 还原 SO_4^{2-} 的能力也随之增强，X80 管线钢的腐蚀随之加剧。

(4) SRB 通过生长代谢在 X80 管线钢表面形成生物膜，改变了生物膜下管线钢表面的微环境，加速了管线钢点蚀的形成和发展。X80 管线钢表面的腐蚀产物膜疏松多孔且分布不均匀，清除表面的腐蚀产物后，管线钢基体表面呈现出大量分布不均匀的腐蚀坑，即发生严重的点蚀。

(5) X80 管线钢在含 SRB 的库尔勒土壤模拟溶液中腐蚀的阴极过程为 O_2 和 SO_4^{2-} 的去极化反应，阳极过程为 Fe 的溶解。

参 考 文 献

[1] PIKAS J L. Case histories of external microbiologically influenced corrosion underneath disbanded coatings[C]. Denver, USA: NACE Corrosion, 1996.

[2] LI S, KIM Y. Microbiologically influenced corrosion of carbon steel exposed to anaerobic soil[J]. Corrosion, 2001, 57 (9): 815-828.

[3] GARRETT J H. The action of water on lead[J]. Journal of Chemical Technology & Biotechnology, 2010, 8(4): 241-252.

[4] HARDY J A. Utilization of cathodic hydrogen by sulphate-reducing bacteria[J]. British Corrosion Journal, 2013, 18(4): 190-193.

[5] IVERSON W P. Research on the mechanisms of anaerobic corrosion[J]. International Biodeterioration & Biodegradation, 2001, 47(2): 63-70.

[6] 夏进, 徐大可, 南黎, 等. 从生物能量学和生物电化学角度研究金属微生物腐蚀的机理[J]. 材料研究学报, 2016, 30(3): 161-170.

[7] ZHANG P Y, XU D K, LI Y C, et al. Electron mediators accelerate the microbiologically influenced corrosion of 304 stainless steel by the *Desulfovibrio* vulgaris biofilm[J]. Bioelectrochemistry, 2015, 101 (14): 14-21.

[8] GU T Y. New understandings of biocorrosion mechanisms and their classifications[J]. Journal of Microbial & Biochemical Technology, 2012, 4(4): 3-6.

[9] XU D K, GU T Y. Carbon source starvation triggered more aggressive corrosion against carbon steel by the *Desulfovibrio* vulgaris biofilm[J]. International Biodeterioration & Biodegradation, 2014, 91: 74-81.

[10] VIDELA H, HERRERA L K. Microbiologically influenced corrosion: Looking to the future[J]. International Microbiology, 2005, 8(3): 169-180.

[11] MONROE D. Looking for chinks in the armor of bacterial biofilms[J]. Plos Biology, 2007, 5(11): 307.

[12] CASTANEDA H, BENETTON X D. SRB-biofilm influence in active corrosion sites formed at the steel-electrolyte interface when exposed to artificial seawater conditions[J]. Corrosion Science, 2008, 50 (4): 1169-1183.

[13] 戚韩英, 汪文斌, 郑昱, 等. 生物膜形成机理及影响因素探究[J]. 微生物学通报, 2013, 40(4): 677-685.

[14] CHASTAIN B K, KRAL T A. Zero-valent iron on mars: An alternative energy source for methanogens[J]. Icarus, 2010, 208(1): 198-201.

[15] BISWAS S, BOSE P. Zero-valent iron-assisted autotrophic denitrification[J]. Journal of Environmental Engineering, 2005, 131(8): 1212-1220.

[16] AULENTA F, CATERVI A, MAJONE M, et al. Electron transfer from a solid-state electrode assisted by methyl viologen sustains efficient microbial reductive dechlorination of TCE[J]. Environmental Science & Technology, 2007, 41(7): 2554-2559.

[17] USHER K M KAKSONEN A H, COLE I, et al. Critical review: microbially influenced corrosion of buried carbon

steel pipes[J]. International Biodeterioration & Biodegradation, 2014, 93: 84-106.

[18] TORRES C I, MARCUS A K, LEE H, et al. A kinetic perspective on extracellular electrons transfer by anode-respiring bacteria[J]. FEMS Microbiology Reviews, 2010, 34(1): 3-17.

[19] REGUERA G, MCCARTHY K D, MEHTA T, et al. Extracellular electron transfer via microbial nanowires[J]. Nature, 2005, 435(7045): 1098-1101.

[20] GORBY Y A, YANINA S, MCLEAN J S, et al. Electrically conductive bacterial nanowires produced by *Shewanella oneidensis* Strain MR-1 and other microorganisms[J]. Proceedings of The National Academy of Sciences, 2006, 103(30): 11358-11363.

[21] ERABLE B, DUTEANU N M, GHANGREKAR M M, et al. Application of electro-active biofilms[J]. Biofouling, 2010, 26(1): 57-71.

[22] MALVANKAR N S, VARGAS M, NEVIN K P, et al. Tunable metallic-like conductivity in microbial nanowire networks[J]. Nature Nanotechnology, 2011, 6(9): 573-579.

[23] ROTARU A E, SHRESTHA P M, LIU F, et al. A new model for electron flow during anaerobic digestion: direct interspecies electron transfer to *Methanosaeta* for the reduction of carbon dioxide to methane[J]. Energy& Environmental Science, 2014, 7(1): 408-415.

[24] LEANG C, MALVANKAR N S, FRANKS A E, et al. Engineering *Geobacter sulfurreducens* to produce a highly cohesive conductive matrix with enhanced capacity for current production[J]. Energy & Environmental Science, 2013, 6(6): 1901-1908.

[25] VARGAS M, MALVANKAR N S, TREMBLAY P L, et al. Aromatic amino acids required for pili conductivity and longrange extracellular electron transport in *Geobacter sulfurreducens*[J]. Mbio, 2013, 4(2): e00105.

[26] TATNALL R E. Case Histories: Biocorrosion[M]. Berlin: Springer Berlin Heidelberg, 1991.

[27] NANDAKUMAR K, YAND T. Biofouling and its prevention: A comprehensive overview[J]. Biocontrol Science, 2003, 8(4): 133-144.

[28] DUAN J Z, HOU B R, YU Z G. Characteristics of sulfide corrosion products on 316L stainless steel surfaces in the presence of sulfate-reducing bacteria[J]. Materials Science and Engineering: C, 2006, 26(4): 624-629.

[29] STAROSVETSKY D, ARMON R, YAHALOM J, et al. Pitting corrosion of carbon steel caused by iron bacteria[J]. International Biodeterioration & Biodegradation, 2001, 47(2): 79-87.

[30] WERNER S E, JOHNSON C A, LAYCOCK N J, et al. Pitting of type 304 stainless steel in the presence of a biofilm containing sulphate reducing bacteria[J]. Corrosion Science, 1998, 40(2-3): 465-480.

[31] TURAKHIA M, CHARACKLIS W G. Observation of microbial cell cell accumulation in a finned tube[J]. Canadian Journal of Chemical Engineering, 1983, 61(6): 873-875.

[32] GEESEY G G. Bacterial behavior at surfaces[J]. Current Opinion in Microbiology, 2001, 4(3): 296-300.

[33] SHAMS EL DIN A M, SABER T M H, HAMMOUD A A. Biofilm formation on stainless steels in Arabian Gulf water[J]. Desalination, 1996, 107(3): 251-264.

[34] DIÓSI G, TELEGDI J, FARKAS G Y, et al. Corrosion influenced by biofilms during wet nuclear waste storage[J].

International Biodeterioration & Biodegradation, 2003, 51(2): 151-156.

[35] WALCH M, MITCHELL R. Proceedings of the International Conference on Biologically Induced Corrosion[C]. Houston: NACE, 1986.

[36] GU J D, ROMAN M. The role of microbial biofilms in deterioration of space station candidate materials[J]. International Biodeterioration & Biodegradation, 1998, 41(1): 25-33.

[37] PERCIVAL S L, WALKER J T. Potable water and biofilms: A review of the public health implications[J]. Biofouling, 1999, 14(2): 99-115.

[38] WINSTON REVIE R. Uhlig's Corrosion Handbook[M]. 2nd ed. New York: John Wiley & Sons Inc. , 2000.

[39] MAGALI B, BONIFACE K, PATRICK L, et al. Biofilm responses to ageing and to a high phosphate load in a bench-scale drinking water system[J]. Water Research, 2003, 37: 1351-1361.

[40] LITTLE B, RAY R. A perspective on corrosion inhibition by biofilms[J]. Corrosion, 2002, 58(5): 424-428.

[41] FLEMMING H C, MURTHY P S, VENKATESAN R, et al. Marine and Industrial Biofouling[M]. Heidelberg: Springer-Verlag, 2009.

[42] DONG Z H, SHI W, HONG M R. Heterogeneous corrosion of mild steel under SRB-biofilm characterized by electrochemical mapping technique[J]. Corrosion Science, 2011, 53(9): 2978-2987.

[43] 刘彬, 段继周, 侯保荣. 天然海水中生物膜对 316L 不锈钢腐蚀行为研究[J]. 中国腐蚀与防护学报, 2012, 32(1): 49-53.

[44] 段冶, 李松梅, 杜鹃等. Q235 钢在假单胞菌和铁细菌混合作用下的腐蚀行为[J]. 物理化学学报, 2010, 26(12): 3203-3211.

[45] MORADI M, SON Z L, YANG L J, et al. Effect of marine *Pseudoalteromonas* sp. on the microstructure and corrosion behaviour of 2205 duplex stainless steel[J]. Corrosion Science, 2014, 84(3): 103-112.

[46] XU J, WANG K X, SUN C, et al. The effects of sulfate reducing bacteria on corrosion of carbon steel Q235 under simulated disbanded coating by using electrochemical impedance spectroscopy[J]. Corrosion Science, 2011, 53(4): 1554-1562.

[47] MORADI M, DUAN J, ASHASSI-SORKHABI H. De-alloying of 316 stainless steel in the presence of a mixture of metal-oxidizing bacteria[J]. Corrosion Science, 2011, 53 (12): 4282-4290.

[48] SUN C, XU J, WANG F H. Interaction of sulfate-reducing bacteria and carbon steel Q235 in biofilm[J]. Industrial & Engineering Chemistry Research, 2011, 50(22): 12797-12806.

[49] 曹楚南. 腐蚀电化学原理[M]. 3 版, 北京: 化学工业出版社, 2008.

[50] LITTLE B J, LEE J S, BAY R I. The influence of marine biofilms on corrosion: a concise review[J]. Electrochimica Acta, 2008, 54(1): 2-7.

[51] LAI M E, BERGEL A. Direct electrochemistry of catalase on glassy carbon electrodes[J]. Electrochemistry, 2002, 55(1): 157-160.

[52] WASHIZU N, KATADA Y, KODAMA T. Role of H_2O_2 in microbially influence ennoblement of open circuit potentials for type 316L stainless steel in seawater[J]. Corrosion Science, 2004, 46(5): 1291-1300.

第 11 章　天然气管道土壤应力腐蚀开裂研究现状

应力腐蚀开裂(SCC)是金属材料在应力和腐蚀介质的联合作用下,产生的一种低应力脆断现象。SCC 因其无预兆性、破坏性严重等原因,引起的管线失效问题尤为严重。经验表明,土壤介质引起的 SCC 是埋地管道发生突发性破裂事故的主要危险之一,在许多国家都曾发生过。1965~1985 年,美国累计有 250 多条管线发生了 SCC,均起源于外表面;1995 年在俄罗斯的西伯利亚和中北部地区相继发生了 SCC 失效事故,且裂纹多位于防腐层缺陷处的金属表面。因此,必须高度重视埋地管道的 SCC 问题。油气管道所处的腐蚀环境主要为:内部为输送油气中含有的 CO_2、Cl^-、H_2S 等腐蚀介质,主要导致硫化物应力腐蚀开裂(sulfide stress corrosion cracking,SSCC);外部主要是潮湿土壤中的 NO_3^-、OH^-、HCO_3^-、CO_3^{2-} 等腐蚀介质,主要引起穿晶应力腐蚀开裂(transgranular stress corrosion cracking,TGSCC)和沿晶应力腐蚀开裂(intergranular stress corrosion cracking,IGSCC)。

国外早期发现经典的 SCC,即高 pH-SCC,随后发现非经典 SCC,即近中性 pH-SCC。针对长输管道而言,这两种 SCC 均为土壤应力腐蚀开裂,应力腐蚀起源于钢管外表面。输送介质中含有 H_2S 则易引发 SSCC,应力腐蚀起源于钢管内表面。因此,按照内外腐蚀情况可将 SCC 分为 SSCC、高 pH-SCC、近中性 pH-SCC。

11.1　应力腐蚀开裂研究背景与意义

高压天然气输送管线是一种经济、快捷的天然气长距离输送方式。目前,绝大多数管道采用埋地铺设,并采用涂层+阴极保护的联合防护措施,以有效减缓或防止管线钢在土壤环境中的腐蚀。埋地管道在运行过程中,因涂层自然老化和其他原因,涂层破损不可避免,涂层破损处管线在土壤环境和应力作用下发生 SCC 在所难免。因此,SCC 被认为是埋地油气输送管线发生突然性破裂事故的主要危险之一,管线钢在土壤环境中的 SCC 失效在世界范围内屡见不鲜,美国、加拿大、苏联、澳大利亚、伊朗和巴基斯坦等国家均发生过因 SCC 导致的管道泄漏和断裂事故,造成巨大的人员伤亡和经济损失。

从 1976 年起的 10 年间,加拿大管道共发生 SCC 事件十余起。其中,1976 年,由 NOVA 公司首次记录了管道轴向裂纹引起的 SCC,随后在 1986~1988 年,TCPL 公司共发生 3 起 SCC 引起的管道破裂事故。因此,在 1987 年,TCPL 公司首次赞助了一项应力腐蚀开裂研究项目，该项目也建立了第一个预测应力腐蚀发展的模型。1996～2006 年，在导致俄罗斯天然气输送管线失效的诸多因素中，SCC尤为突出。同其他失效因素相比，SCC 所引起的失效比例不断上升，大约占到总失效因素的 50%。1991～2002 年，我国对 89 条总长 827.9km 的天然气管道以及油田集输管道进行了腐蚀调查，共挖掘测试坑 169 个，未发现管道外壁有应力腐蚀开裂现象。对于高 pH-SCC 和近中性 pH-SCC 来说，国内油气管线土壤 SCC 实例很少，对管线钢在土壤中的 SCC 所做的工作还不太多。

11.1.1 硫化物应力腐蚀开裂

管线钢在输送含有 H_2S 的油气资源时会发生严重的 H_2S 腐蚀开裂现象，导致恶性事故的发生，造成极大的经济损失。在我国四川省以及世界其他地区的很多油气田中均含有 H_2S，在输送高含硫油气资源时，管线的腐蚀问题难以避免。早在 20 世纪 40 年代末，美国和法国在开发含 H_2S 酸性油气田时，发生了大量 SSCC事故。硫化物应力腐蚀是一种特殊的应力腐蚀，属于低应力破裂，所需的应力值通常远远低于管线钢的抗拉强度，多表现为没有任何预兆下的突发性破坏，裂纹萌生并迅速扩展。

截至 1993 年底，四川石油管理局输气公司的输气干线共发生 SSCC 事故 78起，其中川东公司的输气干线共发生 28 起，仅 1979 年 8 月～1987 年 3 月就发生12 起由 SSCC 导致的爆管事故。

2009 年 11 月 15 日，土库曼斯坦集气单元 DN500 管线钢管直焊缝发生泄漏，钢管钢级为 L360，输送介质为含 H_2S 的高酸性气体。图 11-1 为管线钢管裂纹宏观形貌，裂纹位于焊缝位置，焊缝曾受到过补焊影响。图 11-2 为管线钢管断口宏观形貌，观察结果表明断口表面为多裂纹源形貌。图 11-3 为管线钢管裂纹尖端内物质能谱分析，结果表明裂纹尖端内物质含有 S 元素。以上情况均为 SSCC 的典型特征，失效分析结果表明，L360 直缝埋弧焊钢管焊缝泄漏为 SSCC，在高酸性环境介质、工作应力及焊接残余应力以及因焊缝形状和表面状态导致的应力集中

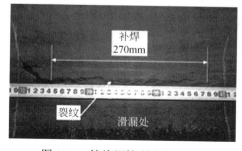

图 11-1 管线钢管裂纹宏观形貌

图 11-2 管线钢管断口宏观形貌

等综合作用下，SSCC 裂纹优先在高应力及应力集中处、粗大柱状晶组织及马氏体和夹杂物(或夹渣)等处产生并相互连接、扩展，最后导致泄漏。

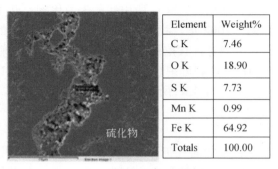

Element	Weight%
C K	7.46
O K	18.90
S K	7.73
Mn K	0.99
Fe K	64.92
Totals	100.00

图 11-3　管线钢管裂纹内物质能谱分析

11.1.2　高 pH 应力腐蚀开裂

1965 年 3 月，美国发生了世界上第一起高 pH-SCC 事故。在此后的 20 年间，美国共有约 250 条管道发生 SCC 事故；在澳大利亚、加拿大、伊朗、苏联、巴基斯坦等国家都有相关的事故报道，失效的最短时间分别为 7 年(美国)和 6 年(伊朗)。

1993 年，巴基斯坦北部 SNGPL 公司天然气管线发生泄漏起火。该管线直径 18in(1in=25.4mm，18in≈457mm)，材质为 X60 管线钢，工作压力 1200psi(8.3MPa)(1psi=0.0068948MPa)。事故引起附近高压线着火，导致 1 人死亡。图 11-4 为管线开裂现场情况及沿晶开裂形貌。

图 11-4　高 pH-SCC 事故案例

11.1.3　近中性 pH 应力腐蚀开裂

1985 年，加拿大发生一起由近中性 pH-SCC 引起的管线开裂，造成爆炸事故，损失很大。1977~1996 年，加拿大发生了 22 起埋地管道的 SCC 破坏事故，其中

12 起断裂事故,10 起泄漏事故。进入 20 世纪 90 年代,加拿大每年都有应力腐蚀引起的断裂事故发生。

2000 年,加拿大能源管道协会(Canadian Energy Pipeline Association,CEPA)调查发现,当时加拿大管道上存在 18000 处的近中性 pH-SCC 缺陷,构成了严重的管道安全隐患。CEPA 分别在 1998 年和 2007 年颁布了近中性 pH 土壤应力腐蚀开裂管理推荐做法。

2010 年 7 月,加拿大 Enbridge 公司一条管径为 30in 的输油管线发生泄漏,17h 后才被发现,造成管线周围的湿地和河流严重污染。泄漏处位于管道直焊缝处,调查结果表明,焊缝处凸起导致涂层剥离,在钢管外表面产生大量裂纹,裂纹深度达到壁厚的 83.9%,最终发生近中性 pH-SCC。

随着能源需求的迅猛发展,选用高钢级别管线钢已成为高压天然气输送的新趋势。工业发达国家已进行了大量研究和工程实践,但是钢的级别越高,对氢脆的敏感性越大,管线发生 SCC 的风险越大,高强度管线钢一旦发生 SCC,造成的损失更大。从我国实际情况来看,在未来几十年中,X70 以上级别的管线钢(包括 X90、X100 管线钢)以及 0.8 设计系数用钢管在我国工程中的应用具有广阔的前景。因此,系统研究高强度管线钢土壤环境应力腐蚀问题显得十分迫切和意义重大。

11.2　应力腐蚀开裂的影响因素

影响管线钢 SCC 的因素主要有三大类,即材料因素、环境因素和力学因素。其中,材料因素包括管材种类、等级、杂质含量和表面条件等;环境因素包括涂层的种类、土壤、温度和阴极保护电流等;力学因素包括工作应力、残余应力和次生应力等。

通过对管线钢裂纹产生和扩展过程的主要因素包括冶金[1-3]、腐蚀环境[4, 5]、外加极化电位[6]以及力学性能等大量的研究,在 SCC 产生过程中至少有三个方面需要考虑:①与冶金因素相关的微裂纹萌生的位置,如夹渣,晶粒边界,腐蚀坑和其他缺陷;②外加载荷的作用,包括应力水平、应变速率和延伸率的影响;③开裂产生的时间,包括起始裂纹的孕育期,裂纹尺寸随时间的变化,裂纹的休止期以及裂纹的扩展速率。

11.2.1　材料因素

1. 合金元素

管线钢中的合金元素中,有益元素包含 Ni、Si、Cu、Zn;有害元素包含 V、S、Mn;当 Mo、Ti 含量大于 1%,可增加 SCC 抗力。对近中性 pH-SCC 研究发现，SCC 与材料化学成分、杂质特性(数量、面积、成分)之间没有很大的关系。对高 pH-SCC 研究发现，Cu、P、S 等杂质可以改变钢的 SCC 敏感性。有学者认为，相对增加管线钢中的 Ti 含量能明显增加抵抗高 pH-SCC 的能力，Mo、Cr、Ni 也有相同作用。此外还有学者研究冶金特性等与 X70 管线钢近中性 pH-SCC 的关系。大量研究表明，萌生的裂纹可分为两大类，点蚀裂纹和非点蚀裂纹，它们在裂纹萌生中的作用与夹杂在试样表面的非金属夹杂物的大小和数量有关。由于在保留管线钢原始外表面的试样上非金属夹杂物少，导致非点蚀裂纹萌生成为 SCC 萌生的主要机理；试样如果是从钢板中心厚度处取样加工，由于存在的非金属夹杂物多，点蚀开裂成为重要的裂纹萌生机理。

2. 显微组织

现有的研究表明管线钢的显微组织对 SCC 敏感性有很大的影响，一般认为马氏体比珠光体和奥氏体更敏感。随着管线钢输送压力和强韧性的提高，其对应组织的演变为铁素体-珠光体型(X65 管线钢)、针状铁素体型(X70、X80 管线钢)和超低碳贝氏体-马氏体型(X100、X120 管线钢)。一般而言，管线钢的强度越高，对氢脆及 SCC 的敏感性也越大。赵明纯等[7]研究结果表明，针状铁素体的抗 SCC 能力最佳，超细铁素体的次之，铁素体+珠光体的最差。

高 pH 环境，X65 管线钢和 X80 管线钢均匀组织的 SCC 抗力＞混合组织；近中性 pH 环境，X70 管线钢不同显微组织的 SCC 敏感性：F+P(铁素体+珠光体)＞B(贝氏体)＞BF(贝氏体铁素体)；F+P(铁素体+珠光体)钢，应力比 R 高($R=\dfrac{最小应力\sigma_{\min}}{最大应力\sigma_{\max}}$)，SCC 大；B+F(贝氏体+铁素体)钢，应力比 R 低，SCC 大；焊缝 SCC 敏感性＞热影响区 SCC 敏感性。

在近中性 pH 环境中，材料显微组织硬度越高，相对应的 SCC 倾向越大；管道表面越粗糙，越易产生 SCC。在近中性 pH 环境中，均匀组织，如贝氏体铁素体(或贝氏体)的抗 SCC 的能力比铁素体+珠光体的机械混合组织的更强。钢材显微组织抗 SCC 能力由强到弱为：贝氏体铁素体、贝氏体、铁素体+珠光体。对于铁素体+珠光体钢，$R(R=P_{\min}/P_{\max}$，P 为管线压力)值较高时，SCC 敏感性相应增加；而对贝氏体铁素体显微组织，当 R 值较低时，SCC 敏感性反而增加。国外一些学者对 X70 管线钢的显微组织与 SCC 的关系进行了研究，结果表明，杂质和显微组织对 SCC 和腐蚀行为都有影响。退火组织有最好的耐 SCC 特性和耐蚀性，淬火组织有最高 SCC 敏感性和最大腐蚀速率。粗大晶粒的退火组织比细小晶粒的正火组织更抗 SCC，腐蚀速率减小导致 SCC 敏感性降低。很多学者认为在高 pH 环境下的 SCC 对显微组织敏感。

3. 加工工艺及表面状态

管线钢表面存在氧化皮时，SCC 敏感性增加；经冷加工处理的材料，SCC 敏感性增加；涂层施工前，表面喷丸处理可提高管线的 SCC 抗力。

11.2.2　环境因素

温度、土壤、防腐层、温度和阴极保护电流的状况是促使 SCC 发生的主要环境因素。煤焦油磁漆和石油沥青涂层的 SCC，在涂层脱落或破损处才可能发生；聚乙烯缠带包覆的管线在焊缝凸起处会有很多微小的空间，其中会存在很多的湿气，由于聚乙烯本身的绝缘性，在管道表面接受不到阴极保护电流，会形成有利于 SCC 发生的条件。通常在聚乙烯缠带缠绕的管线上发生 SCC 的可能性为石油沥青和煤焦油磁漆涂层管线的四倍，而在挤压成型的聚乙烯包覆管线和环氧粉末熔结涂层中没有产生过 SCC 的情况。产生 SCC 环境的有利条件之一是还原性土壤，产生土壤应力的黏性土和岩石很容易造成涂层脱落和破损，让地下水与管道表面接触，最终形成 SCC。

同常见的 SCC 一样，近中性 pH 土壤中输气管道的 SCC 的发生也必须同时具备腐蚀环境、敏感的管材以及应力的存在三个必要条件，但这种腐蚀又有不同于其他类型 SCC 的特点。20 世纪 70 年代早期，研究发现并证实土壤和地下水中存在的碳酸盐、碳酸氢盐等是引起输气管道 SCC 失效的介质。例如，在防腐层剥落的部位发生腐蚀时，通常下面存在着 $Na_2CO_3/NaHCO_3$ 溶液或 $NaHCO_3$ 晶体，腐蚀通常会在近中性 pH 的碳酸盐环境中发生。此外，同高 pH 土壤环境中的 SCC 相比，近中性 pH 土壤中的 SCC 裂纹扩展属穿晶类型，裂纹的侧面发生腐蚀，且腐蚀范围更宽。二者间的差别还表现在周围的环境介质条件、裂纹出现位置、腐蚀电位及发生的环境温度等都不一致。在具有低浓度 CO_3^{2-}、HCO_3^-、Cl^-、SO_4^{2-} 及 NO_3^- 等化学物质的近中性土壤中，这类 SCC 均会发生。环境特性不同会导致产生 SCC 的部位也不相同。由于地下水与土壤中 CO_2 结合会形成 H_2CO_3，地下水温越低会导致 CO_2 溶解度越大，促使 pH 降低，接近中性 pH 为 6~8。在管道涂层剥离或破坏且阴极保护不足的情况下往往会形成这种环境。此外，土壤中 CO_2 含量、地形地貌及土壤的类型等多种因素都与此类环境的形成有关。

(1) 溶液 pH：一般认为，pH 下降，SCC 敏感性增加。

(2) 含氧量：关于含氧量对管线钢土壤应力腐蚀影响的机理还没有达成共识。

(3) 溶液离子：OH^- 浓度越高，SCC 敏感性就越强，但现在未发现破裂浓度的上下限。Cl^- 体系溶液，十几个 mg/L Cl^- 就可产生 SCC。

(4) 环境温度：环境温度对 SCC 的影响仍存在争议，有待进一步研究。较高温度可加宽 IGSCC 敏感电位范围，使敏感电位范围负移；高温也是促使涂层失效及破损涂层下溶液蒸发浓缩且形成高 pH HCO_3^-/CO_3^{2-} 溶液的重要因素，但在近中性 pH 环境中，却存在不同的现象。

(5) 外加电位：阳极极化和阴极极化电位越大，SCC 敏感性越大；外加电位低于自腐蚀电位，SCC 敏感性越大，且阴极电位降低，SCC 敏感性增加；管线普遍采用涂层加阴极保护的联合防护措施，而且在实际土壤环境里经常有杂散电流。

11.2.3　力学因素

输气管道中的应力主要来源于管道次生应力(如周向 SCC 情况下管线的局部弯曲或轴向拉伸)、运行的压力以及应力集中和残余应力等。SCC 的开裂、扩展方向垂直于管壁局部最大应力的方向。大部分情况下 SCC 主要受周向应力(通过内压产生)，在周向应力的作用下，裂纹沿管道轴向萌生和扩展，即产生轴向裂纹，大部分 SCC 的方向是沿管道轴向；而在轴向 SCC 时，管线主要受轴向应力，裂纹沿周向扩展，即产生周向裂纹。在静载荷作用下裂纹很难萌生，更不会扩展；应力频率较高时引起穿晶开裂或腐蚀疲劳；SCC 的发生，需要阈值应力(σ_{th})或阈值应力强度(K_{ISCC})；σ_{th} 受多种因素影响，包括压力波动、SCC 环境、管线表面的电化学电位及管线的使用经历等。

SCC 的严重性同时受应力水平和压力波动的影响。压力波动对 SCC 的影响随裂纹尺寸而变，压力波动造成的危害可以通过减小压力波动幅度来减轻，可使已经存在裂纹的扩展速率减少。假设在极端的静载情况下，裂纹将倾向于有效地停止。交变加载相比静载可在更低的应力下产生 SCC，交变应力能时裂纹扩展大大加速。低频应力和静载可以导致管道沿晶开裂，而高频引起管道穿晶和腐蚀疲劳。交变加载可以得到促进 SCC 发生的应变速率，能使应变得以维持在同样最大应力的静载以上，其效果是塑变的连续性降低，同时使应变和应力增加。在实验室测试中，通过使用最大载荷低于钢屈服强度的交变载荷，证实裂纹萌生和扩展的必要条件是压力波动。压力波动小对应低的裂纹扩展速率，当管线钢在接近它的屈服点的敏感环境情况下，在非常低的压力波动下裂纹可以扩展。

11.3　应力腐蚀开裂研究现状

11.3.1　应力腐蚀开裂机理研究进展

目前已经确定的土壤环境 SCC 有两种，一种是高 pH-SCC(经典 SCC)[8]，另一种是近中性 pH-SCC(非经典 SCC)[9]。它们发生的介质条件与实际土壤有关，国外采用了不同的模拟介质研究不同的土壤环境下的 SCC[10]。目前，实验室普遍采用 HCO_3^-/CO_3^{2-} 溶液模拟高 pH-SCC 环境(pH 为 8～10.5)，主要发生 IGSCC，该种类型的 SCC 最早发现于美国(1965 年);用 NS4 溶液模拟近中性 pH-SCC 环境(pH 为 6～8),主要发生 TGSCC,1985 年最早发现于加拿大。以上都是根据国外土壤环境制定的。目前,我国对管线钢土壤环境下的 SCC 也进行了许多相关的研究,但这些工作的研究介质大多是照搬国外的高 pH 环境和近中性 pH 环境[11-13],对我国实际土壤环境中的 SCC 研究还比较少,尚未建立符合我国实际情况的模拟研究体系[14]。

目前,已有一些学者尝试研究我国实际土壤中的 SCC 情况,并做了大量调查和研究工作[15]。在实地调查和事故统计中没有发现土壤环境 SCC(主要原因是我国现役管道的服役压力较低),因此不能提取 SCC 发生环境的涂层下滞留液成分,同时也没有提取任何典型土壤环境中涂层剥离下的滞留液成分,导致实验室研究无法获得管道表面真实的液相环境,从而不能像国外一样制定统一的模拟溶液。然而,土壤环境中对 SCC 影响最大的是液相环境,其化学成分和电化学条件是管线钢发生 SCC 的外部环境。通过对土壤环境 SCC 发生条件和对 SCC 机理的研究表明,只有当土壤环境中的某些化学成分达到一定量时才能起关键作用,因此考虑土壤中主要的化学成分基本能够反映实际土壤液相环境的准确性。近年来,已有一些学者用土壤理化性质来配制模拟溶液研究土壤腐蚀,结果表明这种方法可以用于对管线钢土壤环境应力腐蚀开裂的研究[16,17]。因此,可以从土壤的理化性质来判断土壤液相成分,并根据土壤环境 SCC 的特点确定相应的电化学条件,配制模拟溶液[14]。

国内外许多学者对管线钢 SCC 的机理进行了大量研究,美国气体研究所在 SCC 机理基础研究方面取得了初步结论。对于低 pH 环境,研究结果表明:①早先的侵蚀麻点和其他异常及特殊机械条件对裂纹的产生具有重要影响;②短裂纹发育缓慢与应力无关,但对环境条件敏感;③减缓溶蚀速率的短裂纹发育机理还难以解释;④氢、硫化物与碳酸氢盐的关系有待进一步研究。高 pH 环境中的 SCC 研究结果表明,表面膜在裂纹的发育中具有非常重要的作用。从现有文献来看,对高 pH 条件下管线钢的 SCC 进行深入研究,其保护膜破裂-裂尖阳极溶解机理已经成为共识[18-20]。而对近中性 pH 条件下的管线钢 SCC 研究相对较少,对其断裂机理认识得还不清楚,尚未达成共识,就其机理研究而言,主要有如下三种观点:膜破裂和阳极溶解[21],氢脆机理[22,23],阳极溶解和氢脆混合机理[24,25]。

11.3.2　应力腐蚀开裂敏感性评定参数

根据《金属和合金的腐蚀 应力腐蚀实验 第 7 部分:慢应变速率实验》(GB/T 15970.7—2017),试样拉断后可用断裂寿命(T_F)、延伸率(δ)、断面收缩率(ψ)等参数来判定不同介质中管线钢拉伸试样 SCC 的敏感性。材料在具有应力腐蚀敏感性介质中的断裂寿命(T_F)、抗拉强度(σ_b)、应变量(ε)通常会低于其在空气中的值。

(1) 断裂寿命比率 R_T 定义为

$$R_T = \frac{T_F}{T_A} \tag{11-1}$$

式中，T_F 和 T_A 分别为试样在实验介质、空气中的断裂寿命(h)。一般情况下 R_T 越小，该材料-介质体系的应力腐蚀敏感性越强。

(2) 试样的断面收缩率 ψ(%)的计算公式为

$$\psi = \frac{(A_I - A_F)}{A_I} \times 100\% \tag{11-2}$$

式中，A_I 和 A_F 分别为标距部分的初始、断裂部分的截面积(mm)。

试样的断面收缩比率 RAR(%)可以定义为

$$RAR = \frac{\psi_E}{\psi_A} \times 100\% \tag{11-3}$$

式中，ψ_E 和 ψ_A 分别为试样在实验介质、空气中的断面收缩率(%)。一般情况下，RAR 越小，该材料-介质体系的应力腐蚀敏感性越强。

(3) 抗拉强度敏感性指数 I_σ 定义为

$$I_\sigma = \frac{\sigma_A - \sigma_E}{\sigma_A} \tag{11-4}$$

式中，σ_E 和 σ_A 分别为试样在实验介质、空气中的抗拉强度(MPa)。一般情况下，I_σ 越大，该材料-介质体系的应力腐蚀敏感性越强。

(4) 应变敏感性指数 I_ε 定义为

$$I_\varepsilon = \frac{\varepsilon_A - \varepsilon_E}{\varepsilon_A} \tag{11-5}$$

式中，ε_E 和 ε_A 分别为试样在实验介质、空气中的应变量。I_ε 越大，该材料-介质体系的应力腐蚀敏感性越强。

(5) 用实验介质、空气介质中的延伸率、断面收缩率的相对差值来度量应力腐蚀敏感性。可分别用 I_δ(%)和 I_ψ(%)表示，其定义分别为

$$I_\delta = \left(1 - \frac{\delta}{\delta_0}\right) \times 100\% \tag{11-6}$$

$$I_\psi = \left(1 - \frac{\psi}{\psi_0}\right) \times 100\% \tag{11-7}$$

式中，I_δ 和 I_ψ 分别表示以延伸率和断面收缩率表示的应力腐蚀敏感性系数；δ 和 δ_0 分别表示试样在腐蚀介质中和在空气中的延伸率；ψ 和 ψ_0 分别表示试样在腐蚀介质和在空气中的断面收缩率。一般情况下，I_δ 和 I_ψ 越大，该材料-介质体系的应力腐蚀敏感性越强。

11.3.3　应力腐蚀开裂实验方法

目前，SCC 实验方法多种多样，都是根据具体的实验目的而设计。根据材料、应力状态、介质和实验目的的多样性，已形成很多种实验方法。按照环境性质、实验地点可将实验方法分为实验室加速实验方法、现场实验方法及实验室模拟实验方法三种；按照不同的加载方式，可分为断裂力学实验方法、恒载荷实验方法、恒变形实验方法和慢应变速率实验方法四种。

恒载荷实验方法和恒变形实验方法是研究 SCC 的传统力学方法，可以得到裂纹扩展速率以及确定裂纹不扩展的临界力学参数，如 SCC 门槛应力强度因子 K_{IH} 和 K_{ISCC}，区分应力腐蚀机理的重要方法之一就是 SCC 门槛值和氢致开裂的对比研究。

慢应变速率实验(slow strain rate test，SSRT)方法是一个快速测定 SCC 性能的实验方法，在评价材料应力腐蚀敏感性方面具有重要的意义。SSRT 方法是一种相当苛刻的加速实验方法，它可以使在传统应力腐蚀实验不能迅速激发应力腐蚀的环境里能够确定延性材料的应力腐蚀敏感性，能使任何试样在较短时间内发生断裂。实验过程中测定的应力-应变曲线能够反映许多应力腐蚀敏感性的参数，而且其实验环境是室内具有稳定性，可以在实验过程中同时研究其他因素对 SCC 过程的影响，如溶液 pH、温度和电极电位等。SSRT 被列入国家标准 GB/T 15970.7—2017，目前该方法在研究 SCC 问题时被广泛应用。

根据 GB/T 15970.7—2017，试样拉断后可用断裂寿命(T_F)、延伸率(δ)、断面收缩率(ψ)等参数来判定不同介质中管线钢拉伸试样 SCC 的敏感性。与前两种方法相比，SSRT 方法具有较大的优越性。首先，慢应变速率实验对应力腐蚀开裂有较高的灵敏性；然后，用慢应变速率可以得到很多信息。

11.4　应力腐蚀开裂研究热点

11.4.1　应力腐蚀开裂的机理研究

1. 高 pH-SCC 机理

高 pH-SCC 是 IGSCC，其机理一般认为是保护膜破裂＋裂尖阳极溶解。这种理论认为阳极的不断溶解导致了应力腐蚀裂纹的形核和扩展。

2. 近中性 pH-SCC 机理

对近中性 pH-SCC 的机理研究很不充分，目前分歧较大，还未形成统一的认识。目前主要存在三种机制：阳极溶解(anodic dissolution，AD)机制、氢脆(hydrogen embrittlement，HE)机制、阳极溶解和氢脆的混合机制。

1) 阳极溶解机制

电化学反应产生了形成应力的腐蚀点，基于此，裂纹扩展一小段距离后电化学反应再次发生。裂纹扩展由溶解控制，开裂速度(CV)与金属溶解速率有关。

$$CV = i_a \times \frac{M}{Z \cdot F \cdot D} \tag{11-8}$$

式中，i_a 为阳极电流密度；M 为金属原子量；Z 为容积的原子价；F 为法拉第常数；D 为金属溶解速率。

2) 氢脆机制

一些合金在腐蚀条件下由于阴极析氢，氢原子进入了合金晶格，在拉应力下产生脆断，这种现象称之为氢致开裂。大量研究表明，SCC 的脆性特点是 HIC 控制的机理。HIC 过程涉及氢的变化、吸收、扩散和脆化。氢可能来自于水或者酸的还原反应。

$$H_2O + e \Longrightarrow H + OH^-$$

3) 阳极溶解和氢脆的混合机制

裂纹可能起始于钢管表面的蚀坑处，此处产生的局部环境中 pH 足够低，而在蚀坑内产生了氢原子。地下水中 CO_2 的出现促进形成了近中性 pH 水平；某些电解原子氢进入钢的基体，使局部力学性能退化，以致裂纹可以在溶解和氢脆结合作用下起始和长大。在裂纹内的连续阳极溶解对于氢促进裂纹扩展是必要的，阳极溶解还通过使保护膜破裂，允许氢到达裸金属表面，并渗入到钢中促进裂纹扩展而做出贡献。

11.4.2　应力腐蚀开裂的裂纹扩展特征研究

通过金相分析、SEM 分析等实验手段，对 SCC 裂纹的扩展特征进行研究，如图 11-5 和图 11-6 所示。可以看出，在近中性 pH 环境下 SCC 裂纹为穿晶裂纹，而在高 pH 环境下 SCC 裂纹为沿晶裂纹。

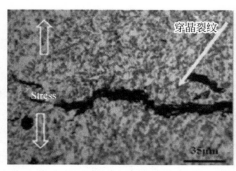

图 11-5　X80 管线钢在近中性 pH 环境下 SCC 裂纹特征

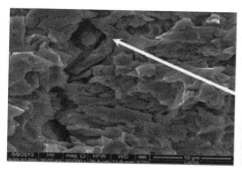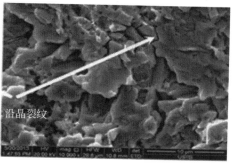

沿晶裂纹

图 11-6 X80 管线钢在高 pH 环境下 SCC 裂纹特征

11.4.3 应力腐蚀开裂的寿命预测与模型研究

由于土壤 SCC 问题的复杂性，目前在国际上还没有成熟的 SCC 寿命定量预测方法。英国纽卡斯尔大学的 Parkins[19]提出了著名的"浴缸"模型，将 SCC 过程分为四个阶段。

第一阶段为裂纹萌生。时间、涂层破损或剥离、适宜的电解液以及阴极保护的有效屏蔽等，这些条件是 SCC 裂纹萌生所必需的因素。

第二阶段表现出了 SCC 裂纹萌生后的结果，但是裂纹最终会停止扩展，也就是裂纹尖端应变速率小于保持扩展所需的水平。

第三阶段为裂纹休眠。当裂纹最终钝化以后，需要周围的裂纹与之结合来重新激活它们。

第四阶段为裂纹扩展失效。裂纹驱动力超过了临界门槛值 K_{ISCC}，管道最终发生破裂或泄漏。

有国外学者提出预测埋地输气管线 SCC 扩展速率的两个模型，分别用于近中性 pH-SCC 和高 pH-SCC。

1) 近中性 pH-SCC 裂纹扩展速率模型

该模型基于裂纹扩展速率的叠加模型，将裂纹扩展分为与时间相关的 SCC 裂纹扩展恒速率项和与循环相关且取决于应力强度因子变化量值(ΔK)的疲劳项，即

$$[da/dN]_{Total} = [da/dN]_{Fatigue} + 1/f[da/dt]_{SCC} \tag{11-9}$$

式中，a 为裂纹长度；N 为循环次数；f 为循环频率；t 为时间。

疲劳项由 Paris 方程表示为

$$[da/dN]_{Fatigue} = C(\Delta K)^m \tag{11-10}$$

式中，C 和 m 为经验系数，可由在空气中和溶液中的高频实验确定。该模型用于预测"浴缸"模型第三阶段和第四阶段的裂纹扩展速率，并且考虑了随着裂纹深度的增加而发生的裂纹的聚合、应力强化和裂纹加速扩展等效应。

2) 高 pH-SCC 裂纹扩展速率模型

高 pH-SCC 模型是在实验室数据的基础上，经适当修改建立的。该模型注重现场管线运行相关条件，特别是考虑了管线运行的应变速率和温度通常低于实验室加速实验的条件。该模型能比较准确地预测"浴缸"模型中第三阶段的裂纹扩展速率。

实际应用表明，这两种模型为进一步发展在役管线上管理 SCC 的能力提供了一个框架；高 pH-SCC 模型预测结果与现场观察到的最大裂纹扩展速率(数量级 10^{-8}mm/s)一致。对于近中性 pH-SCC 模型而言，计算结果指出，管线失效时间在 10 年至 40~60 年，这与现场观察到的许多失效发生在 20 年服役以后的结果一致，但为了能将这种模型用于较精确地确定维护操作的时间，还需要作大量的改进。因此，只有当管线钢 SCC 理论上升到定量模型所表示的理论高度时，才能有效地解决实际问题。

11.4.4　应力腐蚀开裂的现场调查程序和评估做法研究

目前，国内外对 SCC 可能性评估方法已有研究，管研院通过文献调研以及实验研究结果，基于对管线上近中性应力腐蚀开裂裂纹萌生和扩展的考虑和评估，建立了一种快速确定管道近中性 pH-SCC 敏感区段的评估方法。具体的评估工作需要通过以下七项内容完成。

(1) 管道钢级调研。

(2) 管道防腐层、穿越地区土壤成分与湿度调研。

(3) 管道运行压力监测数据调研。

(4) 管道阴极保护电位水平调研。

(5) 管道水压实验水平调研。

(6) 根据调研结果，对各项因素进行打分。

(7) 确定管道应力腐蚀开裂敏感区段。

表 11-1 中给出了近中性 pH-SCC 敏感性的打分表，表中考虑的因素包括了发生应力腐蚀所必需的材料、环境和应力三种因素，打分越高，SCC 敏感性则越高。指数值在 120~150 为高敏感性；70~119 为中敏感性；0~69 为低敏感性。

表 11-1　应力腐蚀开裂敏感性打分表

编号	管道钢级	指数值 (最大分值 20 分)
1	X80 及以上钢级	20
2	X60~X70 钢级	15
3	X52 及以下钢级	10

续表

编号	防腐层类型、土壤、湿度	指数值 (最大分值 40 分)
1	环氧粉末、环氧树脂，所有土壤和湿度类型	1
2	煤焦油瓷漆/沥青-中低电阻率沙地/砾石/岩石-所有湿度条件	5
3	煤焦油瓷漆/沥青-中低电阻率黏土-干燥条件	15
4	交变干/湿湿度条件	30
5	煤焦油瓷漆/沥青-高电阻率	—
5.1	a. 交变干湿或持续中等湿度。压缩区域、斜坡的底部到侧面以及平坦灌区	20
5.2	b. 斜坡的顶部	10
5.3	c. 持续高湿度	5
5.4	d. 干燥	5
6	煤焦油瓷漆/沥青-剥离、开裂、中间状态-从低到高电阻率的裂缝和黏土	—
6.1	a. 交变干湿或持续中等湿度。压缩区域、斜坡的底部到侧面以及平坦灌区	40
6.2	b. 斜坡的顶部	15
6.3	c. 持续高湿度	20
6.4	d. 干燥	10
7	单层或双层聚乙烯-沙地、砾石或岩石-除干燥湿度外的其他湿度条件	15
8	单层或双层聚乙烯-黏土、粉土-除干燥湿度外的其他湿度条件	40
9	单层或双层聚乙烯-所有土壤-除干燥湿度外的其他湿度条件	10

编号	环向应力	指数值 (最大分值 25 分)
1	>72% SMYS	25
2	67%~72% SMYS	20
3	60%~66% SMYS	10
4	<60% SMYS	1

编号	压力波动(R 最小/最大应力)	指数值 (最大分值 25 分)
1	>0.92	1
2	0.91~0.86	8
3	0.85~0.75	20
4	<0.74	25

编号	水压实验水平	指数值 (最大分值 10 分)
1	<90% SMYS	10
2	91%~105% SMYS	7
3	>105% SMYS	2

续表

编号	阴极保护电位	指数值 (最大分值 10 分)
1	低于-0.85V	5
2	高于-0.85V	10

编号	土壤 pH	指数值 (最大分值 20 分)
1	>7.5	0
2	5.5～7.5	20
3	<5.5	0

  管研院基于应力腐蚀开裂评估推荐做法形成了一套 SCC 的现场调查程序,主要从土壤环境调查、管材试样调查、涂层类型及状态调查、管体表面裂纹调查、阴极保护情况调查以及应力水平调查这六个方面开展现场调查。

  由于目前国内油气管道并未发现一例近中性 pH-SCC 的案例,建议在后期的研究过程中对近中性 pH-SCC 敏感性打分规则不断进行完善,并在后期研究过程中得以验证。

  国内行业标准《埋地钢质管道应力腐蚀开裂直接评价》中对易出现裂纹的管道节段优先排序及实施应力腐蚀开裂直接评估(stress corrosion cracking direct assessment, SCCDA)方法位置选择的考虑因素进行了规定,包括土壤/环境因素、与管道有关的因素、与建设有关的因素、腐蚀控制因素和管道作业资料。表 11-2 为标准中对土壤/环境因素的规定,标准中从因素、与 SCC 的关联、使用与结果解释以及排序四个方面考虑了土壤环境对 SCC 的影响。

表 11-2　易出现裂纹的管道节段优先排序及实施 SCCDA 方法位置选择的考虑因素(土壤/环境因素)

因素	土壤/环境因素	与 SCC 相关性	重要性等级
土壤性质/类型	土壤类型与高 pH-SCC 没有已知关联,只是有些证据显示高钠或高钾环境可能促成在剥落防腐层下碳酸盐/重碳酸盐溶液的生成。已证明近中性 pH-SCC 与某种土壤类型有关	可能是重要的,特别是对近中性 pH SCC	B
排水状况	已知与高 pH-SCC 和近中性 pH-SCC 有关	可能是重要参数	B
地形	已知与高 pH-SCC 和近中性 pH-SCC 有关,可能与排水状况的作用有关。在出现土壤运动的坡地上也观察到近中性 pH-SCC	可能是重要参数	B
土地使用(当前/过去)	没有发现明显关联,但化肥的使用可能影响土壤的化学性,这与被破坏的防腐层下的积留水有关	可能是重要参数	B
地下水	地下水的传导性影响阴极保护系统的布散能力	可能是重要参数	B
河流交汇处	影响土壤的湿度/排水状况	可能是重要参数	B

《管道线路、站内管道应力腐蚀开裂识别规范》与标准《埋地钢质管道应力腐蚀开裂直接评价》对比，这两个标准均适用于油气管道的土壤 SCC 评估。SCCDA 具有危险管段排序、SCC 完整性评价等功能，包括开挖检测、检测后的数据收集、SCC 严重性评价、再评估周期及预防措施。在 SCC 识别方面的具体区别如表 11-3 所示。

表 11-3　两标准在 SCC 识别方面的具体区别

《埋地钢质管道应力腐蚀开裂直接评价》	《管道线路、站内管道应力腐蚀开裂识别规范》	分值
工作压力>60%SMYS	<60%SMYS, 60%~66%SMYS	1 分，10 分
	67%~72%SMYS，>72%SMYS	20 分，25 分
不同于熔结环氧粉末类型的防腐层	环氧树脂	1 分
	煤焦油磁漆/沥青　干湿交替	40 分
	单/双层 PE 黏土　非干燥	40 分
该管段在压气站下游 32km 以内	管道运行压力监测数据	压力波动应力比<0.74 25 分
管龄超过 10 年	管道阴极保护电位	高于-0.85V 10 分
工作温度超过 38℃(高 pH-SCC)	管道水压实验水平	<90%SMYS 10 分
—	pH	5.5~7.5 20 分
	钢级	X80 以上 20 分

11.4.5　应力腐蚀开裂的完整性评价方法研究

第一起天然气管道的外部 SCC 事故发生在 20 世纪 60 年代中期，从那时起，在管道服役和试压过程中发生了数百起 SCC 失效事故。这类 SCC 的主要特征是管体上出现了数百个短的轴向表面裂纹的簇群，众多短裂纹连接起来形成一个或多个长的表面裂纹，这些连起来的裂纹长度(L)与深度(d)的比值可达 50 或者更大。如果这些裂纹扩展至临界深度，就会造成损失巨大的管道失效。因此，SCC 是一个重要的管道完整性问题。

在 TCPL 管道公司 20 世纪 80 年代发现 SCC 之前(使用的防腐层是聚乙烯防腐层)，尽管现场的数据量有限，业界认为对于天然气管道发生 SCC 的环境的认识是较为成熟。大量现场调研表明，SCC 的发生与近中性 pH(pH<8)的含 CO_2 的稀电解液有关，而且这种开裂在高 pH 电解液中没有出现过。这种形式的 SCC 现在被称为近中性或低 pH-SCC，用以区分经典的或高 pH-SCC，它通常发生在浓度更高的碳酸盐溶液中。在 TCPL 发现近中性 pH-SCC，其他公司也在他们的管道上发现了近中性 pH-SCC。

近中性 pH-SCC 与高 pH-SCC 之间的形态差异包括：①近中性 pH-SCC 的断

裂模式主要是穿晶型，而高 pH-SCC 的断裂模式主要是晶间型；②近中性 pH-SCC 的裂纹面和管体表面上存在大量的腐蚀产物，而高 pH-SCC 几乎没有腐蚀迹象。近中性 pH-SCC 与高 pH-SCC 之间的形态相似点包括：①在管道外表面上出现较大的轴向裂纹簇群；②裂纹 L/d 比值较大；③裂纹表面上出现 Fe_3O_4 锈层和铁的碳酸盐薄膜。

SCC 会在管道上形成较长的裂纹，当裂纹足够大时会引起管道在正常运行时发生破裂。因此，需要建立一个工程模型来评估这些表面缺陷对管道完整性和剩余服役寿命的影响。

在同样的区域存在两个或者更多更大的表面缺陷时，必须确定它们之间是否存在交互作用，作为一个缺陷失效或者只有其中一个缺陷失效。如果发生了交互作用，失效压力将会降低。出于这个原因，缺陷的交互作用是管道完整性评估中一个重要部分。研究认为，使用有效面积方法可以应用在缺陷的交互作用上。

对于流变强度失效准则，采用有效面积方法给出了下述公式，用于估计失效时的名义应力(S_f)：

$$S_f = S_{fl} \cdot RSF = S_{fl}[(1 - A/A_0)/(1 - A/(M \cdot A_0))] \tag{11-11}$$

式中，S_{fl} 为材料的流变强度；RSF 为剩余强度因子；A 为有效缺陷面积；A_0 为缺陷长度乘以壁厚；M 为 Folias 因子。

对于 A、L 和 d 之间的联系，如有着恒定 L/d 比值的半椭圆状缺陷，L 和 d 可以根据 A 的值定义，A 可以通过求解式(11-11)获得。既然 M 是 L 的函数，这个解可以通过迭代方法计算。

对于多个缺陷的情况，可以通过对所有可能的缺陷组合重复使用式(11-11)进行评估。预测认为，RSF 最低值对应的缺陷或者缺陷的组合将引起失效。如果评估显示，单个缺陷的 RSF 最低，则不预测交互作用。如果评估显示，缺陷的组合的 RSF 最低，则要预测交互作用。

SCC 经常会引起管道上形成多个表面缺陷。当同一区域发现多个缺陷时，必须考虑缺陷的交互作用。发生交互作用的缺陷会在低于单个缺陷的预测失效应力之下发生失效。对于交互作用，可以依据流变强度失效准则，采用有效面积方法进行评估，也可根据断裂韧性失效准则，采用 J 积分值进行评估。

对于所有可能的缺陷组合，重复使用式(11-11)可以对多重缺陷进行评估。对于 RSF，式(11-11)中括号表示的值([·])最低的缺陷或缺陷组合，预测其将引起流变强度失效。如果评估显示，单个缺陷的 RSF 最低，则不需要考虑交互作用。如果评估结果显示，缺陷的某些组合的 RSF 最低，则需要进行交互作用评估。

当单个缺陷的 RSF(RSF_i)超过了组合缺陷的 RSF(RSF_c)，就需要预测交互作用。也就是说

$$RSF_i = [(1 - A_i/A_{0i})/(1 - A_i/(M_i \cdot A_{0i}))] \tag{11-12}$$

$$RSF_c = [(1 - A_c / A_{0c}) / (1 - A_c / (M_c \cdot A_{0c}))] \qquad (11\text{-}13)$$

当所有的

$$RSF_i \geqslant RSF_c (最小值) \qquad (11\text{-}14)$$

发生缺陷交互作用。此时，要对所有可能的缺陷组合采用式(11-14)进行评估。如果有多个缺陷满足式(11-14)，那么采用 RSF_c 值最小的缺陷组合进行流变强度失效的预测。

11.4.6　应力腐蚀开裂的预防措施研究

由于应力腐蚀涉及环境介质、应力、材料三个方面，防止 SCC 也应从这三方面入手。

(1) 控制腐蚀环境：对输送介质进行脱水除硫等处理。

(2) 降低设计应力：使最大有效应力或应力强度降低到临界值以下。在常规设计中名义抗拉强度或屈服强度，并未考虑材料中存在的缺陷；但在实际中必然有各种缺陷，如原有裂纹、微裂纹以及环境因素造成的裂纹。

(3) 减少应力集中：结构设计中尽量降低最大有效力，比如增大曲率、关键部位增厚、焊接结构域采用对接减少应力；采用流线型设计，使结构的应力分布趋于均匀，避免过高的峰值。

(4) 降低材料对 SCC 敏感度：减少制造和建造过程中的残余应力，采用合理的热处理方法消除残余应力；或改善合金的组织结构以降低对 SCC 的敏感度，如采用去应力退火处理消除内应力，高强度铝合金的时效处理。

(5) 合理选材等其他方法：采用高镍量的奥氏体钢，可提高抗 SCC 的性能；采用阴极保护可减缓或者阻止 SCC；采用涂层保护使金属表面和环境隔离开，避免产生应力腐蚀;运用声发射技术、涡流检测技术和电磁超声检测技术对管道 SCC 进行在线监测。

11.4.7　应力腐蚀开裂的检测及监测方法研究

长输管道腐蚀缺陷检测技术比较成熟，但由于管道裂纹形态的复杂性及其几何分布的特殊性，将腐蚀缺陷检测方法直接用于裂纹检测时，很难得到理想的结果。

1) 漏磁检测

漏磁检测是一种比较成熟的管道腐蚀缺陷检测方法，但由于管道表面裂纹的形成机理复杂、形态各异，对裂纹检测和量化的难度要比腐蚀缺陷大得多。依据漏磁检测的原理，只有当外加磁场方向最大限度地同被检缺陷正交时，才能激励出最大的漏磁场。因此，可以分别选择周向和轴向磁化方式检测轴向和周向的裂纹。其中，轴向磁化检测器对于周向裂纹已能达到较好的检测效果，已能在一定准确度范围内实现缺陷的量化。但轴向裂纹和其他类裂纹缺陷的漏磁检测技术的研究还有待深入。

2) 声发射技术

运用声发射技术研究 SCC 要早于电化学腐蚀。主要集中在监测 SCC 产生的声发射信号，监测裂纹萌生和扩展，分析影响声发射信号的因素及判断 SCC 过程中的声发射源。SCC 过程中影响声发射信号的因素有很多，如腐蚀电位、开裂形式、晶粒尺度、加载速率等。利用声发射信号监测小裂纹的萌生，其方法是监测到一定声发射信号后将试样取出，在显微镜下观察开裂状态。

3) 电磁超声换能器技术

作为无损检测技术的一支新军，电磁超声换能器(electromagnetic acoustic transducer，EMAT)技术代表了超声检测的发展方向。EMAT 是新型的超声发射接收装置，通过电磁效应发射和接收超声波，具有非接触、无需耦合剂、重复性好和检测精度高等优点。广泛用于在线测厚、炼钢、板材及铁路轨道等无损检测领域。激发的超声信号经过被测试件表面发生反射、折射，由接收器接收回波信号应用上位机对回波信号进行降噪和分析，判断被检工件是否存在缺陷，实现检测过程。

4) 相控阵超声检测技术

2003 年，便携式相控阵超声仪的推出，为承压设备制造和应用中裂纹的检测和定量进入新阶段做出重要贡献。相控阵超声检测(phased array ultrasonic testing，PAUT)技术在应力腐蚀裂纹的测量及定量、断口分析比较及裂纹的图像分析显示有着重要的应用。

5) 涡流检测技术

涡流检测技术是基于电磁感应原理发展起来的一种无损检测方式，具有检测精度高、应用范围广、无需耦合剂，易于实现管、线高速、自动化检测的特点，广泛用于各种金属材料的检测中(图 11-7)，并且在管道检测中应用广泛(图 11-8)。随着管道运输液体、气体的发展，特别是我国管道工业的建设，涡流检测技术必在管线检测评价过程中发挥举足轻重的作用。

6) 弱磁检测技术

应力损伤是造成管道危害的重要原因，已经引起国内外管道行业的高度重视。弱磁检测能有效地检测出铁磁性金属构件的应力集中区域，对油气长输管道应力损伤在线检测具有切实可行的意义。

对应力腐蚀而言，力学因素是发生 SCC 的三要素之一，弱磁检测能检测出管道上存在的高应力区，为管道 SCC 的预防起到一定作用。弱磁检测器基本结构如图 11-9 所示。

图 11-7　涡流检测技术对金属材料、成品的检测

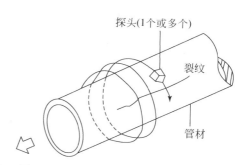

图 11-8　涡流检测技术对管道裂纹的检测

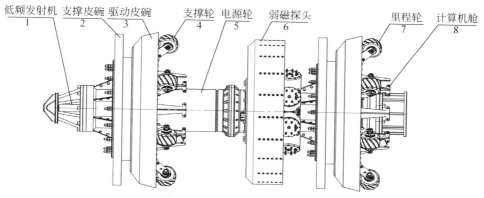

图 11-9　弱磁检测器基本结构

参 考 文 献

[1] BULGER J, LUO J. Effect of microstructure on near-neutral pH SCC[C]. Edmonton, Canada: International Pipeline Conference, 2000.

[2] LU B T, LUO J L. Relationship between yield strength and near-neutral pH stress corrosion cracking resistance of pipeline steels-an effect of microstructure[J]. Corrosion, 2006, 62(2): 129-140.

[3] AL-MANSOUR M, ALFANTAZI A M, EL-BOUJDAINI M. Sulfide stress cracking resistance of API-X100 high strength low alloy steel [J]. Materials and Design, 2009, 30(10): 4088-4094.

[4] FANG B, HAN E H, WANG J, et al. Mechanical and environmental influences on stress corrosion cracking of an X70 pipeline steel in dilute near-neutral pH solutions[J]. Corrosion, 2007, 63(6): 419-432.

[5] CONTRERAS A, HERNÁNDEZ S L. Mechanical and environmental effects on stress corrosion cracking of low carbon pipeline steel in a soil solution[J]. Materials and Design, 2012, 35: 281-289.

[6] ZHANG L, LI X, DU C, et al. Effect of applied potentials on stress corrosion cracking of X70 pipeline steel in alkali

solution[J]. Materials and Design, 2009, 30: 2259-2263.

[7] 赵明纯, 单以银, 李玉海, 等. 显微组织对管线钢硫化物应力腐蚀开裂的影响[J]. 金属学报, 2001, 37(10): 1087-1092.

[8] WANG J Q, ATRENS A. SCC initiation for X65 pipeline steel in the high pH carbonate/bicarbonate solution[J]. Corrosion Science, 2003, 45(10): 2199-2217.

[9] HE D X, CHEN W, LUO J L. Effect of cathodic potential on hydrogen content in a pipeline steel exposes to NS4 near-neutral pH soil solution[J]. Corrosion, 2004, 60(8): 778-786.

[10] 李鹤林. 天然气输送钢管研究与应用中的几个热点问题[J]. 中国机械工程, 2001, 12(3): 43-61.

[11] JIA Y Z, WANG J Q. Stress corrosion cracking of X80 pipeline steel in near-neutral pH environment under constant load tests with and without preload[J]. Journal of Materials Science & Technology, 2011, 27(11): 1039-1046.

[12] 郑义征, 王俭秋, 韩恩厚, 等. X100 管线钢在恒载荷作用下的应力腐蚀开裂[J]. 中国腐蚀与防护学报, 31(3): 184-189.

[13] 郭浩, 李光福, 蔡珣, 等. 外加电位对 X70 管道钢在近中性 pH 溶液中的应力腐蚀破裂的影响[J]. 中国腐蚀与防护学报, 2004, 24(4): 208-212.

[14] 刘智勇, 李晓刚. 管道钢在土壤环境中应力腐蚀模拟溶液进展[J]. 油气储运, 2008, 27(4): 34-39.

[15] 帅健. 我国输气管道应力腐蚀开裂的调查与研究[J]. 油气储运, 2006, 25(4): 22-26.

[16] 刘智勇, 翟国丽, 杜翠薇, 等. X70 钢在酸性土壤模拟溶液中的应力腐蚀行为[J]. 金属学报, 2008, 44(2): 209-214.

[17] 张亮, 李晓刚, 杜翠薇. X70 管线钢在库尔勒土壤环境中应力腐蚀研究[J]. 材料热处理学报, 2008, 29(3): 49-52.

[18] PARKINS R N. Factors influencing stress corrosion crack growth kinetics[J]. Corrosion, 1987, 43(3): 130-139.

[19] PIKEY A K, LAMBERT S B, PLUMTREE A. Stress corrosion cracking of X60 line pipe steel in a carbonate-bicarbonate solution[J]. Corrosion, 1995, 51(2): 91-95.

[20] 许淳淳, 池琳, 胡钢. X70管线钢在 CO_3^{2-} / HCO_3^- 溶液中的电化学行为研究[J]. 腐蚀科学与防护技术, 2004, 16(5): 268-271.

[21] REBAK R B, XIA Z, SAFRUDDIN R, et al. Effect of solution composition and electrochemical potential on stress stress corrosion cracking of X-52 pipeline steel[J]. Corrosion, 1996, 52(5): 396-405.

[22] HARLE B A, BEAVERS J A. Technical note: low pH stress corrosion crack propagation in API X65 pipeline steel[J]. Corrosion, 1993, 49(10): 861-863.

[23] CHEN Y Y, LIOU Y M, SHIH H C. Stress corrosion cracking of type 321 stainless steels in simulated petro-chemical process environments containing hydrogen sulfide and chloride[J]. Materials Science and Engineering A, 2005, 407 (1): 114-126.

[24] PARKINS R N, BLANCHARD W K, DELANTY B S. Transgranular stress corrosion cracking of high pressure pipelines in contact with solutions of near-neutral pH[J]. Corrosion, 1994, 50(5): 394-408.

[25] GU B, LUO J, MAO X. Hydrogen-facilitated anodic dissolution-type stress corrosion cracking of pipeline steels in near-neutral pH solution [J]. Corrosion, 1999, 55(1): 96-106.

第 12 章　0.8 设计系数用 X80 管线钢断裂韧性测试

12.1　断裂韧性测试方法

世界经济的迅猛发展使得人们对石油、天然气的需求日益增加，油气管道作为能源的主要运输工具得到了快速的发展。采用高强度、高韧性、大口径和大输量输送的高钢级管线钢是油气输送管线技术发展的重要方向。各国不约而同采用高钢级、大管径管线钢以提高输送压力，进而提高管道运营经济效益和管道输送效率[1-4]。然而，随着石油天然气管道运行压力的增高与管径的不断加大，发生管道延性断裂的风险也就越大。为了保证管道运行的安全性，要求高钢级管线钢在提高管道输送能力的同时，具有足够高的韧性，管线钢材韧性的高低是控制管线失效和断裂的关键因素[5]。X80 管线钢是目前世界上大规模应用的最高级别管线钢管，相关问题的研究涉及当前管线的安全运行，同时对更高级别 X90 和 X100 管线钢等的研究和应用具有重要意义。

随着弹塑性断裂力学的快速发展，J 积分测试在理论和实验方面有了显著的发展，材料的 J 积分测试不仅可以作为材料韧度选择的参量，而且与工程应用一起成为国际公认的高水平缺陷评定规范，J 积分测试对于管道材料是非常重要的[6-8]。最具有代表性的 J 积分测试有：美国电力研究协会(Electric Power Research Institute，EPRI)的全塑性 J 积分解的图表法；欧洲共同体提出的结构完整性评定方法(structural integrity assessment procedure，SINTAP)以及 ASME Section XI "核电站构件在役检测规范"(1995)；英国中央电力局(Central Electricity Generating Board，CEGB)的 R6 第三次修正版 "含有缺陷的结构完整性评价" 中的选择曲线 1(R6-1)、选择曲线 2(R6-2)和选择曲线 3(R6-3)方法[9]。R6-3 是通过 J 积分计算得到的曲线，它与材料、加载方式和构件几何形状密切相关。这些方法主要是针对裂纹型缺陷的安全评价方法，多数采用了失效评估图(failure assessment diagram，FAD)技术。通过测定 J-R 阻力曲线，在此基础上建立失效评估曲线(failure assessment curve，FAC)，是一种简单、精确建立 FAC 的方法[10-12]，避免了有限元费时、费力的计算。

大量研究表明，裂纹尖端张开位移(crack-tip opening displacement，CTOD)断裂韧度是评价钢材焊接接头抗脆断特性的重要参数。与传统的夏比 V 型缺口冲击韧性比较，CTOD 更能有效准确地评价钢材的抗脆断能力。通过 CTOD 实验不仅可以进行材料韧度观测和选择，还可以为以后评定结构的安全可靠性提供实验依据。目前，我国在西气东输三线工程中已进行了 0.8 设计系数用 X80 管线钢的研制开发、试生产和实际铺设应用研究，0.8 设计系数用 X80 管线钢比 0.72 设计系数用 X80 管线钢数具有更高的强度、韧性、输送能力更强，其使用可带来巨大的经济效益。本章按照《金属材料延性断裂韧度 JIC 试验方法》(GB/T 2038—1991)和《金属材料准静态断裂韧度的统一试验方法》(GB/T 21143—2014)标准要求，采用 CTOD 实验测量了三家钢厂生产的西三线 0.8 设计系数示范工程用 X80 螺缝管的断裂韧性，给出了三种钢管母材和焊缝断裂韧性(J_{IC})测试结果，并建立了每种钢管的选择曲线 3 的 FAC 与拟合方程，为工程应用提供理论参考。

12.2　实验过程与方法

12.2.1　实验原理

根据英国 CEGB R6 选择曲线 3 建立失效评估曲线，其定义为

$$K_r = (J_e / J)^{0.5} \tag{12-1}$$

$$L_r = P / P_0 \tag{12-2}$$

式中，K_r 为韧性比；L_r 为载荷比；J 和 J_e 分别为弹塑性 J 积分值以及 J 的弹性分量，本章采用多试样法测得材料 P-Δ 载荷位移曲线，然后计算 J 积分；P_0 为材料的塑性失稳极限载荷。

对三点弯曲试样在平面应变条件下，本章通过公式：$P_0 = 4Bb_0^2\sigma_0/(3S)$ 确定材料的塑性失稳极限载荷 P_0，式中流变应力 $\sigma_0 = (\sigma_s + \sigma_b)/2$，$\sigma_s$ 为屈服强度，σ_b 为抗拉强度，b_0 为韧带尺寸，S 为跨距尺寸。

根据 GB/T 2038—1991 标准，对于三点弯曲试样，有 $J = J_e + J_p$，J 积分的表达式为

$$J = J_e + J_p = \frac{1 - \nu^2}{E} K_1^2 + \frac{2U_p}{B(W - a_0)} \tag{12-3}$$

$$K_1 = \frac{P_s S}{BW^{1.5}} f\left(\frac{a_0}{W}\right) \tag{12-4}$$

式中，$U_p = U - U_e$，U_p 为形变功的塑性分量(kJ)，U 为外加载荷对试样做的形变功(kJ)，U_e 为形变功的弹性分量；J_p 为 J 的塑性分量；P_s 为加载载荷；K_1 为应力强度因子；B 为试样厚度；W 为试样宽度；a_0 为裂纹原始尺寸；S 为跨距；ν 为泊松比，取 0.3；E 为弹性模量，取 2.1×10^5 MPa；$f(a_0 / W)$ 可查表得到；U 和 U_e 可通过选取一些加载点计算 P-Δ 曲线下的面积而得到。根据上述国标规定，采用测定 J-R 阻力曲线的试样方法建立失效评估曲线方案。

12.2.2　实验材料

实验材料为三家钢厂生产的西气东输三线工程 0.8 设计系数示范工程用 X80 螺缝管母材和焊缝材料，分别编号为 A、B、C，其力学性能见表 12-1。

表 12-1　三种 X80 管线钢试样的力学性能
（单位：MPa）

性能参数	A 试样		B 试样		C 试样	
	AM	AW	BM	BW	CM	CW
$R_{p0.2}$	599	599	616	616	694	694
R_m	719	786	682	748	746	767

注：$R_{p0.2}$ 表示屈服强度；R_m 表示抗拉强度。A、B、C 分别表示三种 X80 管线钢试样；M 表示母材；W 表示焊缝。本章其余同此。

12.2.3　断裂韧性测试

实验采用的试样尺寸为厚度 B=12mm，宽度 W=24mm，长度 L=96mm 的带有预制疲劳裂纹的三点弯曲试样，采用线切割方法分别从三种 X80 管线钢管上截取母材试样 8 个，焊缝试样 8 个。焊缝试样中的焊缝位于试样长度中心位置，使用游标卡尺精确测量并记录各试件厚度 B 和宽度 W。

在确定缺口位置时，要求保证切割线所在平面与试样切割面的垂直角度为 90°±5°。对母材试件在长度中心线处划线；焊缝试件划在焊缝金属区的正中间位置。在线切割机上用 0.12 mm 的钼丝沿宽度方向加工长为 12mm，宽为 0.12mm 的机械缺口，试样设计尺寸和实际试样形式分别如图 12-1 和图 12-2 所示。利用高频疲劳实验机预制长度为 2.5mm 的疲劳裂纹，用以模拟实际管线结构中的初始尖锐裂纹。预制疲劳裂纹条件：采用正弦波，开始时 F_{max}=6800N，F_{min}=680N，最后阶段 F_{max}=6200N，F_{min}=620N，总循环 18000～30000 周次。

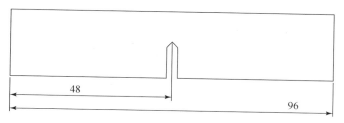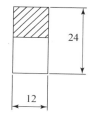

图 12-1　试样设计尺寸形式(单位：mm)

在预制疲劳裂纹后，CTOD 实验在 MTS810 实验机上进行加载，实验跨距 S=96mm，将每个试样分别加载到不同的位移量，记录载荷位移曲线，实验机最大载荷为 250kN，加载速率控制为 1mm/min，实验温度 21℃。通过实验机测试系

图 12-2　实际试样形式(单位：mm)

统记录载荷 P 和刀口张开位移 V，并绘制 P-V 曲线，典型的 P-V 曲线如图 12-3 所示，对应于曲线最大载荷的塑性张开位移 V_p 的求解也如图 12-3 所示。试样失稳卸载后，用热着色法勾出裂纹前缘，进行烘干处理后在实验机上快速压断试样，断后试样见图 12-4，断口形貌如图 12-5(a)所示。然后，用工具显微镜测量断口处原始裂纹长度 a_0 和裂纹扩展后的长度 a，平均稳定裂纹扩展量 $\Delta a = a - a_0$，测量示意图如图 12-5(b)所示。

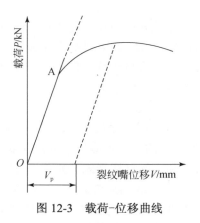

图 12-3　载荷-位移曲线

图 12-4　断裂后的试样

断口处原始裂纹长度 a_0 和裂纹扩展后的长度 a 的测量方法如下所示。

按照图 12-5(b)所示沿试样厚度在等间隔的 9 个点上测量裂纹长度，其中最外侧两点距离试样两侧表面 $1\%B$ 位置，测量精度不低于 0.025mm，按照式(12-5)和式(12-6)计算裂纹长度。

$$a_0 = \frac{1}{8}\left(\frac{a_{01} + a_{09}}{2} + \sum_{i=2}^{8} a_{0i} \right) \tag{12-5}$$

$$a = \frac{1}{8}\left(\frac{a_1 + a_9}{2} + \sum_{i=2}^{8} a_i \right) \tag{12-6}$$

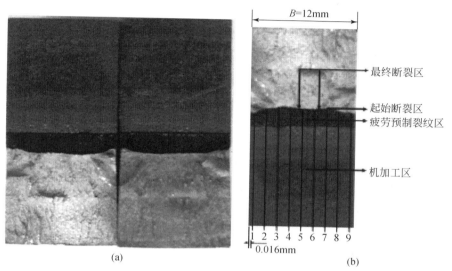

图 12-5　三点弯曲试样断口形貌(a)及 CTOD 试样裂纹长度测量示意图(b)

根据最大载荷 P 及其对应 V_p，利用式(12-7)计算各试样的 CTOD。其中，δ 为 CTOD；δ_e 为弹性 CTOD；δ_p 为塑性 CTOD。

$$\delta = \delta_e + \delta_p = K_1^2 \frac{(1-v^2)}{2\sigma_s E} + \frac{r_p(W-a)V_p}{r_p(W-a)+a+z} \tag{12-7}$$

式中，E 为材料的弹性模量；σ_s 为材料的屈服极限；v 为材料的泊松比；K_1 为应力强度因子；r_p 称为塑性变形阶段的旋转因子，它是试样塑性变形时的旋转中心到原裂纹尖端的距离与韧带宽度$(W-a)$ 的比值；z 为测定缺口张开位移的引伸计装卡装置距离试样表面的距离。取 $E=2.1\times10^5$MPa，$v=0.3$，$z=2.6$mm，对于三点弯曲试样，r_p 取 0.4。

对三点弯曲试样，有

$$K_1 = \frac{P_s}{BW^{1.5}} \cdot f\left(\frac{a}{W} \right) \tag{12-8}$$

式中，P_s 为加载载荷；S 为试样跨距；B 为试样厚度，$f\left(\dfrac{a}{W} \right)$ 为试样几何形状因子，可查表得到，其计算公式为

$$f\left(\frac{a}{W}\right) = \frac{3\left(\dfrac{a}{W}\right)^{0.5}\left[1.99 - \left(\dfrac{a}{W}\right)\left(1 - \dfrac{a}{W}\right)\left(2.15 - \dfrac{3.39a}{W} + \dfrac{2.7a^2}{W^2}\right)\right]}{2\left(1 + \dfrac{2a}{W}\right)\left(1 - \dfrac{a}{W}\right)^{1.5}} \tag{12-9}$$

12.2.4　起裂点的判定

对三点弯曲试样在平面应变条件下，通过公式：$P_0 = \dfrac{4Bb_0^2\sigma_0}{3S}$ 确定其开裂临界载荷 P_0 和 V_p，其中 $\sigma_0 = (\sigma_s + \sigma_b)/2$，韧带尺寸 $b_0 = W - a_0$，S 为跨距。然后由式(12-7)～式(12-9)计算临界 CTOD。

12.3　X80 管线钢断裂韧性实验研究

三种 X80 管线钢试样的原始尺寸及原始裂纹长度如表 12-2 所示。

表 12-2　三种 X80 管线钢试样原始尺寸及原始裂纹长度　　　　(单位：mm)

试样	B	W	S	a_0	试样	B	W	S	a_0
AM1	12.01	24.07	96	13.92	CM4	12.21	24.07	96	13.97
AM2	12.01	24.07	96	13.80	CM5	12.22	24.07	96	14.00
AM3	12.01	24.07	96	13.87	CM6	12.22	24.07	96	14.23
AM4	12.01	24.07	96	13.98	CM7	12.21	24.07	96	13.93
AM5	12.01	24.07	96	14.09	CM8	12.22	24.07	96	14.17
AM6	12.01	24.07	96	13.85	AW1	12.02	24.09	96	14.48
AM7	12.00	24.07	96	14.28	AW2	12.01	24.08	96	14.31
AM8	12.01	24.07	96	13.89	AW3	12.01	24.09	96	14.05
BM1	12.22	24.07	96	14.22	AW4	12.03	24.07	96	14.18
BM2	12.22	24.08	96	14.53	AW5	12.01	24.08	96	14.25
BM3	12.22	24.08	96	14.52	AW6	12.02	24.08	96	14.54
BM4	12.22	24.08	96	14.22	AW7	12.02	24.08	96	14.24
BM5	12.22	24.07	96	14.28	AW8	12.02	24.09	96	14.57
BM6	12.22	24.07	96	14.37	BW1	12.23	24.09	96	14.29
BM7	12.22	24.07	96	14.29	BW2	12.23	24.08	96	14.70
BM8	12.22	24.08	96	13.91	BW3	12.22	24.07	96	14.15
CM1	12.22	24.07	96	14.02	BW4	12.24	24.08	96	14.74
CM2	12.22	24.07	96	14.04	BW5	12.23	24.08	96	14.43
CM3	12.22	24.07	96	14.02	BW6	12.22	24.07	96	14.35

试样	B	W	S	a_0	试样	B	W	S	a_0
BW7	12.22	24.07	96	14.42	CW4	12.18	24.03	96	14.67
BW8	12.24	24.07	96	14.48	CW5	12.21	24.07	96	15.16
CW1	12.21	24.07	96	14.89	CW6	12.23	24.07	96	14.96
CW2	12.23	24.07	96	14.68	CW7	12.24	23.89	96	14.75
CW3	12.23	24.08	96	14.94	CW8	12.20	24.07	96	14.84

三种 X80 管线钢母材与焊缝试样的 CTOD 如表 12-3 和图 12-6 所示。

表 12-3　三种 X80 管线钢母材与焊缝试样的 CTOD

试样	应力强度因子 $K_1/(MN/m^2)$	弹性 CTOD δ_e/mm	塑性 CTOD δ_p/mm	CTOD δ/mm	δ 均值
AM1	2.659938	0.025592248	0.021068	0.0466607	
AM2	2.676118	0.025904538	0.024814	0.0507182	
AM3	2.670727	0.025800266	0.049919	0.0757193	
AM4	2.658884	0.025571971	0.035865	0.0614368	
AM5	2.638281	0.025177202	0.035677	0.0608544	0.058785
AM6	2.665667	0.025702605	0.033694	0.0593964	
AM7	2.617227	0.024776971	0.040498	0.0652750	
AM8	2.667974	0.025747118	0.024473	0.0502202	
AW1	2.601087	0.024472321	0.030038	0.0545106	
AW2	2.619117	0.024812763	0.023829	0.0486416	
AW3	2.651793	0.025435751	0.024802	0.0502374	
AW4	2.634579	0.025106584	0.017765	0.0428713	
AW5	2.629829	0.025016144	0.020905	0.0459216	0.047340
AW6	2.592000	0.024301618	0.020187	0.0444886	
AW7	2.620783	0.024844330	0.018750	0.0435947	
AW8	2.593006	0.024320496	0.024133	0.0484540	
BM1	2.587874	0.023555790	0.044357	0.0679130	
BM2	2.551343	0.022895441	0.055557	0.0784522	
BM3	2.556689	0.022991489	0.044490	0.0674817	
BM4	2.591516	0.023622140	0.053692	0.0773138	
BM5	2.577512	0.023367534	0.039542	0.0629098	0.071016
BM6	2.571708	0.023262404	0.044536	0.0677985	
BM7	2.586267	0.023526544	0.049089	0.0726159	
BM8	2.628271	0.024296939	0.049349	0.0736455	

续表

试样	应力强度因子 $K_1/(\text{MN/m}^2)$	弹性 CTOD δ_e/mm	塑性 CTOD δ_p/mm	CTOD δ/mm	δ 均值
BW1	2.579565	0.023404765	0.071564	0.0949692	
BW2	2.525751	0.022438421	0.071748	0.0941860	
BW3	2.595943	0.023702910	0.106006	0.1297085	
BW4	2.523420	0.022397034	0.066380	0.0887771	0.100727
BW5	2.564137	0.023125640	0.082802	0.1059275	
BW6	2.568477	0.023204000	—	—	
BW7	2.565735	0.023154475	0.064395	0.0875490	
BW8	2.560885	0.023067026	0.080907	0.1039744	
CM1	2.890227	0.026079328	0.164568	0.1906472	
CM2	2.895091	0.026167190	0.143011	0.1691784	
CM3	2.890227	0.026079328	0.168463	0.1945425	
CM4	2.902471	0.026300767	0.212125	0.2384262	
CM5	2.901741	0.026287545	0.143274	0.1695620	0.183805
CM6	2.865159	0.025628901	0.118948	0.1445772	
CM7	2.917148	0.026567427	0.151654	0.1782215	
CM8	2.884271	0.025971961	0.159314	0.1852858	
CW1	2.781432	0.024152919	0.202686	0.2268385	
CW2	2.809793	0.024647980	0.188293	0.2129413	
CW3	2.769103	0.023939262	0.169050	0.1929896	
CW4	2.743872	0.023505004	0.122617	0.1461218	
CW5	2.742846	0.023487430	0.189604	0.2130912	0.195082
CW6	2.772909	0.024005125	0.144688	0.1686927	
CW7	2.767862	0.023917816	0.180982	0.2049001	
CW8	2.791037	0.024320009	—	—	

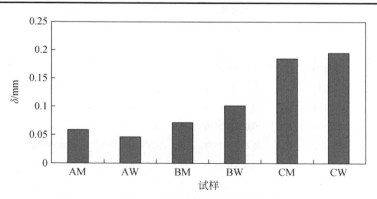

图 12-6 三种 X80 管线钢的母材与焊缝的 CTOD

由表 12-3 和图 12-6 可以看出，AM 的 CTOD 要略高于 AW 的 CTOD，说明 AW 的抗开裂性能没有 AM 的好；BM 和 CM 的 CTOD 均略低于 BW 和 CW，说明 BW 和 CW 工艺符合工业要求，焊缝的抗开裂性能要优于母材。对比三种 X80 管线钢的 CTOD 可以看出，CM 和 CW 的 CTOD 最大，而 AM 和 AW 的 CTOD 最小，说明试样 C 的抗开裂性能最好，试样 B 次之，而试样 A 最差。

12.4　X80 管线钢失效评估图研究

双判据法是以线弹性断裂力学和极限分析理论为基础的，认为当外载荷达到按线弹性断裂力学理论确定的脆性破坏载荷，或由流变应力和结构几何所决定的极限失稳载荷二者较小的一个时就会引起破坏。在双判据法中，把线弹性断裂条件 K_r 和塑性断裂条件 L_r 看作构件的两个极限断裂条件，K_r 和 L_r 分别以下式定义

$$K_r = K_1 / K_{IC} \qquad L_r = P / P_0 \qquad (12\text{-}10)$$

式中，K_1 为应力强度因子；K_{IC} 为断裂韧性，该指标是评定材料阻止裂纹失稳扩展能力的力学指标，与裂纹本身的大小、形状无关，也和外加应力无关，是材料本身特性，影响该指标的因素有材料的成分、热处理及加工工艺等；L_r 为载荷比；P 为施加的外界荷载；P_0 为材料的塑性失稳极限载荷。实际构件断裂发生于弹塑性状态，双判据法就是利用上述两个断裂条件评定弹塑性状。

现在国际上通用的缺陷结构双参数可靠评定技术主要有 SINTAP 以及 R6 方法，两种不同的方法既有相互借鉴之处，又有各自的特点。

SINTAP 是欧洲共同体提出的安全评定标准。其中，英国 R6、PD 6493 及瑞典技术中心都是 SINTAP 研究的核心成员，SINTAP 作为他们共同参与研究后形成的共识，不久将要成为欧洲的统一标准。SINTAP 标准采用了 FAD 和裂纹推动力 (crack driving force，CDF) 两类分析方法。FAD 采用失效评定图的方法，CDF 则是直接按 $J \leqslant J_{IC}$ 的判据来进行评定。CDF 方法和 FAD 方法在形式上有所不同，但实质是一样的。在标准中共有三个标准等级和三个高级等级，随评定等级的提高，评定结果的保守性降低，当然，所需要的关于结构材料的性能数据的准确性以及完备性也随之增加。

R6 评定方法是英国核电公司提出的一种结构完整性评定技术，适用于各种含缺陷结构的弹塑性断裂评定。修订版的 R6 即 R6 第四次修订版：2001 是在英国核电公司、英国核燃料公司及英国原子能管理局组成的结构完整性评定规程联合体下的 R6 研究组编制的。R6 第三次修订版后已陆续地增补了新附录，由于近年来断裂力学评定技术的发展特别是 SINTAP 的出现，加快了世界各国研究进展，且 R6 自己发展计划决定对 R6 作全面修改，于 2001 年颁布了第四次修订版。一般将

含缺陷结构的失效形式分为三种，即脆性断裂、塑性失稳和弹塑性撕裂。通过断裂准则和塑性失稳准则来判断结构是否已经达到了应力极限，与极限条件相关的失效分析将借助于失效评定图完成。该方法要求将评定点绘于评定图中，评定点在评定图中的位置与施加的载荷、缺陷尺寸、材料的性质有关，若评定点落在评定曲线与坐标轴围成的评定图内，则该缺陷是可以接受的。

12.4.1　双判据法原理

1) 选择曲线 1

选择曲线 1 为通用失效评定曲线，其曲线方程为

$$K_r = (1 - 0.14L_r^2)[0.3 + 0.7\exp(-0.65L_r^6)] , \quad L_r < L_{r\max} \tag{12-11}$$

$$K_r = 0 , \quad L_r \geqslant L_{r\max} \tag{12-12}$$

式中，$L_{r\max} = \overline{\sigma}/\sigma_y$；$\overline{\sigma} = 0.5(\sigma_y + \sigma_b)$；$\sigma_y$ 为屈服强度(MPa)；σ_b 为抗拉强度(MPa)。

2) 选择曲线 2

选择曲线 2 被称为材料特征选择曲线，建立在已知材料真实应力应变曲线数据基础上，其方程为

$$K_r = \left[\frac{E\varepsilon_{\text{ref}}}{L_r\sigma_y} + \frac{L_r^3\sigma_y}{2E\varepsilon_{\text{ref}}} \right]^{-0.5} , \quad L_r < L_{r\max} \tag{12-13}$$

$$K_r = 0 , \quad L_r \geqslant L_{r\max} \tag{12-14}$$

式中，ε_{ref} 为参考应变，是在单轴拉伸真应力真应变曲线上真实应力等于 $L_r\sigma_y$ 时的真实应变；E 为弹性模量，取 2.1×10^5MPa；σ_y 为屈服强度(MPa)。

首先，通过单轴拉伸实验得到管线钢的工程应力应变曲线，然后，根据下式计算分别获得其真应力真应变曲线。

$$\text{真应力} \quad S = \sigma_0(1 + \varepsilon) \tag{12-15}$$

$$\text{真应变} \quad \xi = \ln(1 + \varepsilon) \tag{12-16}$$

式中，σ_0 为工程应力应变曲线中应力值(MPa)；ε 为工程应力应变曲线中 σ_0 对应的应变。

3) 选择曲线 3

选择曲线 3 是特定材料和构件形状的失效评定曲线，要根据材料特性和裂纹体几何形状计算弹塑性 J 积分值及其弹性分量 J_e，来确定曲线的纵坐标，以得到精确的失效评定曲线，J 积分值计算可以采用有限元方法或者 EPRI 规程中利用图表手册的工程方法。其曲线定义式见式(12-1)和式(12-2)。

为了能够准确建立选择曲线 3 评估曲线，在本章选择一种实验方法来建立选择曲线 3。该方法建立在 J-R 阻力曲线实验的基础上，加工一组标准试样采用位移控制加载到不同的位移，来表示不同的裂纹扩展量和承受载荷的大小，然后再

通过 EPRI 工程计算来确定所承受载荷状态的 J 积分及其弹性分量，从而建立其 R6 选择曲线 3 失效评定曲线。该方案通过实验数据建立，更能准确反映出材料特性，且能在保证可靠性的条件下充分发挥材料潜力。

选择曲线 3 不但和材料性能相关，而且和材料构件形状相关。文献研究表明，采用承受弯曲型载荷的试样更能接近平面应变状态，为了能够建立偏于安全的曲线，在实验中选择弯曲加载方式试样，再结合实验设备条件，最终选用三点弯曲试样。

现有的对高钢级管线钢的失效评估曲线研究结果表明，建立在实验数据基础上的选择曲线 3 是安全可靠的，具有较高的精度。

12.4.2　X80 管线钢选择曲线 3 失效评估图建立

针对 X80 管线钢母材、焊缝，分别进行 CTOD 实验。实验采用 L=96mm，W=24mm，B=12mm，S=4W 的母材和焊缝三点弯曲标准试样，实验在 MTS810 实验机上进行。

加载过程中形变功分为两个部分：形变功的弹性分量 U_e 和形变功的塑性分量 U_p。根据 GB/T 2039—1991 标准，对于三点弯曲试样，有 $J=J_e+J_p$，J 积分的表达式为

$$J=J_e+J_p=\frac{1-v^2}{E}K_1^2+\frac{2U_p}{B(W-a_0)}$$

(12-17)

式中，$K_1=\frac{P_s S}{BW^{1.5}}f\left(\frac{a_0}{W}\right)$；$U_p=U-U_e$；泊松比 v=0.3；弹性模量 E=2.1×10^{5}MPa；a_0 为原始裂纹长度(mm)；B 为试样厚度(mm)；W 为试样宽度(mm)；$f(a_0/W)$ 可通过查表得到，U 和 U_e 可通过选取一些加载点计算 P-Δ 曲线下的面积而得到。实验测得的三种 X80 管线钢的 a_0、B 和 W，数据如表 12-4 所示。

表 12-4　三种 X80 管线钢的 a_0、B 和 W　　　　　(单位：mm)

试样参数	AM	AW	BM	BW	CM	CW
a_0	13.85	14.31	14.37	14.70	14.02	14.89
B	12.01	12.01	12.22	12.23	12.22	12.21
W	24.07	24.08	24.07	24.08	24.07	24.07

采用 Origin 软件，对三种 X80 管线钢选择 3 失效评估曲线实验数据进行 Boltzmann 拟合，得到三种 X80 管线钢母材和焊缝的失效评估曲线，如图 12-7～图 12-9 所示。

图 12-7 为 AM 与 AW 的选择曲线 3 失效评估曲线对比，在低载荷状态下(L_r 较小)，AM 与 AW 失效评估曲线基本重合；在较高载荷状态下(L_r 较大)，AM 与

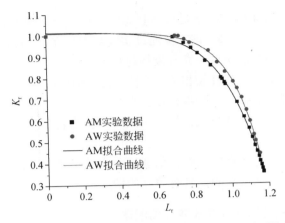

图 12-7　AM 与 AW 的选择曲线 3 失效评估曲线对比

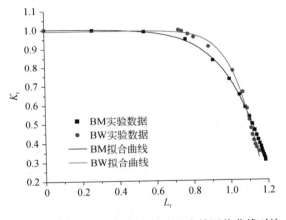

图 12-8　BM 与 BW 的选择曲线 3 失效评估曲线对比

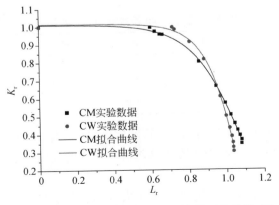

图 12-9　CM 与 CW 的选择曲线 3 失效评估曲线对比

AW 的失效评估曲线发生明显分离，AM 的失效评估曲线比 AW 的要低，说明母材的安全区域小于焊缝；在高载荷状态下(L_r 很大)，AM 与 AW 的失效评估曲线又基本重合，说明在低载荷和大载荷时 AM 与 AW 的选择曲线 3 趋于重合是由于此时其母材和焊缝的塑性相当。

图 12-8 为 BM 与 BW 的选择曲线 3 失效评估曲线对比，在低载荷和较高载荷状态下(L_r 较小和较大)，BM 的失效评估曲线比 BM 的要低，说明 BM 的安全区域小于 BM；在高载荷状态下($L_r \geqslant 1.08$)，BM 与 BW 的失效评估曲线发生明显分离，BM 的失效评估曲线比 BM 的要低，说明高载荷状态下 BM 的安全区域大于 BM。

图 12-9 为 CM 与 CW 的选择曲线 3 失效评估曲线对比，在低载荷和较高载荷状态下(L_r 较小和较大)，CM 的失效评估曲线比 CW 的要低，说明 CM 的安全区域小于 CW；在高载荷状态下($L_r \geqslant 0.95$)，CM 与 CW 的失效评估曲线发生明显分离，CW 的失效评估曲线比 CM 的要低，说明高载荷状态下 CM 的安全区域大于 CW。

采用 Origin 软件，对三种 X80 管线钢的选择曲线 3 失效评估曲线进行 Boltzmann 拟合，得到母材与焊缝的失效评估曲线公式分别为：

AM：　$K_r = 2.12 / \{1 + \exp[(L_r - 1.3) / 0.16]\} - 1.1$

AW：　$K_r = 2.83 / \{1 + \exp[(L_r - 1.33) / 0.13]\} - 1.82$

BM：　$K_r = 1.96 / \{1 + \exp[(L_r - 1.28) / 0.15]\} - 0.96$

BW：　$K_r = 1.47 / \{1 + \exp[(L_r - 1.17) / 0.09]\} - 0.48$

CM：　$K_r = 1.46 / \{1 + \exp[(L_r - 1.11) / 0.14]\} - 0.45$

CW：　$K_r = 2.73 / \{1 + \exp[(L_r - 1.15) / 0.1]\} - 1.71$

从图 12-10 和图 12-11 中可以看出，AM 与 AW、BM 与 BW 选择曲线 3 失效评估曲线接近于重合，而 CM 和 CW 选择 3 曲线在较高载荷时都要低于试样 A、B，说明 CM 和 CW 的安全区域均小于试样 A、B，试样 A、B 无论母材还是焊缝都具有比试样 C 更优异的韧性，在载荷较高时具有较高的曲线走向。同时试样 A、

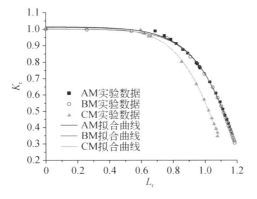

图 12-10　试样 A、B、C 的母材选择曲线 3 失效评估曲线对比

B 具有接近的评估曲线截至线(最大载荷比)，且无论母材还是焊缝，试样 A 和 B 的截至线都要高于试样 C，说明试样 C 的塑性压溃极限载荷最低，而试样 A 和 B 的接近。在较低载荷时，试样 A、B、C 焊缝和母材的安全应用范围基本一样，当较高载荷状态时，试样 A、B 焊缝和母材的安全应用范围要大于试样 C。

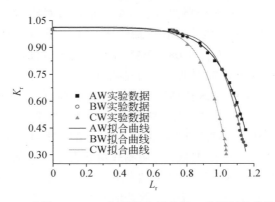

图 12-11　　试样 A、B、C 焊缝的选择曲线 3 失效评估曲线对比

12.5　本 章 结 论

(1) X80 管线钢试样 A 焊缝的抗开裂性能没有母材的好；试样 B、C 焊缝工艺符合工业要求，焊缝的抗开裂性能要优于母材。对比三种 X80 管线钢的 CTOD 值可以看出，X80 管线钢试样 C 的抗开裂性能最好，试样 B 次之，而试样 A 最差。

(2) X80 管线钢试样 C 母材和焊缝的安全区域均小于试样 A、B，试样 A 与 B 具有比试样 C 更优异的韧性，在载荷较高时具有较高的曲线走向。X80 管线钢试样 C 的塑性压溃极限载荷最低，而试样 A 和 B 的接近。在较低载荷时 A、B、C 三种试样 X80 管线钢焊缝和母材的安全应用范围基本一样，当较高载荷状态时，试样 A、B 焊缝和母材的安全应用范围要大于试样 C。

参 考 文 献

[1] 潘家华. 我国的天然气及天然气管道工业[J]. 焊管, 2008, 31(4): 5-6.

[2] 李鹤林, 吉玲康, 谢丽华. 中国石油管的发展现状分析[J]. 河北科技大学学报, 2006, 27(1): 1-5.

[3] 张斌, 钱成文, 王玉梅, 等. 国内外高钢级管线钢的发展及应用[J]. 石油工程建设, 2012, 38(1): 1-5.

[4] 祝少华, 杨军, 张万鹏, 等. X70 管线钢焊接接头断裂韧性分析[J]. 焊管, 2013, 36(11): 59-62.

[5] 张华, 赵新伟, 罗金恒, 等. X80 管线钢断裂韧性及失效评估图研究[J]. 压力容器, 2009, 26(12): 1-4.

[6] 庄传晶, 冯耀荣, 霍春勇, 等. 国内 X80 级管线钢的发展及今后的研究方向[J]. 焊管, 2005, 28(2): 10-14.

[7] 庄传晶, 冯耀荣, 李鹤林, 等. 油气输送管材料阻力曲线实验研究[J]. 石油机械, 2001, 29(3): 5-7.

[8] 罗金恒, 赵新伟, 李新华, 等. X80 管线钢断裂韧性研究[J]. 压力容器, 2007, 24(8): 6-9.

[9] 李新华, 罗金恒, 赵新伟, 等. 高钢级管线钢失效评估曲线研究[J]. 焊管, 2007, 30(4): 33-35.

[10] 白永强, 帅健, 孙亮, 等. 含缺陷结构 J 积分工程估算方法研究进展[J]. 压力容器, 2006, 23(2): 42-45.

[11] BLOOM J M, MALIK S N. Procedure for the Assessment of the Integrity of Nuclear Pressure Vessels and Piping Containing Defects[R]. EPRI Report, 1982, Np-2431.

[12] 李志安, 王志文, 李培宁. 用试件 $P\text{-}\delta$ 曲线建立失效评定曲线的近似方法[J]. 沈阳化工学院学报, 1994, 8(4): 245-250.

第13章 0.8 设计系数用 X80 管线钢在近中性 NS4 溶液中的 SCC 行为研究

大量的输油、输气、输水管道等埋设在地下，由于土壤腐蚀造成油、气、水管道穿孔损坏，引起油气水的泄漏，甚至造成火灾、爆炸事故屡有报道。随着石油工业的发展，油气管道铺设规模日益庞大，埋地管道的腐蚀与防护问题尤为突出，其中应力腐蚀破裂因其无预兆性，破坏性严重等原因，问题尤为严重。

目前，实验室普遍采用 NS4 溶液模拟近中性 pH-SCC 环境，用 HCO_3^-/CO_3^{2-} 浓溶液简单模拟高 pH-SCC 环境，二者的主要特征对比见表 13-1。

表 13-1 近中性 pH-SCC 和高 pH-SCC 的条件和特征对比

参数	近中性 pH-SCC	高 pH-SCC
地点	65%的失效发生在压缩站和下游第 1 阀之间(16～30km)；12%在第 1 阀和第 2 阀之间，5%在第 2 阀和第 3 阀之间，18%在第 3 阀的下游。SCC 与特殊的地形、干湿交替的土壤以及可使涂层剥离或损坏的土壤有关	典型发生地在压缩站的 20km 以内；失效数量随距压缩站距离的增加及温度的降低而减少，SCC 与特殊的地形、干湿交替的土壤以及可使涂层剥离或损坏的土壤有关
温度	与温度无明显的相关性	(裂纹)扩展速率随温度的降低呈指数下降
电解质	pH 为 5.5～7.5 的稀 HCO_3^- 溶液	pH＞9.3 的浓 CO_3^-/HCO_3^- 溶液
电位	发生在自由腐蚀(开路)电位，−760～−790mV(Cu/CuSO₄)；由于涂层的屏蔽或其他因素作用，阴极保护(CP)无法到达管子(表面)	发生在特定的开裂电位区，且电位范围随温度的不同而不同；在室温下的开裂电位范围为−600～−750mV(Cu/CuSO₄)
开裂形貌	主要为穿晶，裂纹宽，裂纹壁明显腐蚀	主要为沿晶，裂纹致密，裂纹壁无明显腐蚀

随着我国管线钢迅速发展，高级别管道设计系数逐步升级。设计系数的提高，可以在降低管壁厚度的前提下，提高管线钢的许用压力和最大输送压力，进而提高管线钢输送效率和整体经济效益。据测算，每提高 0.08 个百分点，可节约管材用量和降低工程建设成本 10%。目前，我国西气东输二线工程用 X80 管线钢采用 0.72 设计系数，其输送天然气的实际能力已不能满足当前经济对能源的需求，中国石油天然气集团公司为提高天然气的管道输送能力，规划在西气东输三线工程中进行 0.8 设计系数 X80 钢螺旋缝埋弧焊管实验段的铺设。同时，为今后西气东输四线工程、西气东输五线工程和西气东输六线工程等重大工程建设提供技术支撑。

目前，我国对 X80 管线钢的研究和应用十分迅速，且研究用 X80 管线钢大多是西气东输二线工程所用的 0.72 设计系数钢，而对西气东输三线工程中使用的 0.8 设计系数 X80 螺旋缝埋弧焊管的研究却不多见。0.8 设计系数管线钢比 0.72 设计系数具有更高的强度、韧性，输送能力更强，可带来巨大的经济效益。

材料的显微组织是影响应力腐蚀破裂的主要因素，管道由于焊接作用，其组织发生了相应的变化，因此开展 0.8 设计系数用 X80 钢管母材及其焊接接头的土壤应力腐蚀研究有着重要的工程应用价值。

本章采用西气东输三线工程 0.8 设计系数用 X80 钢管母材及其焊接接头为研究对象，以近中性 pH 土壤模拟溶液 NS4 溶液为介质，采用慢应变速率实验(SSRT)研究其应力腐蚀特征，以期对西气东输三线工程用 X80 管线钢的防腐提供一定的参考数据。

13.1　实验方法及过程

13.1.1　实验材料与试样制备

实验所用材料为三家钢厂生产的西气东输三线工程 0.8 设计系数示范工程用 X80 螺缝管母材和焊缝材料，各型号及力学性能见表 13-2。试样尺寸及形状按照慢应变速率实验机的要求制作，如图 13-1，其中焊缝位于焊接接头试样标距中间。

表 13-2　三家钢厂生产的 X80 管线钢的型号及力学性能

试样	厂家	类型	$\sigma_{0.2}$/MPa	σ_b/MPa	δ/%	规格/mm
A	华油(邯钢)	母材	599	719	22	$\Phi 1219 \times 16.5$
		焊缝	599	786	—	
B	资阳(武钢)	母材	616	682	—	$\Phi 1219 \times 16.5$
		焊缝	616	682	—	
C	资阳(马钢)	母材	694	746	—	$\Phi 1219 \times 16.5$
		焊缝	694	746	—	

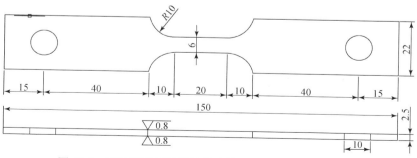

图 13-1　X80 管线钢及焊接接头的 SSRT 试样(单位：mm)

13.1.2　实验条件与过程

(1) 实验环境：采用 NS4 溶液(溶液配比：$NaHCO_3$ 浓度为 0.483g/L；KCl 浓度为 0.122g/L；$CaCl_2$ 浓度为 0.127g/L；$MgSO_4 \cdot 7H_2O$ 浓度为 0.131g/L)模拟近中性 pH 的土壤环境和空气环境，实验温度为室温。

(2) 实验装置：SSRT 所用设备为西安力创材料检测技术有限责任公司生产的慢应变速率应力腐蚀实验机。该设备可以实现由计算机控制、监控和记录实验数据。

(3) 应变速率的选取：在拉伸实验过程中应避免应变速率过大或过小，否则不能有效地模拟应力腐蚀过程。在拉伸过程中，应变速率过大时试样还来不及产生有效的应力腐蚀，就已经产生韧性断裂；应变速率过小时试样表面膜破裂后还来不及产生有效的腐蚀，裸露的金属就已经发生钝化，不能产生应力腐蚀，最终将产生韧性断裂，以上两种情况都不能测出应力腐蚀敏感性。一些典型的材料-介质体系的临界应变速率范围是 $10^{-7} \sim 10^{-4} s^{-1}$，根据其他学者的已有研究，该实验采用应变速率为 $1 \times 10^{-6} s^{-1}$。

(4) 实验过程：试样拉伸前，标距区依次用 150～800 目金相砂纸沿纵向和横向交替打磨，末道砂纸打磨方向为试样轴向，以避免可能产生的预裂纹。打磨完后用无水乙醇清洗，丙酮脱脂，以去掉表面油脂和杂物。试样处理完后尽快开始实验，防止表面氧化膜的形成。实验前先通入 1h 的 $5\%CO_2 + 95\%N_2$ 混合惰性气体进行除 O_2，整个实验过程中一直缓慢通入该混合惰性气体。

试件断裂后，应立即取出试件，注意保护好断口，先用去离子水冲洗表面附着的腐蚀产物，然后吹干，在超声波清洗仪中使用丙酮溶液清洗断口，以除去腐蚀产物，吹干后放入干燥器中密封保存，在 JSM-6390A 型扫描电子显微镜下进行断口形貌和断口侧面形貌观察，分析管线钢 SCC 敏感性。

13.2　实验结果与分析

分别选取三家钢厂生产的西气东输三线工程 0.8 设计系数示范工程用 X80 管线钢，进行近中性 NS4 溶液中的 SSRT 应力腐蚀敏感性实验，惰性介质中空拉是 X80 管线钢试样在空气中的 SSRT 拉伸。

13.2.1　三种 X80 管线钢 SSRT 实验结果

三种 X80 管线钢分别在空气中和 NS4 溶液中 SSRT 实验后的宏观照片分别如图 13-2 和图 13-3 所示，图中的 AMK、AWK、BMK、BWK、CMK 和 CWK 分别表示 A 号 X80 管线钢母材试样、A 号 X80 管线钢焊缝试样、B 号 X80 管线钢母材试样、B 号 X80 管线钢焊缝试样、C 号 X80 管线钢母材试样、C 号 X80 管线钢焊缝试样。通过对所有试样断口的观察可以发现，除了 AMK 和 BMK 试样断裂面为垂直断口，与拉伸轴方向大致成 90°夹角外，其余试样断裂面均为斜断口，与拉伸轴方向大致成 45°夹角。由图 13-2 和图 13-3 可以看出，三种 X80 管线钢焊缝试样在空气中与 NS4 溶液中的断裂位置均在热影响区或焊缝区。

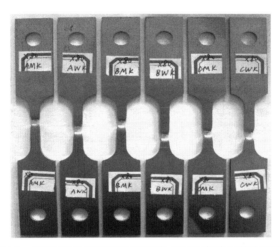

图 13-2　三种 X80 管线钢在空气中 SSRT 实验后的宏观照片

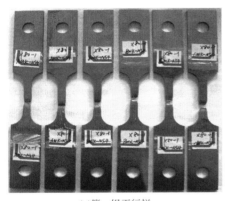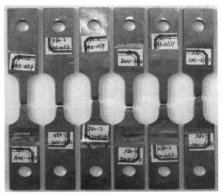

(a)第一组平行样　　　　　　　　　　　　(b)第二组平行样

图 13-3　三种 X80 管线钢在 NS4 溶液中 SSRT 实验后的宏观照片

　　三种 X80 管线钢母材和焊缝试样在不同介质中的应力-应变曲线分别如图 13-4～图 13-6 所示，表 13-3 为三种 X80 管线钢母材和焊缝在不同介质中的应力腐蚀断裂参数。由图表可以看出，与在空气中的拉伸结果相比，三种 X80 管线钢母材和焊缝在 NS4 溶液中的断裂寿命、断裂强度、应变量和断面收缩率基本上均较其在空气中的低，说明三种 X80 管线钢母材和焊缝在 NS4 溶液中均表现出一定的 SCC 敏感性。

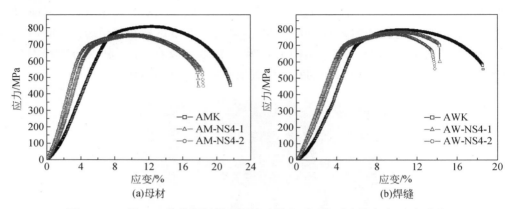

图 13-4　A 号 X80 管线钢母材和焊缝试样在不同介质中的应力-应变曲线

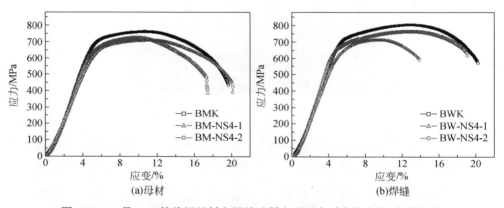

图 13-5　B 号 X80 管线钢母材和焊缝试样在不同介质中的应力-应变曲线

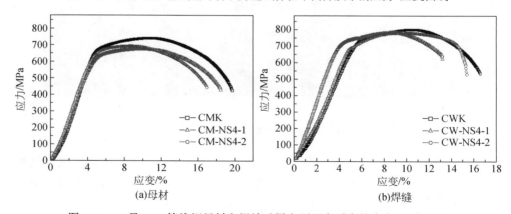

图 13-6　C 号 X80 管线钢母材和焊缝试样在不同介质中的应力-应变曲线

表 13-3   三种 X80 管线钢母材和焊缝在不同介质中的应力腐蚀断裂参数

试样编号	断裂寿命 T_F/h	断裂强度 σ_b/MPa	应变 ε/%	断面收缩率 ψ/%	强度损失系数 I_σ/%	延伸率损失系数 I_δ/%	断面缩率损失系数 I_ψ/%
AMK	60.2	809	21.59	76.38	—	—	—
AWK	53.3	809	18.74	53.53	—	—	—
BMK	56.0	761	19.70	75.64	—	—	—
BWK	56.7	810	20.33	57.56	—	—	—
CMK	55.8	748	19.71	68.14	—	—	—
CWK	46.0	791	16.57	68.49	—	—	—
AM-NS4-1	52.1	750	17.79	55.99	8.53	17.60	26.69
AW-NS4-1	40.0	793	14.43	31.23	1.98	23.00	41.66
BM-NS4-1	47.9	722	17.43	55.85	5.12	11.52	26.16
BW-NS4-1	52.9	768	19.15	39.34	5.19	5.80	31.65
CM-NS4-1	51.3	682	18.41	53.86	8.82	6.60	20.95
CW-NS4-1	36.6	772	13.20	37.53	2.40	20.34	45.20
AM-NS4-2	51.6	757	18.38	57.95	6.43	14.87	24.13
AW-NS4-2	38.6	780	13.97	44.85	3.58	25.45	16.21
BM-NS4-2	55.7	708	20.17	55.85	6.96	-2.39	26.16
BW-NS4-2	38.4	721	13.94	39.99	10.99	31.43	30.53
CM-NS4-2	47.2	700	16.95	56.39	6.42	14.00	17.24
CW-NS4-2	43.3	772	15.37	44.13	2.40	7.24	35.57

注：表中的负值表示试样在该介质中的性能优于在空气中的，不具有 SCC 敏感性。

为表征三种 X80 管线钢母材和焊缝 SCC 敏感性的差异，分别定义强度损失系数 I_σ、延伸率损失系数 I_δ 和断面收缩率损失系数 I_ψ。由图 13-4～图 13-6 和表 13-3 可见，三种 X80 管线钢的试样在 NS4 溶液中较其在空气中强度损失系数 I_σ 为 10.99%，而延伸率损失系数 I_δ 和断面收缩率损失系数 I_ψ 最大分别降低为 31.43% 和 45.20%，而且对于同一种 X80 管线钢母材或焊缝来说，I_δ 和 I_ψ 远大于 I_σ，因此 NS4 溶液对 X80 管线钢的强度影响并不是很明显，它主要是降低材料的塑性。从 I_δ 和 I_ψ 的变化上来看，三种 X80 管线钢焊缝试样的塑性损失基本上大于母材试样，说明焊缝在 NS4 溶液中的 SCC 敏感性大于母材。但是三种 X80 管线钢母材和焊缝塑性损失的排序并没有明显的规律性。

13.2.2   断口形貌观察

1. A 号 X80 管线钢在空气中的 SSRT 断口与微观 SEM 形貌

A 号 X80 管线钢母材和焊缝在空气中的断口与微观 SEM 形貌如图 13-7 所示。

试样在空气中拉伸时，母材[图 13-7(a-1)]和焊缝[图 13-7(b-1)]宏观断口附近出现了明显的颈缩现象，且母材的颈缩程度远大于焊缝；母材[图 13-7(a-2)为断口中间区域；图 13-7(a-3)为断口边缘区域]和焊缝[图 13-7(b-2)为断口中间区域；图 13-7(b-3)为断口边缘区域]的微观断口形貌主要均以韧窝为主，但母材的韧窝相比焊缝的要较大且深，说明焊缝或 HAZ 具有一定的 SCC 敏感性，同时韧窝间存在着微孔，局部韧窝壁上有明显的蛇形滑移特征，为韧窝-微孔型的韧性断裂，属于典型的韧

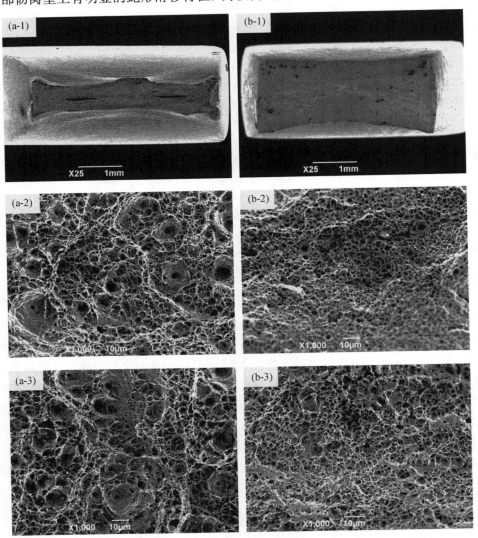

图 13-7　A 号 X80 管线钢母材和焊缝在空气中的断口与微观 SEM 形貌

(a-1)母材宏观断口；(a-2)母材断口中间区域；(a-3)母材断口边缘区域；

(b-1)焊缝宏观断口；(b-2)焊缝断口中间区域；(b-3)焊缝断口边缘区域

性断裂特征。以上分析表明，X80 管线钢在空气环境下的 SSRT 实验伴有塑性形变，当应力大于材料的屈服强度后，材料开始发生塑性形变，在材料内部夹杂物、析出相、晶界、亚晶界等部位发生位错塞积，形成应力集中，进而形成微孔洞，且随着形变增加，显微孔洞相互吞并并变大，最后发生颈缩和断裂。

2. A 号 X80 管线钢在 NS4 溶液中的 SSRT 断口与微观 SEM 形貌

A 号 X80 管线钢母材和焊缝在 NS4 溶液中的断口与微观 SEM 形貌如图 13-8 所示。试样在 NS4 溶液中拉伸时，宏观断口颈缩程度明显低于空气中，且母材[图 13-8(a-1)]颈缩程度比焊缝[图 13-8(b-1)]的大，焊缝试样的断口较母材的平直。两者宏观断口中还可以看到典型的穿晶解理特征，沿不同高度的平行解理面扩展的解理裂纹汇合时形成台阶，继而发展为河流状花样，表现出一定的脆性。母材微观断口中间[图 13-8(a-2)]和边缘处[图 13-8(a-3)]以浅韧窝为主，也存在少量的微孔，且断口中间区域的韧窝明显少于断口边缘处的，两者表现出韧性断裂特征，但断口边缘区域表现出的韧性断裂特征更明显，因此属于韧性-脆性混合断口特征，两者均存在一定的 SCC 敏感性，但母材断口中间区域的 SCC 敏感性要大于边缘区域的。焊缝微观断口中间区域为准解离断口，呈准解离形貌，是脆性断裂的特征

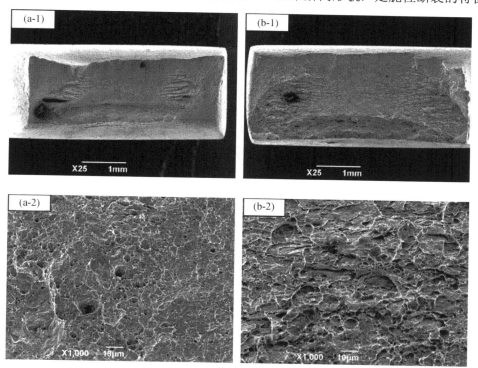

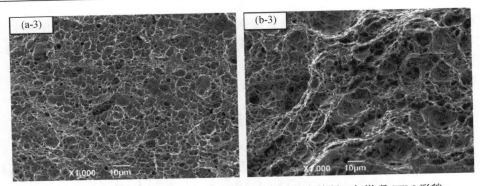

图 13-8　A 号 X80 管线钢母材和焊缝在 NS4 溶液中的断口与微观 SEM 形貌

(a-1)母材宏观断口；(a-2)母材断口中间区域；(a-3)母材断口边缘区域；

(b-1)焊缝宏观断口；(b-2)焊缝断口中间区域；(b-3)焊缝断口边缘区域

[图 13-8(b-2)]；而断口边缘区域微观形貌有少量的浅韧窝，且表现出脆性断裂的特征，因此属于韧性-脆性混合断口[图 13-8(b-3)]，两者都存在较高的 SCC 敏感性，但焊缝断口中间区域的 SCC 敏感性要大于边缘区域的。同时比较母材和焊缝微观形貌发现，焊缝的 SCC 敏感性要高于母材的。

3. B 号 X80 管线钢在空气中的 SSRT 断口与微观 SEM 形貌

B 号 X80 管线钢母材和焊缝在空气中的断口与微观 SEM 形貌如图 13-9 所示。由图可以看出，在空气中母材和焊缝的宏观断口发生明显的颈缩现象，且母材[图 13-9(a-1)]颈缩程度要比焊缝[图 13-9(b-1)]明显，母材和焊缝的微观断口形貌主要均以韧窝为主，但母材的韧窝相比焊缝的要较大且深，说明焊缝或 HAZ 具有一定的 SCC 敏感性，同时韧窝间存在着微孔，局部韧窝壁上有明显的蛇形滑移特征，为韧窝-微孔型的韧性断裂，属于典型的韧性断裂特征。

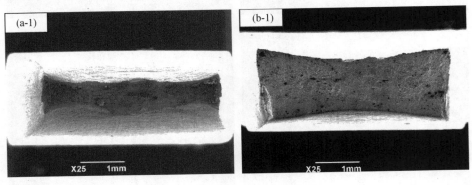

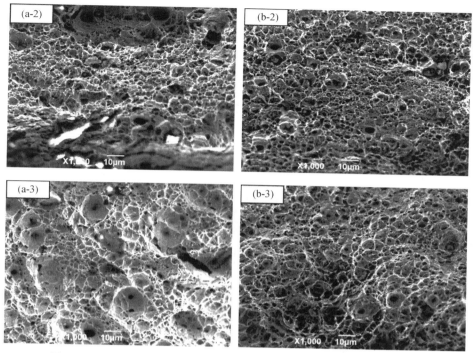

图 13-9　B 号 X80 管线钢母材和焊缝在空气中的断口与微观 SEM 形貌

(a-1)母材宏观断口；(a-2)母材断口中间区域；(a-3)母材断口边缘区域；

(b-1)焊缝宏观断口；(b-2)焊缝断口中间区域；(b-3)焊缝断口边缘区域

4. B 号 X80 管线钢在 NS4 溶液中的 SSRT 断口与微观 SEM 形貌

图 13-10 为 B 号 X80 管线钢母材和焊缝在 NS4 溶液中的断口与微观 SEM 形貌图。从图 13-9、图 13-10 可以看出，B 号 X80 管线钢在 NS4 溶液中拉伸时，宏观断口的颈缩程度明显低于空气中，且母材的颈缩程度明显大于焊缝，焊缝试样的断口比较平直，颈缩量骤减。同时从母材和焊缝的宏观断口中还可以看到典型的穿晶解理特征，沿不同高度的平行解理面扩展的解理裂纹汇合时形成台阶，继而发展为河流状花样，表现出一定的脆性。母材微观断口中间[图 13-10(a-2)]和边缘处[图 13-10(a-3)]以浅韧窝为主，也存在少量的微孔，且断口中间区域的韧窝明显少于断口边缘处的，两者表现出韧性断裂特征，但断口边缘区域表现出的韧性断裂特征更明显，因此属于韧性-脆性混合断口特征，两者均存在一定的 SCC 敏感性，但母材断口中间区域的 SCC 敏感性要大于边缘区域的。焊缝微观断口中间区域为准解离断口，呈准解离形貌，是脆性断裂的特征[图 13-10(b-2)]；而断口边缘区域微观形貌有少量的浅韧窝，且表现出脆性断裂的特征，因此属于韧性-脆性混

合断口[图 13-10(b-3)]，两者都存在较高的 SCC 敏感性，但焊缝断口中间区域的 SCC 敏感性要大于边缘区域的。同时比较母材和焊缝微观形貌发现，焊缝的 SCC 敏感性要高于母材。

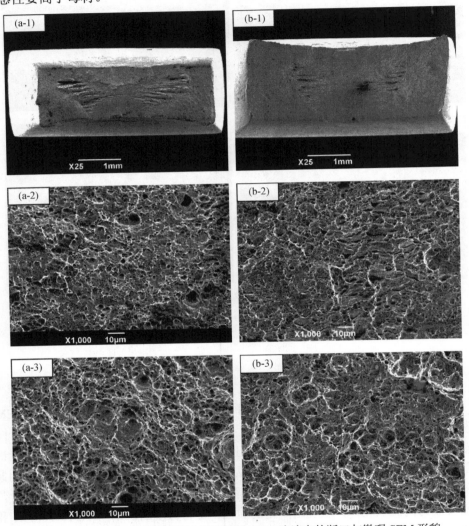

图 13-10　B 号 X80 管线钢母材和焊缝在 NS4 溶液中的断口与微观 SEM 形貌

(a-1)母材宏观断口；(a-2)母材断口中间区域；(a-3)母材断口边缘区域；

(b-1)焊缝宏观断口；(b-2)焊缝断口中间区域；(b-3)焊缝断口边缘区域

5. C 号 X80 管线钢在空气中的 SSRT 断口与微观 SEM 形貌

图 13-11 为 C 号 X80 管线钢母材和焊缝在空气中的 SSRT 断口与微观 SEM 形

貌。由图可以看出，在空气中母材和焊缝的宏观断口发生明显的颈缩现象，母材和焊缝断口的颈缩程度差不多，微观断口形貌主要均以韧窝为主，但母材的韧窝相比焊缝的要较大且深，说明焊缝或 HAZ 具有一定的 SCC 敏感性，同时韧窝间存在着微孔，局部韧窝壁上有明显的蛇形滑移特征，为韧窝-微孔型的韧性断裂，属于典型的韧性断裂特征。

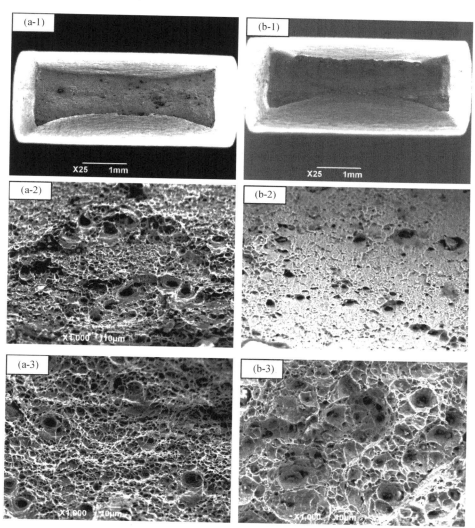

图 13-11　C 号 X80 管线钢母材和焊缝在空气中的断口与微观 SEM 形貌

(a-1)母材宏观断口；(a-2)母材断口中间区域；(a-3)母材断口边缘区域；

(b-1)焊缝宏观断口；(b-2)焊缝断口中间区域；(b-3)焊缝断口边缘区域

6. C 号 X80 管线钢在 NS4 溶液中的 SSRT 断口与微观 SEM 形貌

图 13-12 为 C 号 X80 管线钢母材和焊缝在 NS4 溶液中的 SSRT 断口与微观 SEM 形貌。由图 13-12 知，当 C 号 X80 管线钢在 NS4 溶液中拉伸时，试样宏观断口的颈缩程度明显低于其在空气中，母材和焊缝的宏观断口出现了较为明显的颈缩，但母材[图 13-12(a-1)]颈缩程度要大于焊缝[图 13-12(b-1)]，同时在宏观断口可以看到典型的穿晶解理特征，沿不同高度的平行解理面扩展的解理裂纹汇合时形成台阶，并继而发展为河流状花样，表现出一定的脆性。母材微观断口中间[图 13-12(a-2)]和边缘处[图 13-12(a-3)]以浅韧窝为主，也存在少量的微孔，但断口边缘区域的韧窝较深且微孔数目较多，两者表现出韧性断裂特征且断口边缘区域表现出的韧性断裂特征更明显，因此属于韧性-脆性混合断口特征，两者均存在一定的 SCC 敏感性，但母材断口中间区域的 SCC 敏感性要大于边缘区域的。焊缝微观断口中间区域[图 13-12(b-2)]和边缘区域[图 13-12(b-3)]均以韧窝为主，也存在少量微孔，但断口边缘区域的韧窝较深且微孔数目较多，两者表现出韧性断裂特征且断口边缘区域表现出的韧性断裂特征更明显，因此属于韧性-脆性混合断口特征，两者均存在一定的 SCC 敏感性，但焊缝断口中间区域的 SCC 敏感性要大于边缘区域的。同时比较发现，焊缝的 SCC 敏感性高于母材。

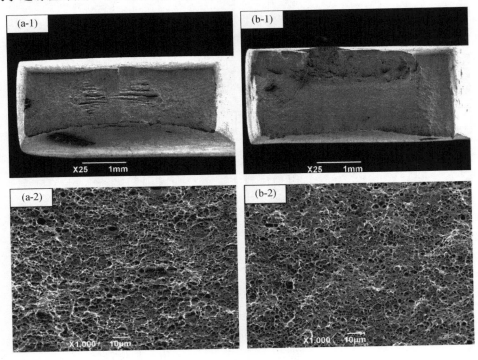

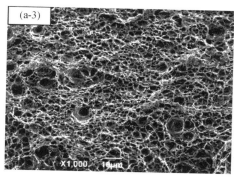

图 13-12　C 号 X80 管线钢母材和焊缝在 NS4 溶液中的断口与微观 SEM 形貌

(a-1)母材宏观断口；(a-2)母材断口中间区域；(a-3)母材断口边缘区域；

(b-1)焊缝宏观断口；(b-2)焊缝断口中间区域；(b-3)焊缝断口边缘区域

综上分析，三种 X80 管线钢在空气中拉伸时，所有宏观断口均发生颈缩现象，且 A 号和 B 号 X80 管线钢母材试样的颈缩程度明显大于焊缝，C 号 X80 管线钢母材和焊缝的颈缩程度相当，而三种 X80 管线钢母材和焊缝试样的微观断口主要以韧窝为主，韧窝间存在着微孔，韧窝壁上有明显的蛇形滑移特征，为韧窝-微孔型的韧性断裂。

三种 X80 管线钢在 NS4 溶液中拉伸时，所有试样宏观断口的颈缩程度明显低于其在空气中，且三种 X80 管线钢母材试样的颈缩程度明显大于焊缝，焊缝试样的断口比较平直，颈缩量骤减。从三种 X80 管线钢母材和焊缝的宏观断口中还可以看到典型的穿晶解理特征，沿不同高度的平行解理面扩展的解理裂纹汇合时形成台阶，继而发展为河流状花样，表现出一定的脆性。对于母材试样来说，三种 X80 管线钢断口中间区域和边缘区域以浅韧窝为主，也存在少量的微孔，且断口中间区域的韧窝明显少于断口边缘处的，两者表现出韧性断裂特征，但断口边缘区域表现出的韧性断裂特征更明显，因此属于韧性-脆性混合断口特征。两者均存在一定的 SCC 敏感性，但母材断口中间区域的 SCC 敏感性要大于边缘区域的。对于焊缝来说，A 号、B 号 X80 钢焊缝微观断口中间区域为准解离断口，呈准解离形貌，是脆性断裂的特征；而断口边缘区域微观形貌有少量的浅韧窝，且表现出脆性断裂的特征，因此属于韧性-脆性混合断口，两者都存在较高的 SCC 敏感性，但焊缝断口中间区域的 SCC 敏感性要大于边缘区域的。C 号 X80 钢焊缝微观断口中间区域和边缘区域均以韧窝为主，也存在少量微孔，但断口边缘区域的韧窝较深且微孔数目较多，两者表现出韧性断裂特征且断口边缘区域表现出的韧性断裂特征更明显，因此属于韧性-脆性混合断口特征，两者均存在一定的 SCC 敏感性，但焊缝断口中间区域的 SCC 敏感性要大于边缘区域的。以上分析表明，三种 X80 管线钢焊缝试样的 SCC 敏感性大于母材。

13.2.3　断口侧面形貌分析

1. A 号 X80 管线钢分别在空气和 NS4 溶液中 SSRT 试样断口侧面形貌

图 13-1 是 A 号 X80 管线钢分别在空气中和 NS4 溶液中 SSRT 试样断口侧面形貌图。如图 13-13(a)所示，空拉时母材断口侧面为典型的塑形变形，没有二次裂纹产生；空拉时焊缝断口侧面可看见微裂纹，但比较短，如图 13-13(b)所示；由图 13-13(c)和(d)可见，在 NS4 溶液中，X80 管线钢母材和焊缝试样 SSRT 断口侧面均出现二次裂纹，数量较多且长短不一，部分裂纹已经由于扩展而发生合并并连续，且二次裂纹扩展方向基本上均垂直于外加应力轴方向。由图 13-8 知微观断口形貌无完整晶粒暴露，因此可以判断 X80 管线钢在 NS4 溶液中的 SSRT 断裂属于穿晶 SCC 断裂，与管线钢在近中性 pH 环境中的 SCC 特征一致。引发穿晶 SCC 断裂的原因可能是 X80 管线钢具有高密度位错，从而具有很高的强度，位错在表面膜或者晶粒内的堆积导致穿晶断裂；另外拉伸时裂纹尖端可发射位错形成位错反塞积群，在位错反塞积群与裂纹尖端之间形成无位错区，SCC 裂纹可以在该处不连续形核并扩展。由图 13-13(b)~(d)可知，在断口侧面靠近中间位置出现的二次裂纹最多，且裂纹深而长，这说明断口中间区域的 SCC 敏感性大于断口边缘区域。

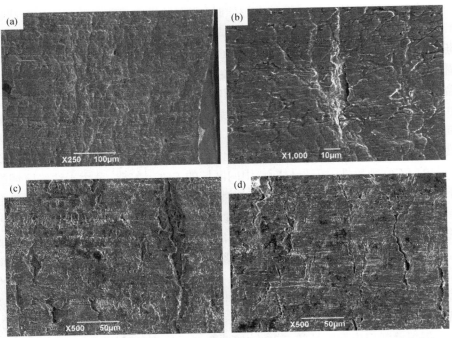

图 13-13　A 号 X80 管线钢分别在空气中和 NS4 溶液中 SSRT 试样断口侧面形貌

(a)母材断口在空气中；(b)焊缝断口在空气中；(c)母材断口在 NS4 溶液中；(d)焊缝断口在 NS4 溶液中

2. B 号 X80 管线钢分别在空气和 NS4 溶液中 SSRT 试样断口侧面形貌

图 13-14 是 B 号 X80 管线钢分别在空气中和 NS4 溶液中 SSRT 试样断口侧面形貌图。如图 13-14(a)所示，空拉时母材断口侧面为典型的塑形变形，没有二次裂纹产生；空拉时焊缝断口侧面可看见微裂纹，但比较短而小，如图 13-14(b)；由图 13-14(c)和(d)可见，在 NS4 溶液中，X80 管线钢母材和焊缝试样 SSRT 断口侧面均出现二次裂纹，数量较多且长短不一，部分裂纹已经由于扩展而发生合并并连续，且二次裂纹扩展方向基本上均垂直于外加应力轴方向。由图 13-14 知微观断口形貌无完整晶粒暴露，因此可以判断 X80 管线钢在 NS4 溶液中的 SSRT 断裂属于穿晶 SCC 断裂，与管线钢在近中性 pH 环境中的 SCC 特征一致。引发穿晶 SCC 断裂的原因可能是 X80 管线钢具有高密度位错，从而具有很高的强度，位错在表面膜或者晶粒内的堆积导致穿晶断裂；另外拉伸时裂纹尖端可发射位错形成位错反塞积群，在位错反塞积群与裂纹尖端之间形成无位错区，SCC 裂纹可以在该处不连续形核并扩展。由图 13-14(b)～(d)可知，在断口侧面靠近中间位置出现的二次裂纹最多，且裂纹深而长，这说明断口中间区域的 SCC 敏感性大于断口边缘区域。

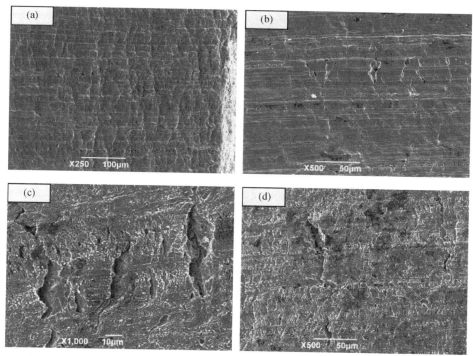

图 13-14　B 号 X80 管线钢分别在空气中和 NS4 溶液中 SSRT 试样断口侧面形貌

(a)母材断口在空气中；(b)焊缝断口在空气中；(c)母材断口在 NS4 溶液中；(d)焊缝断口在 NS4 溶液中

3. C 号 X80 管线钢分别在空气和 NS4 溶液中 SSRT 试样断口侧面形貌

图 13-15 是 C 号 X80 管线钢分别在空气中和 NS4 溶液中 SSRT 试样断口侧面形貌图。如图 13-15(a)和(b)所示，空拉时母材和焊缝断口侧面为典型的塑形变形，没有二次裂纹产生；如图 13-15(c)和(d)所示，在 NS4 溶液中，X80 管线钢母材和焊缝试样 SSRT 断口侧面均出现二次裂纹，数量较多且长短不一，部分裂纹已经由于扩展而发生合并连续，且二次裂纹扩展方向基本上均垂直于外加应力轴方向。由图 13-15 知微观断口形貌无完整晶粒暴露，因此可以判断 X80 管线钢在 NS4 溶液中的 SSRT 断裂属于穿晶 SCC 断裂，与管线钢在近中性 pH 环境中的 SCC 特征一致。

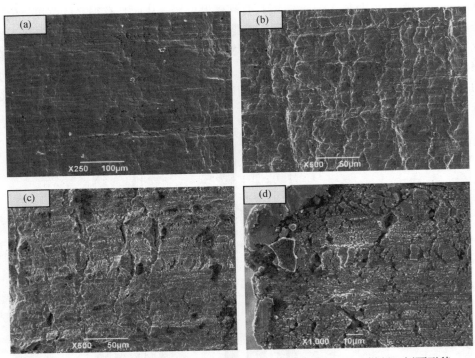

图 13-15　C 号 X80 管线钢分别在空气中和 NS4 溶液中 SSRT 试样断口侧面形貌

(a)母材断口在空气中；(b)焊缝断口在空气中；(c)母材断口在 NS4 溶液中；(d)焊缝断口在 NS4 溶液中

13.3　本 章 结 论

(1) 在近中性 pH 的 NS4 溶液中拉伸时三种 X80 管线钢材料主要是塑性的损失，对强度的影响不是很明显，且焊缝试样的塑性损失基本大于母材试样，A 号、

B 号、C 号三种 X80 管线钢试样塑性损失没有明显的规律性。

(2) A 号、B 号、C 号三种 X80 管线钢母材和焊缝在空气中的拉伸时断口均产生颈缩现象,A 号、B 号母材的颈缩程度明显大于焊缝,而 C 号母材和焊缝的颈缩程度相当,三者微观断口形貌均为韧窝-微孔型,均具有一定的 SCC 敏感性。

在 NS4 溶液中拉伸时断口颈缩程度小于空气中,母材颈缩程度均明显大于焊缝,焊缝试样的断口比较平直,颈缩量骤减。母材和焊缝的宏观断口中均出现典型的穿晶解离特征,表现出一定的脆性。母材微观断口中间区域和边缘区域均存在韧窝,但中间区域的韧窝明显少于断口边缘处的。A 号、B 号焊缝微观断口中间区域为准解离断口,是脆性断裂的特征,而断口边缘区域微观形貌有少量的浅韧窝,具有一定的韧性断裂的特征。C 号焊缝微观断口中间区域和边缘区域均以韧窝为主,也存在少量微孔,且断口边缘区域的韧窝深且微孔数目较多。因此,A 号、B 号、C 号三种 X80 管线钢母材和焊缝在 NS4 溶液中的拉伸断口属于韧性-脆性混合断口,具有很强的 SCC 敏感性,且断口不同区域 SCC 敏感性不同,中间区域要大于边缘区域的,且焊缝 SCC 敏感性要大于母材的。

(3) A 号、B 号母材,C 号母材和焊缝空拉时断口侧面均为典型的塑性变形,没有二次裂纹产生,A 号、B 号焊缝空拉时断口侧面可看见短小的微裂纹。A 号、B 号、C 号母材和焊缝在 NS4 溶液中拉伸时均出现二次裂纹,数量较多且长短不一,表现出很强的 SCC 敏感性;部分裂纹已经由于扩展而发生合并连续,且二次裂纹扩展方向基本上均垂直于外加应力轴方向,加之微观断口形貌中无完整晶粒暴露,属于穿晶 SCC 断裂;在断口侧面靠近中间位置出现的二次裂纹最多,且裂纹深而长,这说明断口中间区域的 SCC 敏感性大于断口边缘区域。

第14章　焊缝类型和阴极保护对 X80 管线钢的 SCC 行为影响研究

　　焊接钢管按焊缝形状分类可分为直缝焊管和螺旋焊管。直缝焊接管是用热轧、冷轧钢板或钢带卷焊制成的钢管在焊接设备上进行直缝焊接得到的焊管都叫直缝焊管(由于钢管的焊接处成一条直线而得名)。螺旋焊管是将低碳碳素结构钢或低合金结构钢钢带按一定的螺旋线的角度(称为成型角)卷成管坯，然后将管缝焊接起来制成，它可以用较窄的带钢生产大直径的钢管。螺旋焊管主要用于石油、天然气的输送管线，其规格用外径×壁厚表示。螺旋焊管有单面焊和双面焊的，焊管应保证水压实验、焊缝的抗拉强度和冷弯性能要符合规定。

　　直缝埋弧焊管是用钢板生产的，而螺旋焊管是用热轧卷板生产的。热轧带钢机组轧制工艺具有一系列的优点，具有获得生产优质管线钢的冶金工艺能力。例如，在输出台架上装有水冷却系统以加速冷却，这就允许使用低合金成分来达到特殊的强度等级和低温韧性，从而改进钢材的可焊性。但这一系统在钢板生产厂基本没有。卷板的合金含量(碳当量)往往低于相似等级的钢板，这也提高了螺旋焊管的可焊性。更需要说明的是，由于螺旋焊管的卷板轧制方向不是垂直钢管轴线方向(其夹角取决于钢管的螺旋角)，而直缝钢管的钢板轧制方向垂直于钢管轴线方向，因此螺旋焊管材料的抗裂性能优于直缝焊管。而且，根据埋弧焊的工艺规定，每条焊缝均应有引弧处和熄弧处，但每根直缝焊管在焊接环缝时，无法达到该条件，由此在熄弧处可能有较多的焊接缺陷。

　　螺旋焊管强度一般比直缝焊管高，能用较窄的坯料生产管径较大的焊管，还可以用同样宽度的坯料生产管径不同的焊管。但是与相同长度的直缝焊管相比，焊缝长度增加30%～100%，而且生产速度较低。因此，较小口径的焊管大都采用直缝焊，大口径焊管则大多采用螺旋焊。

　　覆盖层是埋地管道免遭外界腐蚀的第一道防线，其保护效果是管道防腐效果的主要影响因素。但目前任何性能良好的覆盖层也不可能做到管道表面与电解质的隔离，当覆盖层由于老化或受外部损伤发生破损时，管体就会形成大阴极小阳极的状态，此时小阳极上的腐蚀电流密度远远大于大阴极上的电流密度，在阳极点的管体上就会发生腐蚀穿孔现象，而有效的阴极保护电流可以抑制管体腐蚀的发生。

以某种方式在被保护金属构筑物上施以足够的阴极电流,通过阴极极化使金属电位负移,从而使金属腐蚀的阳极溶解速度大幅度减小,甚至完全停止,这种保护金属构筑物免遭腐蚀破坏的方法称为阴极保护。

本章以直缝和螺旋焊缝的 X80 管线钢为研究对象,以近中性 pH NS4 溶液作为土壤模拟溶液介质,采用 SSRT 实验、SEM 和金相组织观察等实验方法研究 X80 管线钢在不同电位下的 SCC 敏感性,并用显微组织变化和电化学理论分析 SCC 发生的机理,以期对 X80 管线钢的防腐提供一定的参考数据。

14.1　实验方法及过程

14.1.1　实验材料与试样制备

实验材料为两种不同类型的钢管,基本信息如表 14-1 所示。为了表述方便,本章将螺旋埋弧焊表示为 S,直缝埋弧焊表示为 L,母材表示为 B,焊缝表示为 W。例如,X80 直缝埋弧焊管母材,表示为 X80LB。

表 14-1　两种不同类型钢管的基本信息

序号	钢级	规格	焊接类型
1	X80	Φ1219mm×18.4mm	螺旋埋弧焊
2	X80	Φ1219mm×22.0mm	直缝埋弧焊

采用美国贝尔德公司 Spectrovac 2000 型直读光谱仪分别对两种类型钢管的母材进行化学成分分析,实验依据标准《钢制品化学分析标准实验方法、实验操作和术语》(ASTM A751—2014a)进行,分析结果如表 14-2 所示。两种类型 X80 管线钢的力学性能如表 14-3 所示。

表 14-2　两种 X80 管线钢的化学成分(质量分数)　(单位：%)

类型	化学成分												
	C	Mn	Si	P	S	Cr	Mo	Nb	Ni	V	Ti	Cu	Al
X80SB	0.047	1.85	0.21	0.010	0.0023	0.017	0.300	0.067	0.25	0.0069	0.015	0.18	0.020
X80LB	0.061	1.87	0.24	0.0064	0.0013	0.190	0.048	0.033	0.28	0.0440	0.011	0.26	0.023

表 14-3　两种 X80 管线钢的力学性能

力学性能	X80B		X80S	
	母材	焊缝	母材	焊缝
σ_b/MPa	725	725	690	739
σ_s/MPa	552	—	577	—

续表

力学性能	X80B		X80S	
	母材	焊缝	母材	焊缝
延伸率/%	42	—	40	—
夏比冲击功/J	291	165	322	214
夏比冲击剪切面积/%	100	100	100	95
硬度 HV_{10}	231	247	243	239

　　图 14-1 是螺旋埋弧焊 X80 管线钢母材、焊缝、熔合区和热影响区的微观组织形貌。由图可知，螺旋母材和焊缝组织比较细致，主要为铁素体和碳化物，熔合区的晶粒较为粗大，主要含有珠光体和铁素体，热影响区含有较为细致的晶粒，主要为铁素体晶粒和碳化物。

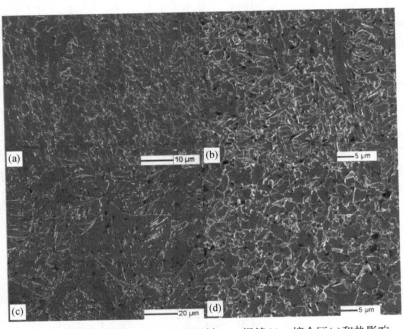

图 14-1　螺旋埋弧焊 X80 管线钢母材(a)、焊缝(b)、熔合区(c)和热影响
区(d)的微观组织形貌

　　图 14-2 是直缝埋弧焊 X80 管线钢母材、焊缝、熔合区和热影响区的微观组织形貌。由图可知，母材中有较多大的析出相，焊缝微观组织较为细致，主要为铁素体和较为粗大的碳化物；熔合区的晶粒较大，主要为铁素体和珠光体，在边界处含有大量的析出相；热影响区的晶粒较为细密，主要含有铁素体和碳化物。

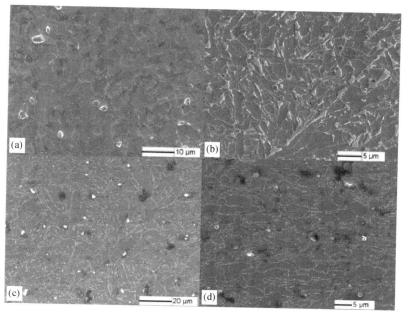

图 14-2　直缝埋弧焊 X80 管线钢母材(a)、焊缝(b)、熔合区(c)和热影响
区(d)的微观组织形貌

14.1.2　实验条件与过程

同 13.1.2 小节。

14.2　实验结果与分析

14.2.1　不考虑阴极保护电位情况下 X80 管线钢的 SCC 实验结果

1. 直缝埋弧焊 X80 管线钢母材 SCC 实验结果

采用 SSRT 在模拟土壤环境的 NS4 水溶液中对直焊缝 X80 管线钢母材试样进行了动态加载下的 SCC 实验,并与空气条件进行了对比,各试样的慢应变速率拉伸应力-应变曲线如图 14-3 所示。根据拉伸曲线计算的力学性能指标值如表 14-4 所示。

SCC 属于脆性断裂,在 SSRT 实验中主要反映在对塑性指标延伸率、断面收缩率,以及对综合性指标断裂功(即拉伸曲线下的面积)的影响上,表 14-4 则综合对比了各试样的上述敏感性参数变化情况。综合比较各试样的延伸率、断面收缩率和断裂功,可以看到如下规律:直焊缝 X80 管线钢母材试样在 SSRT 实验条件

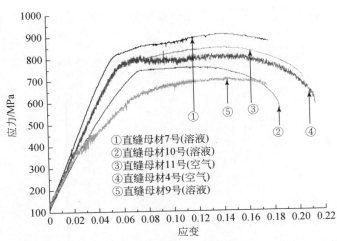

图 14-3　直焊缝 X80 管线钢母材试样在空气和 NS4 溶液中的慢应变速率拉伸应力-应变曲线

表 14-4　直焊缝 X80 管线钢母材试样在空气和 NS4 溶液中的慢应变速率拉伸实验数据

敏感性参数	试样编号				
	4 号(空气)	11 号(空气)	9 号(溶液)	10 号(溶液)	7 号(溶液)
断裂寿命 T_F /h	62.7	59.7	51.5	54.2	51.9
	平均：61.2		平均：52.5		
			$I = 14.2\%$		
抗拉强度 σ_b /MPa	833.5	845.7	709.3	760.0	907.2
	平均：839.6		平均：792.2		
			$I = 5.6\%$		
延伸率 δ /%	21.3	20.3	17.5	18.3	17.1
	平均：22.9		平均：17.6		
			$I = 23.2\%$		
断面收缩率 ψ /%	51.5	50.8	31.5	39.8	43.5
	平均：51.2		平均：38.3		
			$I = 25.2\%$		
断裂功 W /(10^{-3} J/mm^3)	147.1	146.7	101.1	114.8	134.1
	平均：146.9		平均：116.7		
			$I = 20.6\%$		

注：I 为用各个敏感性参数计算得出的敏感性指数，具体参见 11.3.2 小节。表 14-5～表 14-7 同此。

下对 SCC 有一定的敏感性，反映在与空气中拉伸试样的延伸率、断面收缩率和断裂功的比值均小于 80%，断裂寿命也降低了 14.2%。但是，由于断裂寿命、塑性指标和断裂功降低的不是十分显著(在 25%之内)，因此母材的 SCC 敏感性不是十分显著。

采用 TESCAN-VEGA Ⅱ型扫描电子显微镜对 SSRT 试样断口进行形貌分析，分析结果如图 14-4 和图 14-5 所示。可以看出，X80LB-4(空气)试样断口表面塑性变形明显，整个断口为韧性断口，微观形貌为韧窝(图 14-4)。X80LB-9(溶液)试样断口表面平齐，无明显塑性变形，微观形貌为韧窝，与 X80LB-4(空气)试样比较，X80LB-9(溶液)试样断口更显脆性(图 14-5)。

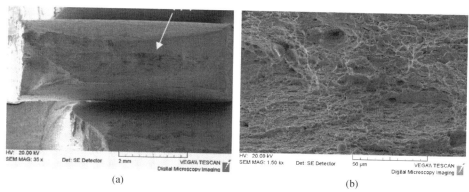

(a)　　　　　　　　　　　　　　(b)

图 14-4　X80LB-4(空气)试样断口(a)及其 SEM 形貌(b)

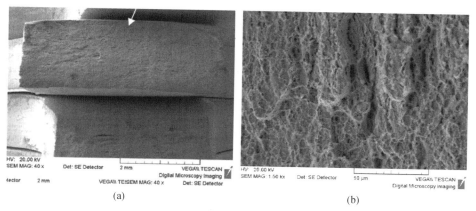

(a)　　　　　　　　　　　　　　(b)

图 14-5　X80LB-9(溶液)试样断口(a)及其 SEM 形貌(b)

2. 直缝埋弧焊 X80 管线钢焊缝 SCC 实验结果

采用慢应变速率拉伸实验在模拟土壤环境的 NS4 水溶液中对直焊缝 X80 管线钢焊接接头试样进行了动态加载下的 SCC 实验，并与空气条件进行了对比。各试样的慢应变速率拉伸应力-应变曲线如图 14-6 所示。

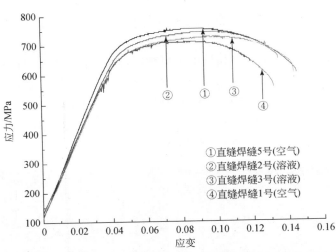

图 14-6　直焊缝 X80 钢管焊接接头试样在空气和 NS4 溶液中的慢应变速率拉伸应力-应变曲线

　　从表 14-5 综合对比的各试样的敏感性参数，可以看到如下规律：直焊缝 X80 管线钢焊接接头试样在 SSRT 实验条件下对 SCC 不敏感性，反映在与空气中拉伸试样的延伸率、断面收缩率和断裂功的比值均接近 100%，即各指标无明显改变。与母材的各参数相比(表 14-4)，X80 管线钢焊接接头试样无论塑性指标，还是强度指标和断裂功均比母材明显降低，即焊接接头试样的力学性能明显下降。

表 14-5　直焊缝 X80 管线钢焊接接头试样在空气和 NS4 溶液中的慢应变速率拉伸实验数据

敏感性参数	试样编号			
	5 号(空气)	1 号(空气)	2 号(溶液)	3 号(溶液)
断裂寿命 T_F /h	42.6	38.9	39.6	42.2
	平均：40.8		平均：40.9	
	$I=-0.24\%$			
抗拉强度 σ_b /MPa	754.0	711.2	742.0	727.1
	平均：732.6		平均：734.6	
	$I=-0.27\%$			
延伸率 δ /%	14.5	13.2	13.5	14.4
	平均：13.9		平均：14.0	
	$I=-0.72\%$			
断面收缩率 ψ /%	39.6	38.7	35.4	36.9
	平均：39.2		平均：36.2	
	$I=7.65\%$			
断裂功 W /(10⁻³J/mm)	91.8	77.9	83.4	87.5
	平均：84.9		平均：85.5	
	$I=-0.71\%$			

　　注：试样均断于焊缝处。表中的负值表示试样在 NS4 溶液中的性能优于在空气中的，其不具有 SCC 敏感性。

从图 14-7 和图 14-8 中可以看出,X80LW-1(空气)试样断口表面塑形变形明显,整个断口为韧性断口,微观形貌为韧窝;X80LW-2(溶液)试样断口表面平齐,无明显塑性变形,微观形貌为浅平韧窝,较 X80LW-1(空气)试样断口更显脆性。

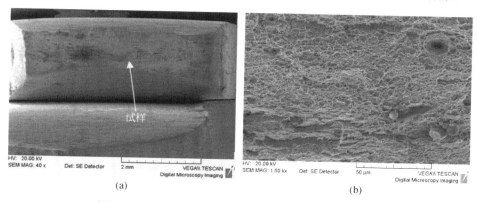

(a)　　　　　　　　　　　　　(b)

图 14-7　X80LW-1(空气)试样断口(a)及其 SEM 形貌(b)

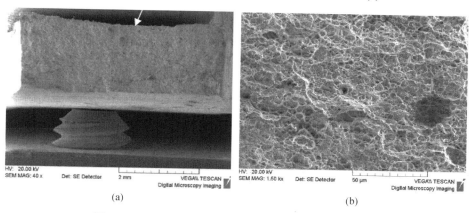

(a)　　　　　　　　　　　　　(b)

图 14-8　X80LW-2(溶液)试样断口(a)及其 SEM 形貌(b)

3. 螺旋埋弧焊 X80 管线钢母材 SCC 实验结果

采用慢应变速率拉伸实验在模拟土壤环境的 NS4 水溶液中对螺旋焊缝 X80 管线钢母材试样进行了动态加载下的 SCC 实验,并与空气条件进行了对比。各试样的慢应变速率拉伸应力-应变曲线如图 14-9 所示。

表 14-6 综合对比了各试样的敏感性参数变化情况。综合比较各试样的塑性指标延伸率、断面收缩率和断裂功,可以看到如下规律:螺旋焊缝 X80 管线钢母材试样在 SSRT 实验条件下对 SCC 有一定的敏感性,反映在与空气中拉伸试样的延伸率、断面收缩率和断裂功的比值均在 90% 左右,断裂寿命也降低了约 10%。但

是，由于断裂寿命、塑性指标和断裂功降低的不是十分显著(在 10%左右)，因此螺旋焊缝 X80 管线钢母材试样的 SCC 敏感性不是十分显著。

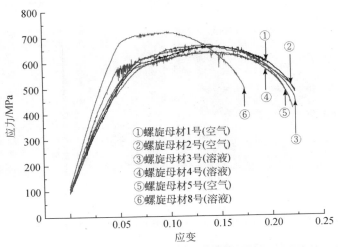

图 14-9　螺旋焊缝 X80 钢管母材试样在空气和 NS4 溶液中的慢应变速率拉伸应力-应变曲线

表 14-6　螺旋焊缝 X80 管线钢母材试样在空气和 NS4 溶液中的慢应变速度拉伸实验数据

敏感性参数	试样编号					
	1 号(空气)	2 号(空气)	5 号(空气)	3 号(溶液)	4 号(溶液)	8 号(溶液)
断裂寿命 T_F /h	67.9	69.4	65.0	65.7	64.2	51.1
		平均: 67.4			平均: 60.3	
				$I=10.5\%$		
抗拉强度 σ_b /MPa	668.2	666.6	669.8	657.9	637.9	717.7
		平均: 668.2			平均: 617.2	
				$I=7.6\%$		
延伸率 δ /%	23.1	23.6	22.1	22.3	21.8	17.4
		平均: 22.9			平均: 20.5	
				$I=10.5\%$		
断面收缩率 ψ /%	71.1	65.6	68.2	67.8	63.5	56.2
		平均: 68.3			平均: 62.5	
				$I=8.5\%$		
断裂功 W /(10^{-3}J/mm)	127.3	127.2	123.1	122.4	115.6	103.5
		平均: 125.9			平均: 113.8	
				$I=8.5\%$		

从图 14-10 和图 14-11 可以看出,X80SB-2(空气)试样断口表面塑性变形明显,整个断口为韧性断口,微观形貌为韧窝;X80SB-3(溶液)试样断口表面有两处分层,其余位置塑性变形不明显,微观形貌为韧窝。

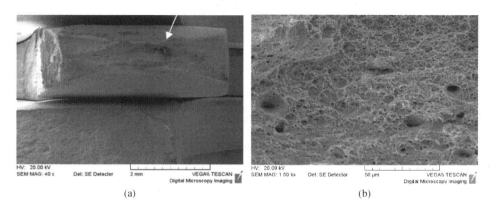

(a)　　　　　　　　　　　　　　　(b)

图 14-10　X80SB-2(空气)试样断口(a)及其 SEM 形貌(b)

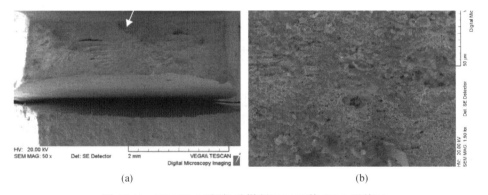

(a)　　　　　　　　　　　　　　　(b)

图 14-11　X80SB-3(溶液)试样断口(a)及其 SEM 形貌(b)

4. 螺旋埋弧焊 X80 管线钢焊缝 SCC 实验结果

采用 SSRT 实验在模拟土壤环境的 NS4 水溶液中对螺旋焊缝 X80 管线钢焊接接头试样进行了动态加载下的 SCC 实验,并与空气条件进行了对比。各试样的慢应变速率拉伸应力-应变曲线如图 14-12 所示。

从表 14-7 综合对比的各试样的敏感性参数,可以看到如下规律:螺旋焊缝 X80 管线钢焊接接头试样在慢应变速率拉伸实验条件下对应力腐蚀开裂有一定的敏感性,反映在与空气中拉伸试样的延伸率、断面收缩率和断裂功的比值均在 90% 左右,断裂寿命也降低了约 10%。但是,由于断裂寿命、塑性指标和断裂功降低的不是十分显著(10% 左右),因此螺旋焊缝 X80 管线钢焊接接头试样的 SCC 敏感性不是十分显著。

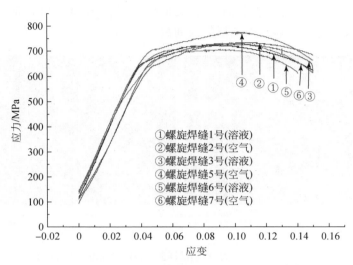

图 14-12　螺旋焊缝 X80 管线钢焊接接头试样在空气和 NS4 溶液中的慢应变速率拉伸应力-应变曲线

表 14-7　螺旋焊缝 X80 管线钢焊接接头试样在空气和 NS4 溶液中的慢应变速率拉伸实验数据

敏感性参数	试样编号					
	2 号(空气)	5 号(空气)	7 号(空气)	1 号(溶液)	3 号(溶液)	6 号(溶液)
断裂寿命 T_F /h	52.7	48.7	48.9	46.4	44.1	43.2
	平均：50.1			平均：44.7		
	I=10.8%					
抗拉强度 σ_b /MPa	731.0	773.0	731.0	722	723	705
	平均：745.0			平均：716.7		
	I=3.8%					
延伸率 δ /%	17.9	16.6	16.6	15.8	15.0	14.0
	平均：17.0			平均：15.0		
	I=11.8%					
断面收缩率 ψ /%	55.3	48.5	49.8	46.5	45.8	47.2
	平均：51.2			平均：46.5		
	I=10.2%					
断裂功 W /(10^{-3}J/mm)	110.0	107.1	102.0	96.7	97.2	83.8
	平均：106.4			平均：92.6		
	I=13.0%					

注：试样均断于焊缝。

14.2.2　考虑阴极保护电位的情况下 X80 管线钢的 SCC 实验结果

考虑阴极保护电位情况下的 SSRT 实验，采用慢应变速率拉伸实验机进行慢应变速率拉伸实验，拉伸应变速率为 $1 \times 10^{-6} S^{-1}$[1-5]。采用 PAR263a 恒电位仪作为极化电位电源，极化装置采用传统三电极体系，大面积的铂电极作为对电极，饱和 KCl 甘汞电极(KCl，SCE)作为参比电极，测试试样作为工作电极。

目前，所有试样全部为拉伸试样，每种材料共 10 个，共四种材料，试样总数为 40 个。在现有实验材料基础上，共完成不同阴极保护极化电位实验，包括了开路电位(open circuit potential，OCP)、-700mV(vs. E_{SCE})、-850mV(vs. E_{SCE})、-850mV(vs. E_{SCE})、-900mV(vs. E_{SCE})和-1000mV(vs. E_{SCE})电位的 SSRT 实验，和空气中对比实验，在开路电位的 SSRT 拉伸实验。每种材料已经完成四组，总共 28 个试样，重复实验 12 组，共 40 组实验。完成了直缝埋弧焊 X80 管线钢和螺旋埋弧焊 X80 管线钢的母材和焊缝分别在两种扫描速率包括 0.5mV/s 和 50mV/s 下的电化学极化实验。

1. 电化学实验

图 14-13(a)是直缝埋弧焊 X80 管线钢母材、焊缝快慢速扫描动电位极化曲线。在慢速扫描(0.5mV/s)极化曲线测试中，X80 管线钢母材腐蚀电位-710mV，X80 管线钢焊缝腐蚀电位在-715mV。X80 母材与焊缝在快速扫描极化的过程中出现了钝化区间，说明 X80 母材与焊缝在近中性 NS4 溶液中发生了一定程度的钝化。X80 钢母材与焊缝在快速扫描极化曲线腐蚀电位分别为-950mV 和-960mV。图 14-13(b)

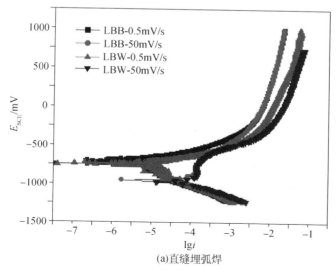

(a)直缝埋弧焊

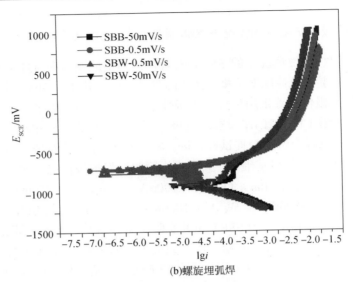

(b)螺旋埋弧焊

图 14-13　直缝和螺旋埋弧焊 X80 管线钢母材与焊缝快慢速扫描动动电位极化曲线

是螺旋埋弧焊 X80 管线钢母材及焊缝在快慢速扫描极化曲线。在慢速扫描极化实验中，母材腐蚀电位为-710mV，螺旋焊缝腐蚀电位为-720mV。在快速扫描极化试实验中，腐蚀电位为螺旋焊缝的腐蚀电位为-925mV，而母材的腐蚀电位为-950mV。螺旋母材在快速扫描阳极极化过程中出现了钝化区间。

2. X80 管线钢 SSRT 实验结果

1) 直缝埋弧焊 X80 管线钢

直缝埋弧焊 X80 管线钢母材试样在近中性 pH 土壤环境和空气中 SSRT 应力-应变曲线如图 14-14(a)所示。在不同电位下，直缝母材试样空气中的应变量最大，接近于开路电位的应变量，而在阴极极化电位-1000mV 作用下的应变量最小，-900mV 应变量略高于-1000mV。-850mV 和-800mV 的应变量相近，但是-700mV 极化后应变量有了较大的降低，接近于-900mV 极化后应变量。直缝埋弧焊 X80 钢焊缝试样在近中性 pH 土壤环境中不同极化电位下和空气中 SSRT 应力-应变曲线如图 14-14(b)所示。焊缝试样在空气中应变量最大，接近于开路电位下的应变量，在-700mV 下应变量最小，而-850mV 和-900mV、-1000mV 三者的应变量相近，其应变量高于-700mV，低于-800mV 的应变量。

X80 钢直线焊缝及其母材试样在不同极化电位下的断面收缩率、延伸率、断裂寿命和断裂强度等结果分别见表 14-8 和表 14-9。在不同极化电位下，直缝母材试样的断面收缩率相对于焊缝试样较小，延伸率较大，断裂寿命较长，断裂强度

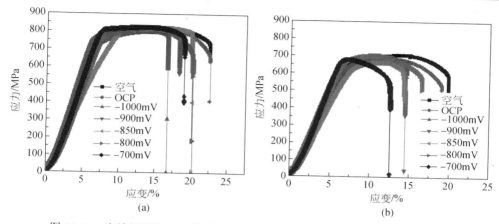

图 14-14 直缝埋弧焊 X80 管线钢母材(a)和焊缝(b)试样 SSRT 应力-应变曲线

较高。直缝母材试样随着极化电位的降低，断面收缩率和延伸率不断地降低。焊缝试样随着极化电位的降低也表现出相同的趋势，但是在极化电位为-1000mV时，断面收缩率和延伸率变化较大。

表 14-8 直缝埋弧焊 X80 母材试样 SSRT 应力腐蚀实验结果

阴极保护电位	断面收缩率 ψ/%	延伸率 δ/%	断裂寿命/h	断裂强度/MPa
空气	51.21	17.85	62.95	818
OCP	34.58	16.50	62.84	815
-700mV	37.37	15.30	53.27	825
-850mV	21.39	14.50	56.10	806
-1000mV	16.30	12.15	46.52	797
-800mV	25.23	16.80	55.88	819
-900mV	16.80	13.00	45.73	818

表 14-9 直缝埋弧焊 X80 焊缝试样 SSRT 应力腐蚀实验结果

阴极保护电位	断面收缩率 ψ/%	延伸率 δ/%	断裂寿命/h	断裂强度/MPa
空气	60.87	19.55	55.99	687
OCP	55.65	15.35	52.90	671
-700mV	39.30	10.65	35.04	683
-850mV	37.87	10.10	40.00	660
-1000mV	20.30	6.08	40.63	671
-800mV	41.13	12.35	45.75	686
-900mV	38.72	8.50	37.07	685

2) 螺旋埋弧焊 X80 管线钢

螺旋埋弧焊 X80 管线钢母材和焊缝试样在近中性 pH 土壤环境和空气中 SSRT 应力-应变曲线如图 14-15 所示。螺旋母材试样在不同极化电位下, 拉伸曲线变化较小, 在空气中, 应变量最大, -700mV 的应变量仅次于空气中的应变量。在 -800mV 极化电位下应变量最小, -1000mV 应变量仅次于-800mV, -900mV 极化后应变量略高于-1000mV。但是焊缝试样在不同极化电位下的拉伸曲线变化较大, 在-1000mV 极化电位下应变量最小, -850mV 和-700mV 应变量略高于开路电位和空气中的应变量, 其应变量最大, -900mV 极化后高于-1000mV 应变量, -800mV 的应变量在开路电位和-900mV 应变量之间。

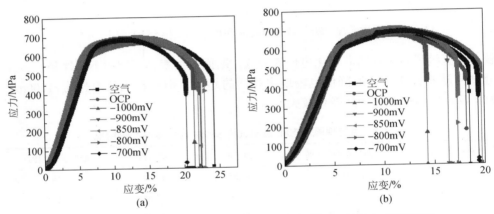

图 14-15   螺旋埋弧焊 X80 母材(a)和焊缝(b)试样 SSRT 应力-应变曲线

表 14-10 和表 14-11 分别为螺旋母材和焊缝试样在近中性 pH 土壤环境中应力腐蚀结果, 包括断面收缩率、延伸率、断裂寿命和断裂强度。从表 14-10 中可知, 螺旋母材试样在不同极化电位下的结果相差较小, 从开路电位向极化电位 -1000mV 变化过程中, 有小幅度降低。表 14-11 中, 在开路电位、-700mV 和-850mV 结果相差较小, 但是当极化电位达到-1000mV 时, 断面收缩率和延伸率明显降低, 断裂寿命和断裂强度明显降低。

表 14-10   螺旋母材试样 SSRT 应力腐蚀实验结果

类别	断面收缩率 ψ/%	延伸率 δ/%	断裂寿命/h	断裂强度/MPa
空气	72.59	16.95	62.21	695
OCP	54.02	21.80	67.52	673
-700mV	55.93	16.20	64.05	691
-850mV	49.41	19.90	62.51	695

续表

类别	断面收缩率 ψ/%	延伸率 δ/%	断裂寿命/h	断裂强度/MPa
-1000mV	46.27	17.75	59.75	689
-800mV	58.32	18.70	56.59	685
-900mV	49.60	21.45	61.59	670

表 14-11　螺旋焊缝试样 SSRT 应力腐蚀实验结果

类别	断面收缩率 ψ/%	延伸率 δ/%	断裂寿命/h	断裂强度/MPa
空气	70.82	16.70	50.42	675
OCP	59.60	13.75	51.46	697
-700mV	68.27	19.05	53.87	696
-850mV	65.56	19.95	54.69	706
-1000mV	26.71	11.95	39.72	689
-800mV	50.50	17.10	48.03	711
-900mV	30.10	16.25	45.66	691

3. X80 管线钢试样 SSRT 断裂后宏观形貌

1) 直缝埋弧焊 X80 管线钢

图 14-16 是直缝埋弧焊 X80 管线钢母材试样在空气、开路电位和不同极化电位下的 SSRT 断裂后宏观形貌图。在-850mV 到-1000mV 极化实验后，断口收缩程度较低，但是在-800mV 极化后断口处有较为明显的颈缩。在-700mV 极化后颈缩程度较小，但是在开路电位下也有一定的程度的颈缩，-1000mV 颈缩程度最小。在空气中拉伸试样断口处的收缩率与-800mV 的收缩率相近。从-800mV 到-1000mV 试样表面没有明显的腐蚀痕迹(-850mV 试样表面的锈迹是由于断裂后在溶液中没有及时取出造成的)，在-700mV 腐蚀后试样表面有明显的腐蚀，溶液中也出现了较为明显的腐蚀颜色。开路电位下，水线以下试样表面存在着明显的黄色锈迹覆盖。

图 14-17 是直缝埋弧焊 X80 管线钢焊缝试样在空气、开路电位和不同极化电位下的 SSRT 断裂后宏观形貌图。所有试样的断裂位置接近于焊缝热影响区。空气中和开路电位下，试样的颈缩程度较大，-700mV 和-800mV 也有较为明显的颈缩，随着腐蚀电位的继续降低，颈缩程度降低。在开路电位和-700mV 电位下试样表面有明显的腐蚀痕迹。-900mV 和-1000mV 极化实验后试样表面覆盖一层较厚的白色物质。

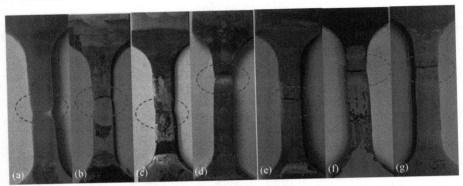

图 14-16　直缝埋弧焊 X80 管线钢母材试样 SSRT 断裂后宏观形貌

(a)空气；(b)OCP；(c)-700mV；(d)-800mV；(e)-850mV；

(f)-900mV；(g)-1000mV

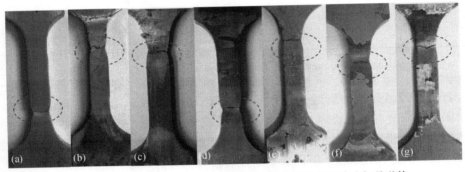

图 14-17　直缝埋弧焊 X80 管线钢焊缝试样 SSRT 断裂后宏观形貌

(a)空气；(b)OCP；(c)-700mV；(d)-800mV；(e)-850mV；

(f)-900mV；(g)-1000mV

2) 螺旋埋弧焊 X80 管线钢

图 14-18 是螺旋埋弧焊 X80 管线钢母材试样在空气、开路电位和不同极化电位下的 SSRT 断裂后宏观形貌。断口断裂的位置分布于试样标距段的中间区域。在极化电位-700mV 和开路电位下，螺旋母材试样表面有大量的腐蚀产物。-1000mV 极化的试样表面为灰白色，-850mV 表面有少量的腐蚀黄色腐蚀产物。在空气、开路电位和不同极化电位下试样都有较为明显的颈缩，但在-1000mV 和-900mV 极化后试样颈缩程度相比其他试样颈缩程度减小。

图 14-19 是螺旋埋弧焊 X80 管线钢焊缝试样在空气、开路电位和不同极化电位下 SSRT 断裂后宏观形貌。开路电位下，试样表面有一层黄色的腐蚀产物，-700mV、-800mV 表面受到一定的程度的腐蚀，表面附着一层黑色腐蚀产物。-850mV 到-1000mV 极化后试样表面附着一层灰白色的物质。空气中、开路电位

下和-700mV、-800mV 和-850mV 电位下，试样断口具有明显的颈缩特征，但是 -900mV 和-1000mV 颈缩程度明显减小。

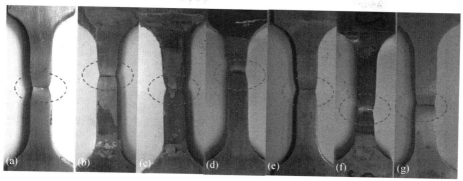

图 14-18　螺旋埋弧焊 X80 管线钢母材试样 SSRT 断裂后宏观形貌

(a)空气；(b)OCP；(c)-700mV；(d)-800mV；(e)-850mV；

(f)-900mV；(g)-1000mV

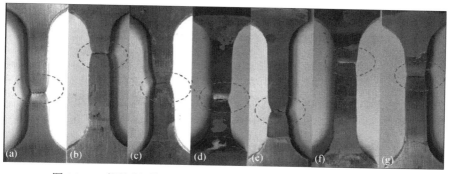

图 14-19　螺旋埋弧焊 X80 管线钢焊缝试样 SSRT 断裂后宏观形貌

(a)空气；(b)OCP；(c)-700mV；(d)-800mV；(e)-850mV；

(f)-900mV；(g)-1000mV

3. X80 管线钢试样 SSRT 断裂后断口 SEM 形貌

1) 直缝埋弧焊 X80 管线钢

图 14-20 为直缝埋弧焊 X80 管线钢母材试样在不同极化电位下 SSRT 断裂后的断口 SEM 形貌。-1000mV 极化电位下存在着解理小台阶等准解理断口形貌；-850mV 极化电位下，也存在着部分脆性断口，-700mV 和 OCP 电位以韧性断口为主。-1000mV 以氢脆控制机制为主，-850mV 为阳极溶解和氢脆控制机制为主，-700mV 和 OCP 为阳极溶解控制机制。

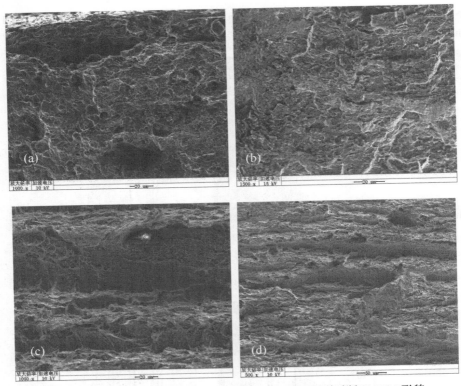

图 14-20　直缝埋弧焊 X80 管线钢母材试样 SSRT 断裂后断口 SEM 形貌

(a)-1000mV；(b)-850mV；(c)-700mV；(d)OCP

　　图 14-21 为直缝埋弧焊 X80 管线钢焊缝试样在不同极化电位下 SSRT 断裂后的断口 SEM 形貌。-1000mV 和-850mV 极化电位下含有部分典型的脆性断口，-700mV 和开路电位下主要为韧性断口。说明-1000mV 极化电位下，控制机制为氢脆机制，850mV 含有部分腐蚀产物，说明控制机制为阳极溶解和氢脆的混合控

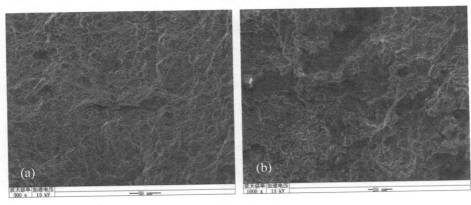

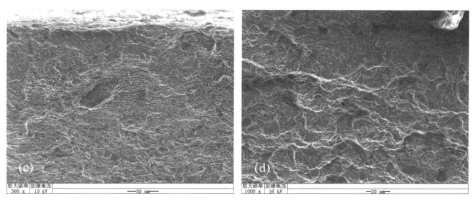

图 14-21　直缝埋弧焊 X80 管线钢焊缝试样 SSRT 断裂后的断口 SEM 形貌

(a)-1000mV；(b)-850mV；(c)-700mV；(d)OCP

制机制。-700mV 和开路电位下为阳极溶解控制机制。

2) 螺旋埋弧焊 X80 管线钢

图 14-22 为螺旋埋弧焊 X80 管线钢母材试样在不同极化电位下 SSRT 断裂后的断口 SEM 形貌。-1000mV 极化条件下，断口形貌中含有解理小台阶、较大的拉伸孔，这些断口特征表明-1000mV 极化下断口以氢脆特征为主。-850mV 含有较小的解理台阶，和部分较大的解理台阶，-700mV 断口形貌中含有较多的解理面，开路电位以较大的解理台阶为主。-1000mV 极化条件下，控制机制为氢脆机制；-850mV 以阳极溶解和氢脆混合控制机制为主；-700mV 和开路电位下以阳极溶解控制机制为主。

图 14-23 为螺旋埋弧焊 X80 管线钢焊缝试样在不同极化电位下 SSRT 断裂后的断口 SEM 形貌。-1000mV 极化后的断口形貌中边缘含有河流花纹，部分小解理面，-850mV 断口形貌中含有二次裂纹和大量的韧窝。-700mV 中以韧窝和小解理面混合断口。断口形貌说明，-1000mV 断口形貌为氢脆机制，-850mV 和-700mV 断口说明以阳极溶解和氢脆机制混合机制控制。

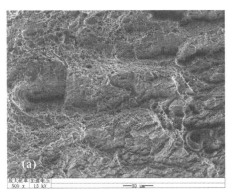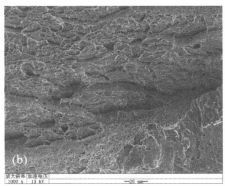

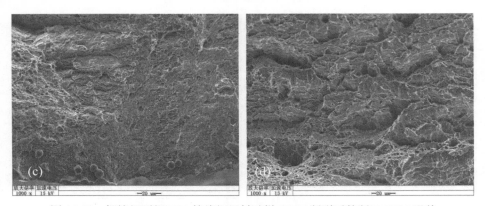

图 14-22　螺旋埋弧焊 X80 管线钢母材试样 SSRT 断裂后的断口 SEM 形貌

(a)-1000mV；(b)-850mV；(c)-700mV；(d)OCP

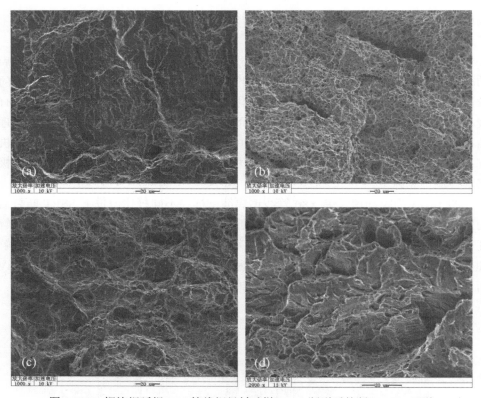

图 14-23　螺旋埋弧焊 X80 管线钢母材试样 SSRT 断裂后的断口 SEM 形貌

(a)-1000mV；(b)-850mV；(c)-700mV；(d)OCP

14.3　本 章 结 论

采用 SSRT 实验研究 X80 管线钢焊管在模拟近中性 pH 土壤环境(NS4 溶液)中的应力腐蚀敏感性行为，得出如下主要结论。

(1) 在慢应变速率拉伸加载条件下，直焊缝 X80 管线钢的母材试样对 SCC 有一定的敏感性，在 NS4 溶液中的塑性指标普遍比空气环境中降低 20%以上。

直焊缝 X80 管线钢焊接接头试样对应力腐蚀开裂不敏感性，在 NS4 溶液中的塑性指标与空气环境较为接近。但焊接接头的力学性能比母材明显降低。

(2) 在慢应变速率拉伸加载条件下，螺旋焊缝 X80 管线钢的母材试样对 SCC 有一定的敏感性，在 NS4 溶液中的塑性指标普遍比空气环境降低约 10%。由于塑性指标降低的不十分显著，因此 SCC 敏感性不高。

焊接接头试样对 SCC 也有一定的敏感性，在 NS4 溶液中的塑性指标普遍比空气环境降低约 10%。由于塑性指标降低的不十分显著，因此 SCC 敏感性不高。

(3) 在近中性 pH NS4 土壤模拟环境中，直缝埋弧焊 X80 管线钢母材在 -1000mV、-900mV、-850mV、-800mV、-700mV 和 OCP 不同极化电位下，力学性能变化较大，SCC 倾向不同。在-1000mV 极化电位下，力学性能降低较大。螺旋埋弧焊 X80 管线钢母材在-1000mV、-850mV、-700mV 和 OCP 不同极化电位下，力学性能变化不大，SCC 倾向不明显。直缝埋弧焊 X80 管线钢焊缝断口位置基本在热影响区，在-1000mV 力学性能降低最大。弯缝焊缝在不同极化电位下，开路电位、-700mV 和-850mV 力学性能变化不大，螺旋埋弧焊 X80 管线钢焊缝试样在-1000mV 极化下同样降低较大，断口位置较为分散，在开路电位和-850mV 下断在热影响区，-1000mV 靠近焊缝，-700mV 大致断在焊缝区域。

(4) 直缝埋弧焊 X80 管线钢母材和焊缝在-1000mV 均为氢脆控制机制，-850mV 为氢脆和阳极溶解混合控制机制，-700mV 和 OCP 为氢脆和阳极溶解混合控制机制。螺旋埋弧焊 X80 管线钢母材在-1000mV 控制机制为氢脆机制，-850mV 为氢脆和阳极溶解混合控制机制，-700mV 和 OCP 下断裂机制为氢脆和阳极溶解混合控制。螺旋埋弧焊 X80 管线钢焊缝在-1000mV 控制介质为氢脆机制，在-850mV 和-700mV 极化电位下为氢脆和阳极溶解混合控制。

参 考 文 献

[1] 郑义征, 李辉, 胡楠楠, 等. 外加阴极电位对 X100 管线钢近中性 pH 值应力腐蚀开裂行为的影响[J]. 四川大学学报(工程科学版), 2013, 45(4): 186-191.

[2] 郭浩, 李光福, 蔡珣, 等. 外加电位对 X70 管线钢在近中性 pH 溶液中的应力腐蚀破裂的影响[J]. 中国腐蚀与防

护学报, 2004, 24(4): 208-212.

[3] BUENO A H S, CASTR B B. Laboratory evaluation of soil stress corrosion cracking and hydrogen embrittlement of API grade steels[C]. Calgary, Canada: American Society of Mechanical Engineers, 2004.

[4] LIANG P, LI X. Stress corrosion cracking of X80 pipeline steel in simulated alkaline soil solution[J]. Materials & Design, 2009, 30(5): 1712-1717.

[5] LIU Z, WANG C. Effect of applied potentials on stress corrosion cracking of X80 pipeline steel in simulated yingtan soil solution[J]. Acta Metallurgica Sinica, 2011, 47(11): 1434-1439.

第 15 章　X80 管线钢在近中性 pH 环境中临界破断应力研究

应力环加载是一种介于恒变形和恒载荷之间的静态拉伸加载方法，它是 SCC 检测常用的方法之一，对大口径厚管壁管道的 SCC 检测一般都采用该方法。对于应力环加载方式，应力既可以通过环的变形量进行计算，也可以通过在环最大拉应力处的应变片测量得到。在近中性环境条件下，应力环加载是 SCC 敏感性检测中应用最为广泛的加载方法之一，可评价在单轴拉伸加载下的金属抗环境开裂的能力。通过应力环，给出了加载了特定应力的拉伸试样断裂/未断裂实验结果。

本章采用应力环和扫描电镜的实验方法，使用材料实际屈服强度下的 5 种应力水平，对 X70 和 X80 管线钢管在近中性 pH NS4 模拟土壤溶液介质中的临界破断应力进行了研究。应力环实验严格按照美国腐蚀工程师协会标准 NACE TM0177—2016《金属在 H_2S 环境中抗硫化物应力开裂和应力腐蚀开裂的实验室试验方法》中应力环实验的具体要求进行。

15.1　实验方法及过程

15.1.1　试样尺寸及形状

临界破断应力实验采用棒状试样，X80 管线钢母材的 SSCC 试样均沿钢管环向截取，焊缝的 SSCC 试样则垂直于焊缝位置截取。按照慢应变拉伸实验机的要求制作，X80 管线钢管 SSCC 试样示意图及实际试样分别见图 15-1 和图 15-2，其中焊缝位于焊接接头试样标距中间。试样拉伸前，标距区经过 150～700 目金相砂纸打磨后，用无水乙醇清洗，用丙酮脱脂。

15.1.2　实验环境

(1) 实验溶液：采用模拟管线外壁环境的 NS4 溶液模拟土壤溶液(122mg/L KCl，483mg/L NaHCO$_3$，181mg/ L CaCl$_2$ · 2H$_2$O，131mg/L MgSO$_4$ · 7H$_2$O)；95%N$_2$ 和 5%CO$_2$ 混合惰性气体通入维持饱和。

(2) 实验温度：室温。

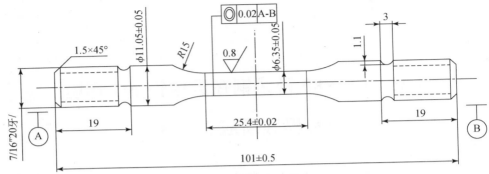

图 15-1　X80 管线钢管 SSCC 试样示意图(单位：mm)

图 15-2　X80 管线钢管 SSCC 实际试样

(3) 实验装置：此次临界破断应力实验采用 CORTEST 型应力环，实验装置见图 15-3。

(a)实验装置系统　　　　　　　　　　　　(b)应力环及试样

图 15-3　临界破断应力实验装置系统、应力环及试样

　　为避免实验中缝隙腐蚀的出现，在容器中的工作段以外的金属部分用 703 硅胶进行密封处理，保证了腐蚀溶液仅作用于实验工作段。

　　(4) 施加应力的选取：根据材料实测屈服强度，本实验选取屈服强度的 50%、60%、70%、80%、90%共 5 种应力水平进行加载，测试 X80 在不同应力水平下的应力腐蚀开裂门槛应力。

　　(5) 实验结果评定：《金属和合金的腐蚀 应力腐蚀实验 第 1 部分实验方法总则》(GB/T 15970.0—1995)中指出，从耐应力腐蚀的观点看，一般惯例是用给定应力下的破断时间来进行材料之间的比较，更满意的评定依据是临界应力水平或临界应力强度水平。这就需要测定适当的应力-破断时间曲线,最好是在一系列初始应力或应力强度水平下进行试样的暴露实验。也就是说,临界破断应力的测试结果可以表达为不同应力水平下的断裂寿命。

15.2　实验结果与分析

表 15-1 是 X80 直缝钢管临界破断应力实验结果。由表 15-1 中可知,在 720h 实验周期内,仅有 90%应力水平下的直缝焊缝试样发生断裂,断裂寿命为 720h。对所有未发生断裂的试样从应力环卸载后进行机械拉断,试样拉伸性能如表 15-1 所示。X80 直缝钢管母材、焊缝 SSCC 试样断口形貌如图 15-4 和图 15-5 所示。并对应力环实验后拉断的 X80 焊缝试样(编号:5731)和 X80 管线钢母材试样(编号:5387)断口进行 SEM 分析,结果如图 15-6 和图 15-7 所示。

表 15-1　X80 直缝钢管临界破断应力实验结果

类型	试样编号	加载应力水平/%	预计加载应力/MPa	实验结果	机械拉断抗拉强度/MPa	实验周期/h
直缝母材	5488	50	335.5	未断裂	742	
	5485	60	402.6	未断裂	650	
	5486	70	469.7	未断裂	712	
	5385	80	536.8	未断裂	686	
	5387	90	603.8	未断裂	718	720
直缝焊缝	5388	50	335.5	未断裂	809	
	5483	60	402.6	未断裂	733	
	5487	70	469.7	未断裂	735	
	5386	80	536.8	未断裂	827	
	5731	90	603.8	断裂	—	

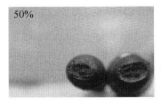

图 15-4　不同应力水平下 X80 直缝钢管母材恒载荷试样拉伸断口形貌

图 15-5　不同应力水平下 X80 直缝钢管焊缝恒载荷试样拉伸断口形貌

(a)宏观形貌　　　　　　　　　　　　　　　(b)微观形貌

图 15-6　恒载荷实验焊缝断裂试样宏观及其 SEM 形貌(90%σ_s)

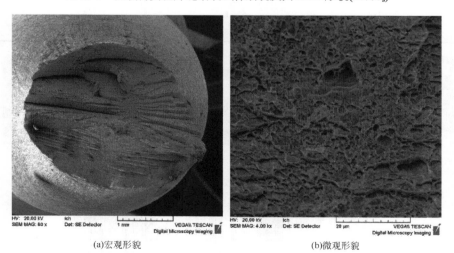

(a)宏观形貌　　　　　　　　　　　　　　　(b)微观形貌

图 15-7　机械拉断后母材试样宏观及其 SEM 形貌(90%屈服强度)

从以上断口宏观和微观形貌可以看出，恒载荷实验断裂试样与恒载荷实验后机械拉断试样的断口上，均出现断口分离，这是管线钢的典型断口特征。断口微观形貌以韧窝为主，没有观察到应力腐蚀开裂典型特征，即二次裂纹。

15.3　本　章　结　论

在恒载荷作用下 X80 管线钢对近中性 pH 溶液应力腐蚀开裂不敏感，测不出发生应力腐蚀开裂的门槛应力 σ_{sscc}，这与美国管道安全处(Office of Pipeline Safety, OPS)的研究结论一致。加拿大能源局曾对实际管道的土壤应力腐蚀开裂进行调查研究，也未找出发生 SCC 的门槛应力，认为 σ_{sscc} 可能与压力波动有关。